Kamel Khanchoul

Erosion hydrique et transport solide

Kamel Khanchoul

Erosion hydrique et transport solide

Cas de bassins versants du nord-est Algérien

Presses Académiques Francophones

Impressum / Mentions légales
Bibliografische Information der Deutschen Nationalbibliothek: Die Deutsche
Nationalbibliothek verzeichnet diese Publikation in der Deutschen
Nationalbibliografie; detaillierte bibliografische Daten sind im Internet über
http://dnb.d-nb.de abrufbar.
Alle in diesem Buch genannten Marken und Produktnamen unterliegen
warenzeichen-, marken- oder patentrechtlichem Schutz bzw. sind
Warenzeichen oder eingetragene Warenzeichen der jeweiligen Inhaber. Die
Wiedergabe von Marken, Produktnamen, Gebrauchsnamen, Handelsnamen,
Warenbezeichnungen u.s.w. in diesem Werk berechtigt auch ohne besondere
Kennzeichnung nicht zu der Annahme, dass solche Namen im Sinne der
Warenzeichen- und Markenschutzgesetzgebung als frei zu betrachten wären
und daher von jedermann benutzt werden dürften.

Information bibliographique publiée par la Deutsche Nationalbibliothek: La
Deutsche Nationalbibliothek inscrit cette publication à la Deutsche
Nationalbibliografie; des données bibliographiques détaillées sont
disponibles sur internet à l'adresse http://dnb.d-nb.de.
Toutes marques et noms de produits mentionnés dans ce livre demeurent
sous la protection des marques, des marques déposées et des brevets, et sont
des marques ou des marques déposées de leurs détenteurs respectifs.
L'utilisation des marques, noms de produits, noms communs, noms
commerciaux, descriptions de produits, etc, même sans qu'ils soient
mentionnés de façon particulière dans ce livre ne signifie en aucune façon
que ces noms peuvent être utilisés sans restriction à l'égard de la législation
pour la protection des marques et des marques déposées et pourraient donc
être utilisés par quiconque.

Coverbild / Photo de couverture: www.ingimage.com

Verlag / Editeur:
Presses Académiques Francophones
ist ein Imprint der / est une marque déposée de
OmniScriptum GmbH & Co. KG
Heinrich-Böcking-Str. 6-8, 66121 Saarbrücken, Deutschland / Allemagne
Email: info@presses-academiques.com

Herstellung: siehe letzte Seite /
Impression: voir la dernière page
ISBN: 978-3-8381-4471-9

Zugl. / Agréé par: Annaba, Université Badji Mokhtar, 2006

Copyright / Droit d'auteur © 2015 OmniScriptum GmbH & Co. KG
Alle Rechte vorbehalten. / Tous droits réservés. Saarbrücken 2015

TABLES DES MATIERES

INTRODUCTION GENERALE

L'érosion hydrique est un phénomène complexe très répandu en Algérie dont il menace les potentialités en eau et en sol. La protection insuffisante des sols due à une déforestation galopante et des systèmes de culture inadaptés fait que chaque année plus de 120.000 m^3 de terres sont entraînées sous l'effet de l'érosion. Selon des études faites entre 1966 et 1984, l'érosion provoque une perte du sol superficiel estimée entre 10 à 16 m^3/ha et par an (soit 30 à 50 fois plus qu'en Europe).

Les bassins versants du nord-est algérien, qui n'échappent pas au phénomène, ont moins souvent fait l'objet d'évaluation des matières solides transportées en suspension par les oueds. En effet, l'on se réalise que les bassins versants de l'Ouest algérien ont fait l'objet de l'essentiel de l'étude de l'érosion. Ils ont suscité l'intérêt d'un grand nombre de chercheurs qui ont tenté d'expliquer les mécanismes complexes du transport solide et de quantifier les volumes des sédiments transportés. On notera les récents travaux de Meddi (1999, 2004), Terfous (2001, 2003), Ghenim (2001), Benkhaled et Remini (2003) et Bouanani (2004) qui ont tenté de quantifier le transport solide et d'expliquer l'érosion hydrique dans les sous-bassins de la Tafna et Chellif. Ces travaux ont montré les caractères les plus frappants, mais non les plus enviables du paysage de ces régions qu'impriment les multiples manifestations de l'érosion. L'ampleur de la matière fine transportée en suspension a pu être quantifiée dans ces travaux dont les quantités atteignent parfois 1875 T/km²/an comme à l'Oued Ebda (Meddi, 1999). Bourouba (1998) a également présenté en conclusion de son travail des informations intéressantes sur le flux hydrosédimentaire transporté par les cours d'eau des sous-bassins du Hodna (Hauts Plateaux Orientaux).

Presque les seuls travaux qui ont abordé les transports solides mesurés dans le Nord-Est algérien sont ceux des travaux de thèse de Demmak (1982) et Ghachi (1982), la publication de Bourouba (2003). Ils ont traité le phénomène de l'érosion et des transports solides dans plusieurs bassins versants dont ceux des oueds Kébir Ouest, Kébir Est, Ressoul et Mellah (période 1972/73 – 1978/79).

Toutefois, une grande partie des travaux sur la dégradation spécifique a été effectuée à partir de méthodes empiriques qui donnent une estimation de l'érosion qui s'avère en réalité surestimées ou sous-estimées, aspect que nous nous emploierons à montrer entre autres dans le cadre de cette thèse. Ces formules empiriques ont été utilisées par plusieurs chercheurs (tels que Fournier et Tixeront) et bureaux d'études (SOGREAH et BNEDER) pour quantifier l'érosion. Ces formules impliquent des paramètres explicatifs sous forme de relations sans tenir compte des processus et des récurrences spatiales et temporelles qui régissent le fonctionnement hydrosédimentaire. Ainsi, l'ampleur de la dégradation spécifique dans le bassin versant de l'Oued SafSaf a été soulignée par Amirèche (1984) et l'a estimée à 890 t/km²/an. Il a introduit les travaux publiés par Heusch (1971) et la SOGREAH (1969) qui ont quantifié empiriquement la dégradation spécifique dans les bassins du Maghreb et les aires d'irrigation en Algérie.

Le manque de données constitue un handicap majeur dans l'estimation et la prévision des transports solides. Cet état de fait a conduit de nombreux chercheurs à proposer des modèles de prévision. Par conséquent, il est judicieux d'entreprendre dans cette thèse une quantification de l'érosion qui permettrait l'évaluation des flux de sédiments en utilisant des mesures des transports de matières en suspension à l'échelle des crues et des séries. Ces crues représentent les principaux fournisseurs de sédiments lors des averses. Par ailleurs, nous montrerons que leur analyse permet une meilleure compréhension du fonctionnement des flux sédimentaires. Ceci permettrait de mieux prévoir la dégradation et, donc, de concevoir les ouvrages hydrauliques et, surtout, mieux s'attaquer au phénomène par des aménagements et traitements adaptés.

Le contenu de cet ouvrage s'appuie sur une approche globale qui intègre :
- la prise en compte des caractéristiques ayant favorisé l'érosion de chaque sous-bassin et bassin versant (topographiques, lithologiques, occupation des sols, situations climatiques et hydrologiques),
- la mesure (données recueillies de l'ANRH) et la quantification des flux de matières en suspension (élaborée par l'auteur) des bassins de l'Oued Mellah, Oued Ressoul, Oued Bouhamdane, Oued SafSaf et l'Oued Kébir Ouest pendant la période d'observation allant de 1975 à 1997,

- l'identification des zones potentiellement productives de matériaux (érosion des versants et des berges),
- détermination de relations générales de fonctionnement hydrosédimentaire (relations entre les flux sédimentaires et les paramètres physiographiques et hydro-climatiques).

L'étude de fonctionnement hydrosédimentaire des cinq bassins implique d'introduction au préalable de la notion du système fluvial (Fiandino, 2004). La notion de système implique une combinaison de variables en interrelations qui se coordonnent en un ensemble complexe. Ces variables, représentées dans le schéma ci-dessous (inspiré de Morisawa, 1985 et Poinsart, 1992), sont organisées selon leur degré d'indépendance dans le système fluvial. Les variables de premier ordre du schéma, le climat et la géologie, sont considérées indépendantes. Elles conditionnent les caractéristiques des débits liquides et solides du deuxième ordre. Ces deux variables interviennent de manière complexe sur le troisième ordre représenté par les variables qui reflètent la dynamique fluviale.

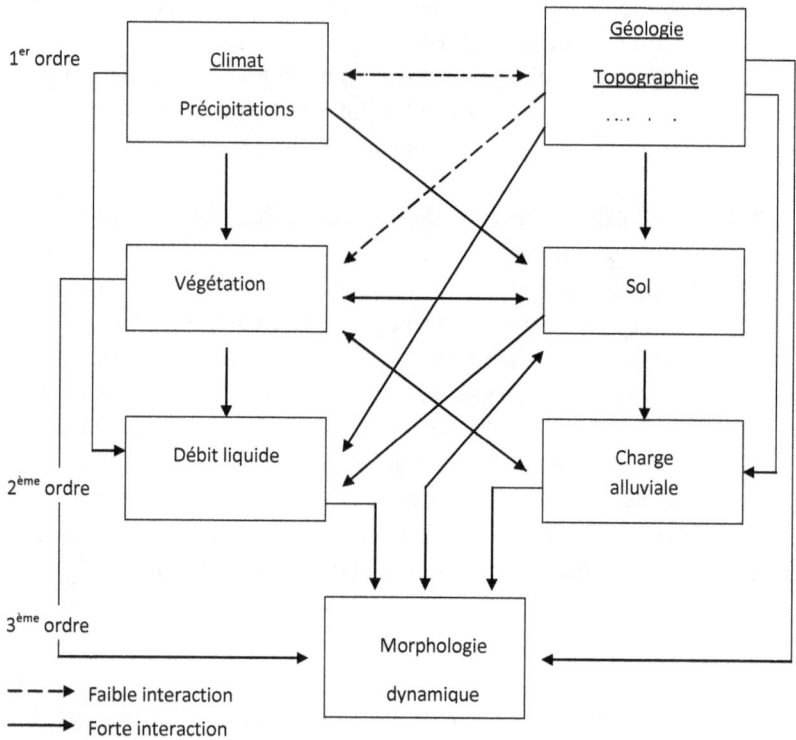

1er ordre

Climat
Précipitations

Géologie
Topographie
... . .

Végétation

Sol

Débit liquide

2ème ordre

Charge
alluviale

3ème ordre

Morphologie
dynamique

- - -▶ Faible interaction
———▶ Forte interaction

9

PARTIE 1
DESCRIPTION DES BASSINS VERSANTS –
CONTEXTE NATUREL ET HYDRO-CLIMATIQUE

Introduction de la première partie

L'érosion est un problème complexe, principalement dans certains bassins versants de l'extrême Nord-Est algérien. Les observations sur le terrain, la confrontation de divers documents et les différentes mesures nous seront utiles pour déterminer toute l'ampleur et l'accélération des processus de l'érosion à travers les cinq bassins versants choisis.

Pour cela, l'étude du milieu physique dans chaque bassin est abordée en fonction de cinq facteurs, ce sont les facteurs topographiques, lithologiques, pédologiques et les conditions pluviométriques. La sensibilité peut être freinée par une couverture forestière bien conservée; d'où l'intérêt accordé à ce phénomène dans cette partie. Les caractéristiques hydrologiques sont également analysées car elles jouent un rôle déterminant dans l'accélération de l'érosion hydrique.

Nous allons alors essayer de classer dans cette partie, par l'intermédiaire des facteurs, la sensibilité des bassins versants à l'érosion. Ces facteurs vont-ils montrer qu'il s'agit d'une véritable réaction en chaîne dont les effets peuvent être conjugués en fin compte et vont-ils aider à déterminer les bassins les plus touchés par le phénomène. Donc, si les précipitations jouent un rôle déterminant dans le déclenchement de l'érosion, les autres facteurs sont-ils moins actifs, en dehors du couvert végétal forestier dans les cantons encore conservés ? En effet, qu'il s'agisse du relief, de la géologie (structure et lithologie), tout contribue à aggraver la sensibilité des milieux étudiés, mais à quel degré ? Autrement dit, ces bassins, sont-ils aussi immunisés dans le temps et l'espace par cette couverture végétale pour lutter contre l'érosion hydrique ?

CHAPITRE 1 :   Aperçu géographique

Introduction

L'Algérie du Nord est traversée d'est en ouest par un ensemble de monts qui forme le relief de l'extrême Nord-Est algérien. Il s'y présente comme un bourrelet longeant et dominant la Mer Méditerranée depuis Guerbès jusqu'à la frontière tunisienne. Ce relief, très morcelé, est le résultat des phases tectoniques qui ont touché la région.

Ces reliefs sont profondément érodés en raison d'un matériel sédimentaire majoritairement tendre (argiles, marnes, marno-calcaires) et des pentes raides dues à la tectonique récente (plio-quaternaire) qui a mis ces volumes montagneux en place. De ce fait, les altitudes restent généralement modestes. Malgré la modestie des altitudes, l'extrême Nord-Est algérien présente un caractère très montagnard. Deux milieux peuvent être distingués: un milieu de hautes montagnes où les lignes de crêtes dépassent 1000 m et un milieu de basses montagnes, où les altitudes restent inférieures à 700 m. Au sein de ce paysage, plusieurs vallées drainent la région. De l'ouest à l'est nous distinguons l'Oued Saf Saf, Oued Kébir Ouest, la Seybouse, Oued Bounamoussa et Oued Kébir Est.

1.1- Sous-bassins de la Seybouse

La Seybouse, par sa superficie importante de 6450 km², présente des ensembles naturels très diversifiés (Figure 1). L'Oued Seybouse est l'un des oueds les plus importants de l'Afrique du nord par la longueur de son parcours et le nombre de ses affluents. Il s'étend vers le sud sur une distance de 160 km jusqu'à la région de Ain Beida et son embouchure se trouve près de la ville d'Annaba. Le nom proprement dit de la Seybouse ne s'applique qu'à une partie de son cours, celle comprise entre son embouchure et le coude qu'elle présente à Medjez Amar (à environ 16 km de Guelma).

11

Deux zones principales traversées par les affluents de la Seybouse ont été choisies dans cette étude, il s'agit des sous-bassins de la moyenne et basse Seybouse.

1.1.1- Sous-bassins de la moyenne Seybouse

La moyenne Seybouse draine deux oueds principaux qui forment les sous-bassins de l'Oued Bouhamdane et l'Oued Mellah (Figure1). La réunion de l'Oued Cherf (haute Seybouse) et l'Oued Bouhamdane forme la Seybouse à Medjez Amar.

1.1.1.1- Bassin de l'Oued Bouhamdane

Le bassin est d'une superficie de 1105 km² (son exutoire se trouve à la station hydrométrique de Medjez Amar 1 qui est située à 6 km environ du barrage de Hammam Debagh (Figure 1). Le périmètre du bassin se localise à 30 km de l'est de Constantine et 32 km de l'ouest de Guelma.

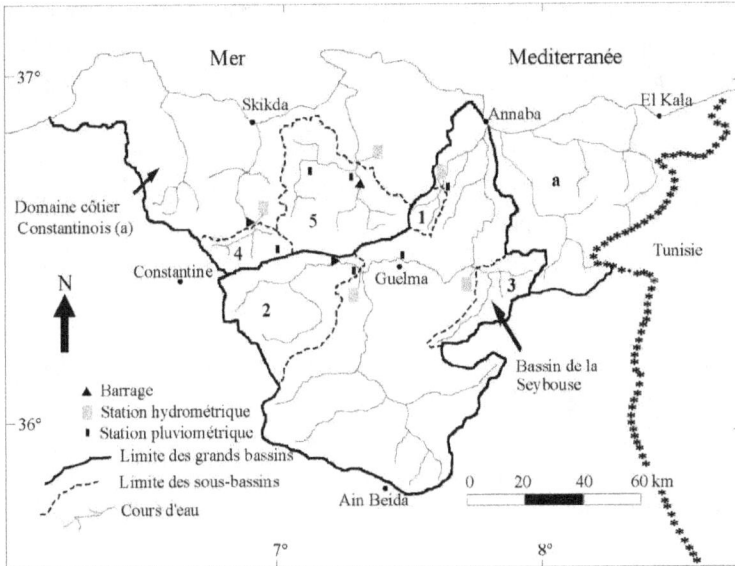

Figure 1. Situation géographique des sous-bassins étudiés. 1- Oued Ressoul; 2- Oued Bouhamdane; 3- Oued Mellah; 4- Oued Saf Saf; 5- Oued Kébir Ouest.

Les hauts reliefs (altitudes supérieures à 800m) sont principalement concentrés dans la partie ouest et sud du bassin (Figure 2). L'Oued Zenati et l'Oued Sabath forment par leur jonction l'Oued Bouhamdane. L'Oued Sabath coule dans une direction générale Sud-Ouest –Nord-Est que la chaîne Numidique lui a imposée. Il est naît de la confluence de l'Oued El Aria et l'Oued Dardar dont la ramification nombreuse de chacun s'est installée au niveau des massifs montagneux. A l'ouest, on trouve en particulier Djebel El Krouma (1128 m), Djebel Oum Settas (1326 m), Djebel El Aria (977 m) et Djebel Djenane el Lobba (1003 m). Au pied de ces reliefs, des surfaces d'épandage sont traversées par les différents cours d'eau de la région (oueds El Aria et Dardar) donnant une situation favorable à l'érosion. Au nord, les affluents de l'Oued Sabath ont creusé dans la forêt de Sedrata - Beni Seline et la forêt de Beni M'djaled.

Le cours de l'Oued Zenati présente par contre une direction différente. De sa confluence avec l'Oued Sabath, l'Oued Zenati s'oriente Sud-Ouest - Nord-Est jusqu'au village de Oued Zenati puis fait un coude pas très loin de Djebel Ancel (1148 m) pour ensuite prendre une direction Sud-Est - Nord-Ouest, touchant avec ses affluents l'aire synclinale qui se trouve au pied des djebels El Djerb (1142 m) et Oum Settas. Entre Bordj Sabath et Medjez Amar, l'Oued Bouhamdane a creusé son lit parallèlement à la direction de la chaîne Numidique aux pieds même des djebels Taya (1208 m) et Debagh (1060 m). Cet oued a mis à nu, sur une partie de son trajet, les terrains marno-calcaires qui étaient autrefois recouverts par une épaisse couche d'argiles et de grès numidiens.

1.1.1.2- Bassin de l'Oued Mellah

Le bassin, contrôlé par la station hydrométrique de Bouchegouf se situe à l'est de la moyenne Seybouse et occupe une superficie de 550 km². Il est en forme allongée d'une orientation Sud-Ouest – Nord-Est et une topographie très hétérogène (Figure 3). Le cours d'eau principal de l'Oued Mellah est formé de la réunion de l'Oued Sfa et de l'Oued Rarem. Ce dernier présente dans son cours supérieur une direction Sud-Ouest – Nord-Est qui lui est imposé par le bombement triasique qu'il traverse au Djebel Nador et par le changement d'orientation des axes des plis (Figure 3). L'Oued Mellah est formé de la confluence des oueds Sekaka et Rirane qui traversent une région très accidentée aux versants fortement escarpés. L'Oued Sekaka est naît de la jonction de l'Oued R'biba et de l'Oued Hammam qui draine les eaux de la région de Douar Aine Ketone. Le chevelu de l'Oued R'biba prend sa source d'une multitude de djebels et kefs aux sommets aigus, qui représentent pour la plupart la ligne de crêtes du bassin de l'Oued Mellah. Au sud-ouest, il y a Djebel Bardou (1261 m), au sud et sud-est apparaissent djebels Ras el Alia (1317 m), El Azega (1100 m), Tabaga (1227m) et Djebel Safiat el Aouied (1151 m). Quant à l'Oued Hammam, d'une orientation Sud-Ouest - Nord-Est, ces drains sont naît de Djebel Schvara (864 m) situé au Nord-Ouest et des djebels Zouara (1292 m), Bou Aichoun (1102 m) et Besbessa (963 m) positionnés au sud-est du bassin.

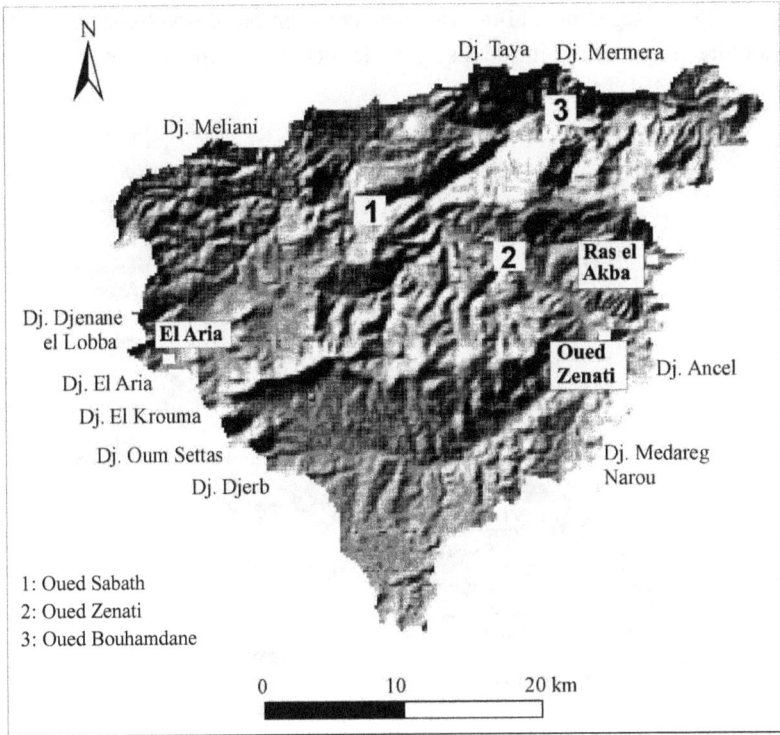

Figure 2. Bassin versant de l'Oued Bouhamdane.

L'Oued Rirane et ses affluents, suivant une direction Sud-Est - Nord-Ouest, traversent un ensemble de reliefs montagneux fortement cerné par les ravines. Ces massifs qui forment une partie de la limite Sud du bassin, se définissent essentiellement par Djebel El Koutz (1031 m), Kef Djaffara (1054 m), Djebel Safiet el Aouied (1151 m) et Djebel Kelaia (1284 m). A l'opposé de l'Oued Ranem, on distingue l'Oued Sfa et ses principaux affluents marqués par les oueds Aouassia, Meza et Bouredine. La réunion de ces deux derniers forment l'Oued Sfa, d'une orientation Est - Ouest. Entre autres, les affluents de cet oued sont entaillés dans des chaînons au relief modéré et au couvert végétal plus au moins dégradé, parmi lesquels on distingue du nord au nord-est Djebel Aine Kasbah (798 m), Ras Bab el Kef (795 m) et Kef er Remoul (797 m). En outre, s'étendant le long de la limite sud, sud-est et est, les monts de Melaab (1093 m), El Mahbouba (1262 m) et Regzoune (1148 m) se caractérisent par des volumes aérés de moindre importance introduits par des chevelus moins denses issus des oueds Meza et Aouassia.

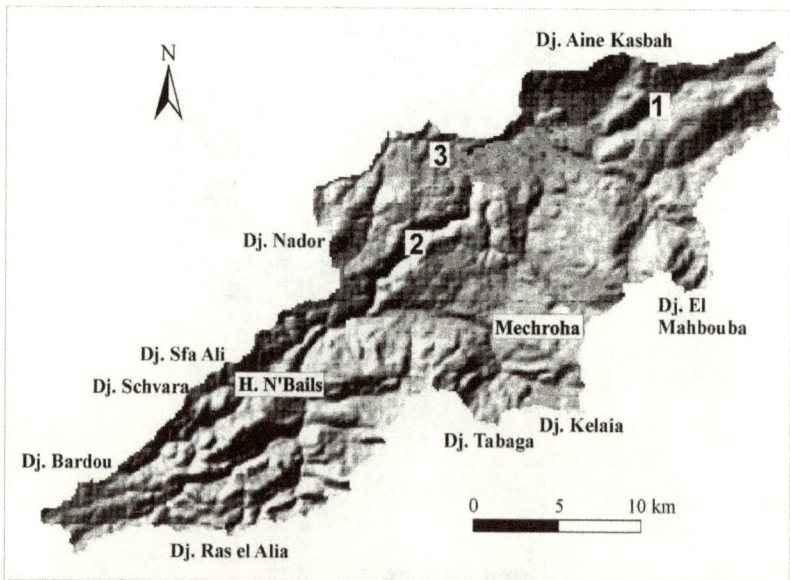

1: Oued Bouredine; 2: Oued Rarem; 3: Oued Mellah.

Figure 3. Bassin versant de l'Oued Mellah.

15

1.1.2- Sous-bassin de la basse Seybouse

Avant d'arriver à la mer, la Seybouse a fortement nivelé ces surfaces entre Dréan et Annaba et déposé sur les deux rives des bourrelets alluviaux de l'Oued Ressoul. Cet oued dessine le chevelu hydrographique du bassin de l'Oued Ressoul avec une superficie de 103 km². L'Oued Ressoul à Ain Berda, qui suit une direction presque Nord-Sud, est composé de deux affluents principaux à savoir Oued Guis à l'ouest et Oued Bouala à l'est (Figure 4). La partie méridionale du bassin exprime dans l'ensemble une certaine vigueur dans le relief dont Djebel Houara (854 m) et Koudiat el Ma (939 m), Kef Nsour (908 m) et Koudiat Bordj Youssef (621 m) donnent le meilleur exemple. Le flanc nord de ces collines présente des versants aux pentes raides surmontées par des sommets aigus et souvent allongés (Djebel Houara).

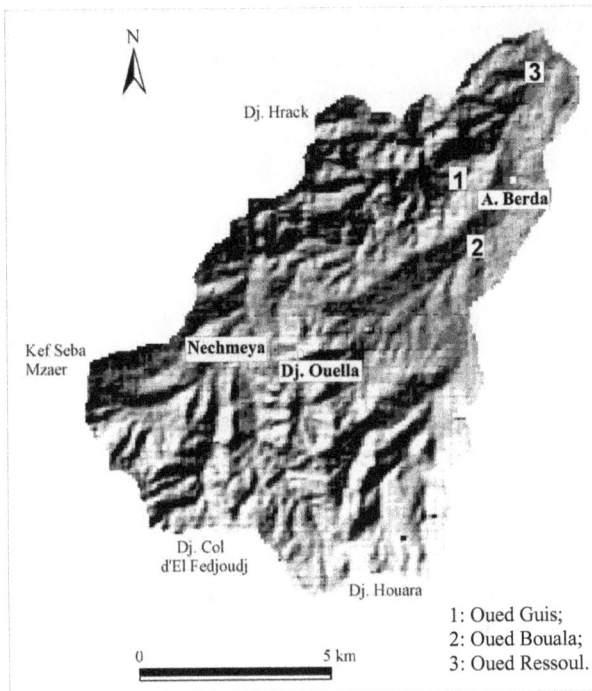

Figure 4. Bassin versant de l'Oued Ressoul.

16

La partie centrale, d'est en ouest, englobe essentiellement des collines plus basses aux sommets arrondis et parfois planes, surplombant des versants assez raides et ayant des altitudes inférieures à 400 m. Ce sont Koudiat Teldj (421 m), Koudiat Bir Ouella (485 m), Koudiat Kherkhour (319 m) et Kef Seba Mzaer (563 m). En revanche, il est possible de voir que l'ensemble des collines est influencé par une importante torrentialité des oueds et des affluents qui les drainent. Plus au nord, le relief devient de plus en plus bas sous forme de croupes à Koudiat Hamra (226 m) ou celles qui forment la ligne de crêtes de l'aval du bassin, Dj. Hrack et les croupes de Marteb el Kora à l'ouest et Mechtat Bou Hmêm à l'est.

1.2- Sous-bassins Côtiers Constantinois

Le bassin du côtier constantinois est individualisé en 04 sous-bassins. Dans le cadre de cette étude, deux sous-bassins versants sont sélectionnés car ils ont un intérêt particulier à la valorisation du potentiel hydraulique et à l'évaluation du transport solide. Ils se distinguent par une topographie contrastée, pouvant souligner notamment la sensibilité des deux régions aux processus de l'érosion. Les bassins de l'Oued Kébir Ouest et l'Oued Saf Saf ainsi choisis font partie des Wilayates de Skikda et Guelma.

1.2.1- Bassin de l'Oued Kébir Ouest

Ce bassin jusqu'à Ain Cherchar, s'étend sur une superficie de l'ordre de 1130 km². L'Oued Kébir Ouest est formé de la confluence des oueds El Hammam et Mechekel (Figure 5). Ce dernier sillonne avec son réseau hydrographique une grande superficie et un ensemble de massifs montagneux fortement entaillés. Ainsi, la limite nord du bassin est contrôlée par les ramifications de l'Oued Mechekel et est constituée par des monts de moindre importance comme Djebel Laharta (561 m) et Djebel Seddak (467 m). La limite ouest - nord-ouest contrairement à celle de l'est - nord-est est plus longue d'environ 26 km de différence avec des reliefs plus prononcés. Les plus importants monts sont représentés par Djebel El Alia (659 m), Kef Serrak (530 m), Djebel Mekdoua (474 m), Djebel Tengout (649 m), Djebel Bou Tellis (882 m) et Djebel Fedj Seris (915 m). A l'intérieur du réseau hydrographique de l'Oued Mechekel, un ensemble de monts d'altitudes souvent modérées à faibles enserrent la plaine de Azzaba.

Les oueds situés au Nord de la plaine d'Azzaba, tributaires de l'Oued Emchekel tels que Oued El Hadjar et Oued Radjeta creusent les versants des koudiats et collines basses telles que Koudiat El Fernana (322 m), Koudiat Bou Draham (282 m) et Djebel el Oust (254 m). Quant aux oueds situés au sud, Oued Hamimine et Oued Fendek, ils ont pu, avec leurs affluents, morceler et disséquer profondément la chaîne montagneuse représentée d'ouest en est par Djebel Saiafa (496 m), Djebel Raout Lessoued (465 m) et Djebel Regouat Lessoued (432 m).

L'Oued El Hammam forme le talweg principal du barrage de Zit Emba et coule dans une vallée plus au moins encaissée. Il est naît à Kef Sebaa M'zaar à la côte de 563 m. Son écoulement est Sud-Ouest - Nord-Est jusqu'à Ain Kaabouche (point de confluence avec l'Oued Mouger). Cet oued fait une grande courbure de Ain Kaabouche à Bouati Mahmoud imposée par les affleurements gréseux. La réunion de l'Oued Messilga et l'Oued Roknia donnent l'Oued Mouger qui conserve ce nom jusqu'à sa confluence avec l'Oued El Hammam.

Il est à noter que les deux réseaux hydrographiques des oueds Mechekel et El Hammam sont délimités par un relief morcelé. Parmi ceux-ci, il y a Djebel Chbebik (305 m), Djebel Moulmdefa (572 m), Djebel Ragouba (502 m), Djebel Ben Chik (490 m) et Koudiat Belouhahème (881 m).

A la limite sud du réseau hydrographique de l'Oued El Hammam, un relief typiquement montagneux offre les sommets les plus élevés du bassin considéré dont les altitudes sont supérieures à 600 m (Figure 4). Cet ensemble de monts est répartit d'ouest en est comme suit: Djebel Ouchani (1082 m), Djebel Taya (1208 m), Djebel Mermera (993 m), Djebel Debagh (1060 m) et Djebel Bou Sbaa (623 m). Le Djebel Taya constitue le point culminant de tout le Tell Nord-Guelmien, mais aussi le plus petit des massifs calcaires. Il descend de part et d'autres de la vallée de l'Oued Bouhamdane avec des escarpements plus raides à exposition nord (ce djebel et celui de Meliani forment aussi la limite nord du bassin de l'Oued Bouhamdane). Par contre, Djebel Debagh est le plus étendu des massifs calcaires. Il a une allure qui domine un pays de collines de marnes et grès.

Les micro-plaines de Roknia et Bouati Mahmoud sont enserrées d'ouest en est par les djebels Grar (1078 m), Bou Asloudja (876 m) et Bezioum (618 m). Djebel Grar est un grand massif isolé qui constituent la tête de source de l'Oued Messilga. Du côté ouest, on a le passage en gorge dans le Djebel Grar de Chaabet Brahim sous-affluent de l'Oued Messilga. Quant au Djebel Bezioum, il s'étire sur une distance de plus de 15 km et est fortement introduit par les drains de l'Oued El Hammam.

1.2.2- Bassin de l'Oued Saf Saf

Il se situe en amont du barrage de Zardézas sur l'axe du Tell. Il totalise une superficie de 322 km² et occupe l'extrême sud de la Wilaya de Skikda. Au cours de son trajet l'Oued Saf Saf traverse un ensemble de massifs montagneux d'altitudes variables, tels que les djebels Kantour (718 m), Sesnou (704 m), Agueb (788 m), Meliani (1111m), Guettara (883 m) et Kef Hahouner (1023 m). Le nom de cet oued s'applique à partir de la confluence des oueds Khemakhem et Bou Adjeb (Figure 6). Ce dernier est naît de la réunion des oueds Beni Brahim et Rararef.

A la limite nord du bassin, se dresse la barrière de massifs montagneux morcelés avec un maximum de rentrants issus des sous-affluents de l'Oued Beni Brahim et l'Oued Bou Adjeb. Ces massifs qui constituent en fait les sommets de la chaîne Numidique, ils se diversifient dans leur forme, les uns sont allongés aux versants dissymétriques présentant un versant nord en pente plus raide que le versant sud : Djebel Kantour (718 m), Djebel Bit ed Djazia (837 m) et Djebel Bou Aded (850 m). Les autres sont plus arrondis avec des versants de moins en moins pentus: Djebel Cheraga (870 m) et Djebel Sesnou (704 m). Djebel Sesnou, étant un massif détaché, est un important affleurement subhorizontal de grès numidiens.

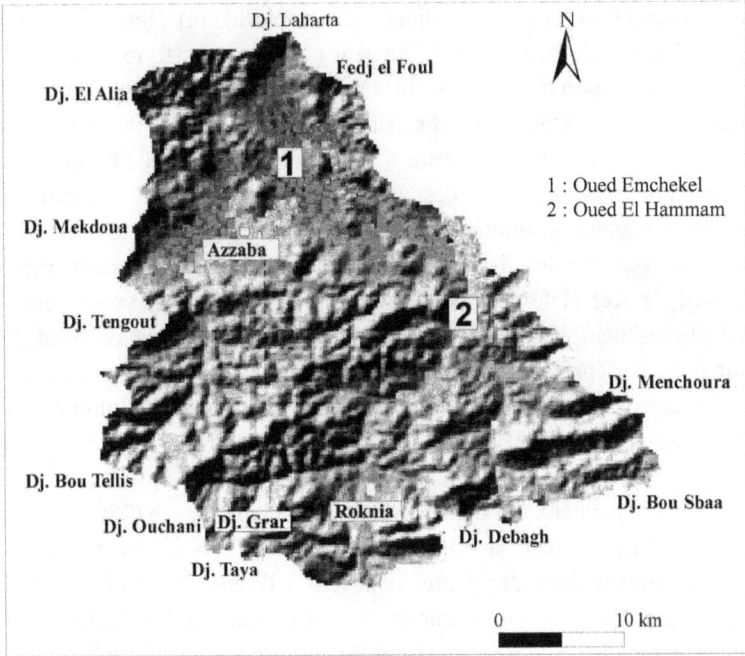

Figure 5. Bassin versant de l'Oued Kébir Ouest.

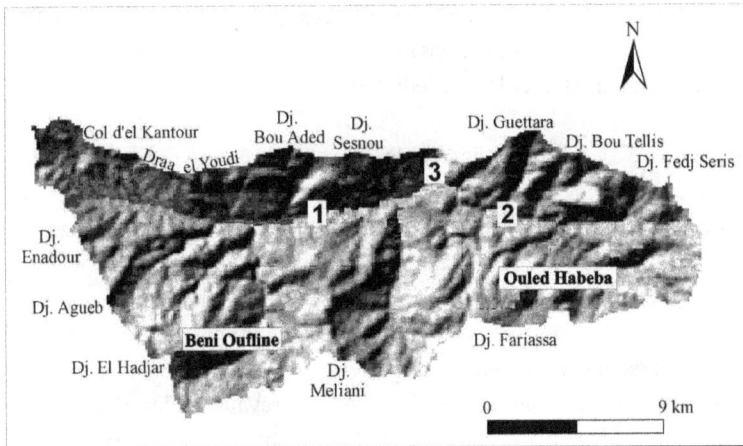

1: Oued Bou Adjeb; 2: Oued Khemakhem; 3: Oued Saf Saf.

Figure 6. Bassin versant de l'Oued Saf Saf.

20

La ligne de crêtes est englobe les djebels Guettara (883 m), Bou Tellis (882 m), Fedj Seris (915 m) et Djebel Ouchani (1082 m). Ils forment aussi la limite ouest du bassin de l'Oued Kébir Ouest. A l'ouest de ces massifs et à l'est de la vallée de l'Oued Saf Saf se situe Kef Hahouner (de direction Est-Ouest). Ce kef, d'une altitude qui culmine à 1023 m, est nettement dissymétrique avec des versants à pente raide. Il apparaît au centre d'une dépression limitée au nord par les djebels Bou Tellis et Fedj Seris et au sud par les Toumiats (923 m). Au pied de l'escarpement méridional de Kef Hahouner coule l'Oued Mira et sur son versant nord l'Oued Khemakhem vient le traverser dans une gorge étroite et ce avant de revenir dans la dépression. Par ailleurs, ces massifs montagneux situés à l'est avec ceux au sud du bassin versant forment les classes d'altitude les plus élevées, supérieures à 600 m.

Les massifs montagneux des djebels Enadour (657 m), Agueb (788 m) et El Hadjar (1112 m) forment la limite ouest du bassin. Ils comprennent des versants irréguliers avec des pentes exposées à l'ouest plus raides et plus encaissées par l'Oued Smendou que les pentes exposées à l'est soumises au réseau hydrographique des oueds Beni Brahim et Rararef. Tout à fait au sud, le bassin versant de l'Oued Saf Saf se heurte à une ligne de crêtes commune avec celle de l'Oued Bouhamdane (limite nord-nord-ouest). Ces crêtes d'une altitude élevée sont représentées essentiellement par Djebel Meliani (1111 m) et Djebel Fartassa (1051 m), recouverts tous les deux par les forêts de Ouled Attia et Beni Medjaled.

En définitive, c'est à la suite de l'étude du relief, présenté dans ce chapitre, et les observations de terrain que nous constatons que les bassins versants de l'Oued Saf Saf, Oued Mellah et Oued Ressoul se distinguent par des volumes montagneux plus importants dont ils varient entre 50% et 43% de leurs superficies. Il s'agit de reliefs accidentés à relativement accidentés ayant des pentes fortes et un réseau hydrographique dense. Ainsi, le paysage à caractère montagneux appartenant à ces bassins constitue un puissant stimulant des processus d'érosion.En revanche, les deux autres bassins versants, Oued Bouhamdane et Oued Kébir Ouest, montrent plutôt une extension de superficies aux pentes relativement faibles (plaines et glacis) dont elles dépassent 75%.

CHAPITRE 2 :   Ensembles morphostructuraux

Introduction

Les cinq bassins versants choisis apparaissent comme une mosaïque d'affleurements de roches variées, parmi lesquelles on distingue les flyschs, les grès, les calcaires, les marnes et argiles. Chacune de ces roches réagit différemment au travail de l'érosion. Ainsi, cette érosion dégage dans les secteurs aux roches dures des volumes montagneux, imposants par endroit, donnant lieu à des cours d'eau moins nombreux et plus étroits. Par contre, les secteurs constitués de roches tendres présentent des formes collinaires basses séparées par des cours d'eau plus au moins larges.

De toute façon, si la lithologie conditionne la répartition spatiale des processus érosifs et contrôle leur ampleur, ces derniers n'apparaissent que là où les conditions favorables pour mobiliser du matériel sont réunies. Mais la répartition des différentes roches est également témoin d'une structure très complexe que côtoient le plus souvent les processus de ravinement.

2.1- Sous bassins de la Seybouse

2.1.1- Formations superficielles

Les alluvions sont souvent représentées le long des principaux oueds de Zenati, Sabath et Bouhamdane, sous forme d'alluvions actuelles et de terrasses (Figure 7). Ces dernières se distinguent par des épaisseurs variant entre 15 et 50m au-dessus du lit majeur. Elles sont bien représentées à l'Oued Zenati et l'Oued Bouhamdane. Elles sont généralement constituées de limons, graviers et cailloux dans la basse terrasse et d'éléments plus grossiers dans la moyenne terrasse. Les éboulis sont disposés au pied des massifs de grès numidiens.

Les talus d'éboulis contiennent parfois des blocs provenant d'épandages plus anciens notamment sur le versant nord du Djebel Djenane el Lobba aux pieds du massif gréseux de Djebel Mdouer.

Les glacis polygéniques correspondent à des surfaces très faiblement inclinées près des plaines dont la pente augmente progressivement vers la montagne où ils butent sur un knick plus au moins prononcé. Ils sont situés au pied des reliefs montagneux de Oum Settas et Djerb et des grès numidiens de Kef Rherib et sont parcourus de ravineaux plus nettement entaillés en haut. De vastes épandages occupent la vallée d'Oued Zenati, Oued Sabath. Ils sont constitués de blocs de Numidien bien roulés, noyés dans une matrice limoneuse ou argileuse (argiles numidiennes remaniées).

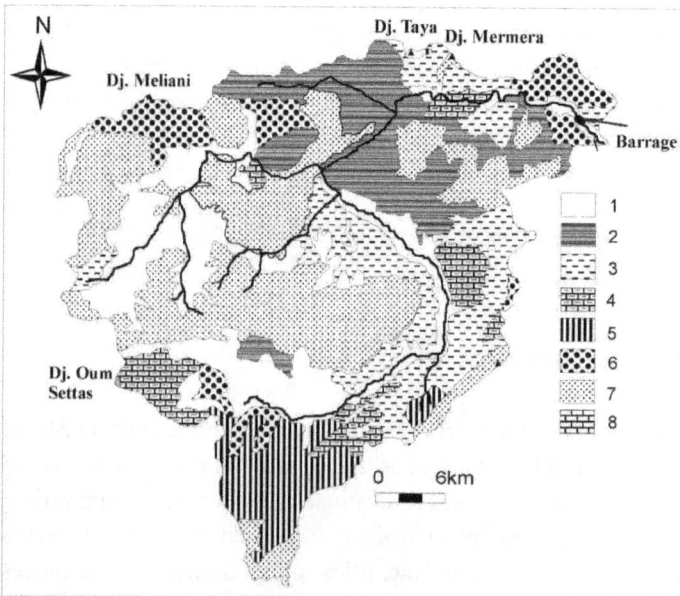

Figure 7. Carte lithologique du bassin versant de l'Oued Bouhamdane. 1- formations superficielles (glacis (V), éboulis de pentes (triangles), alluvions (teinte blanche)); 2- argiles sous-numidiennes et pélites (Oligocène-Crétacé); 3- marnes (Crétacé); 4- marno-calcaires (Eocène); 5- travertins (Quaternaire); 6- conglomérats (Mio-Pliocène); 7- Grès numidiens (Oligocène); 8- calcaires (Crétacé).

Par ailleurs, les autres dépôts quaternaires tels que les croûtes calcaires du Villafranchien ne prennent de l'extension que dans la partie sud du bassin. En outre, les travertins et les tufs quaternaires sont observés à Hammam Meskoutine donnant à cette région un aspect touristique.

Les alluvions de l'Oued Mellah sont très répandues dans la zone d'étude et les principales accumulations sont celles de l'Oued Sfa, l'Oued R'biba et l'Oued el Hammam (Figure8). Les alluvions des hautes terrasses (150 m d'épaisseur) sont constituées d'argiles et conglomérats très largement représentés tout près de l'exutoire du bassin de l'Oued Mellah. Les moyennes terrasses sont constituées de matériel grossier (galets, gravier, sable), cimenté par une matrice limoneuse. Ce niveau apparaît surtout à l'Oued Sekaka et aux alentours de l'Oued Cheham sous forme de lambeaux. Les alluvions de la basse terrasse (rharbien), d'environ 5 m d'épaisseur, se répartissent sur les deux rives de l'Oued Sfa, le long du cours moyen de l'Oued Rarem et à l'aval de l'Oued Mellah. Elles sont constituées de matériel grossier, sable, limons sableux et limons. Les colluvions qui sont des formations gravitationnelles occupent sur une grande étendue le pied du massif gréseux du bassin de Mechroha. Ces formations se trouvent également au pied des massifs calcaires tels que Djebel Koutz, Djebel Safiet el Aouied et Djebel Kelaia (parties médiane et orientale); les djebels Zouara, Aks, Oures et Azega (partie méridionale).

Les alluvions développées et conservées à l'Oued Ressoul surtout aux alentours de l'Oued Bouala, donnent essentiellement des alluvions rharbo-actuelles et d'autres niveaux de terrasses (Figure 9). Les formations actuelles et récentes (terrasse rharbienne) formées de limons, sables et cailloux, couvrent le lit majeur de l'Oued Ressoul et ses principaux affluents. Les formations alluviales récentes (Soltanien et Tensiftien) se développent au nord du village de Ain Berda, à Nechmaya sous forme de glacis-terrasse. Ces dépôts sont constitués de sables, limons, cailloux roulés et de galets. Se développant au Nord-Est du bassin, l'épandage de la terrasse salétienne en pente douce, épaisse parfois d'une trentaine de mètres, est essentiellement constituée par des galets du numidien, des argiles et des limons.

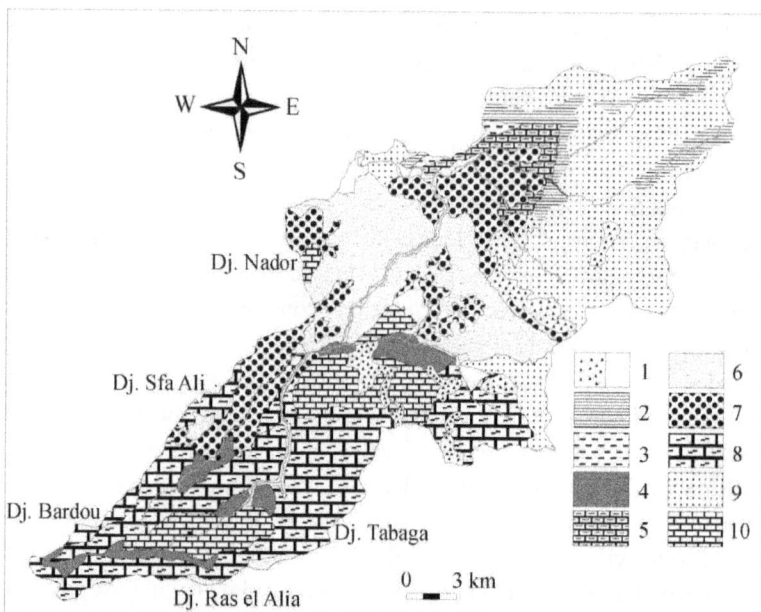

Figure 8. Carte lithologique du bassin versant de l'Oued Mellah. 1- formations superficielles (éboulis de pentes: triangles, alluvions: teinte blanche); 2- argiles sous-numidiennes (Oligocène); 3- marnes (Barrémien); 4- argiles gréseuses et conglomératiques (Miocène); 5- marno-calcaires (Crétacé); 6- l'ensemble triasique (argiles à gypse, marnes et calcaires); 7- conglomérats (Mio-Pliocène); 8- calcaires et marnes (Sénonien supérieur); 9- grès numidiens (Oligocène); 10- calcaires (Crétacé).

Les plus importantes formations des éboulis en blocs sont situés dans les parties amont et médiane du bassin versant (Figure 9). Quelques éboulis occupent cependant le pied des massifs gréseux de la partie septentrionale. Ainsi, les formations argilo-sableuses avec blocs situées au pied du massif du Djebel Houara et des buttes témoins gréseuses dans la partie médiane et au nord du bassin représentent les matériaux de coulées boueuses anciennes épaisses et consolidées.

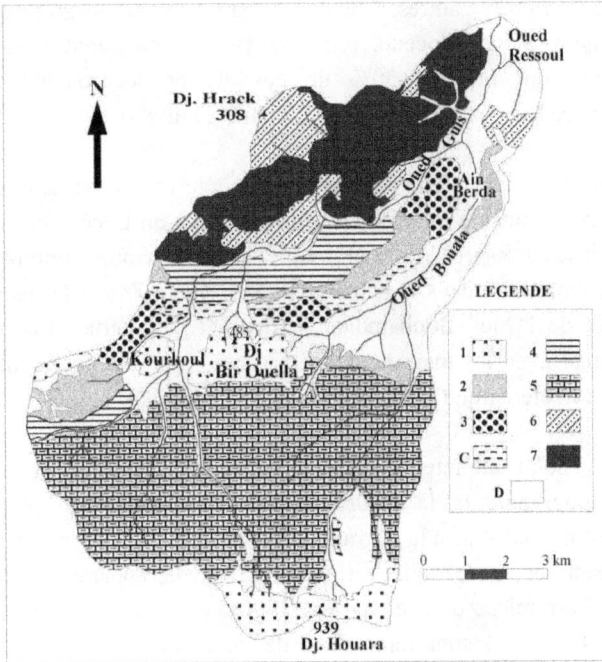

Figure 9. Carte lithologique du bassin versant de l'Oued Ressoul. 1- formations superficielles (éboulis de pentes: triangle, alluvions: teinte blanche); 2- marnes (Lutetien); 3- marno-calcaires (Crétacé supérieur); 4- grès micacés (Oligocène); 5- grès argilo-schisteux (Crétacé supérieur); 6- grès argilo-calcareux (Crétacé inférieur); 7- conglomérats (Mio-Pliocène); 8- microbrèches (Crétacé supérieur); 9- grès numidiens (Oligocène).

2.1.2- Ensemble tendre

Le premier type des roches tendres englobent les argiles du numidien et les pélites du Crétacé. Ces roches dominent surtout dans la région de Oued Zenati et Bouhamdane (Figure 7). Elles constituent les hauteurs de l'Oued Zenati et les affleurements isolés du Djebel el Aria et Kef el Asfar (à l'ouest) à Djebel Mermera (au nord). Longeant l'amont des oueds Bouredine et Meza, affleurent les argiles sous-numidiennes en importantes surfaces dont l'érosion des grès numidiens les a permis d'être exposées en surface, ce qui les prédisposent à leur tour aux différents processus

26

morphogéniques. Entre autres, les formations argilo-gréseuses et conglomératiques, d'âge Miocène, se répandent principalement au sud-ouest du bassin dont presque 50% de ces argiles se trouvent en chevauchement avec les calcaires de Djebel Zouara (Figure 8).

Longeant de part et d'autre l'Oued Zenati, apparaît le faciès marneux du Sénonien qui après 9 kms de longueur est remplacé par un Eocène encore marneux et ce jusqu'à Ras el Akba (Figure 7). Cet ensemble fortement entaillé est bien représenté dans le sous-bassin de l'Oued Zenati (Tableau 1). A mi-chemin de l'Oued Bouhamdane, affleurent des marnes Eocène en contact anormal avec les marno-calcaires Ypréso-Lutétien de Koudiat Sersera (697m), caractéristique d'un relief inverse (Figure 10).

Toute cette région subit une intense incision par les oueds Dardara et Abd ad Dida. La topographie et la nature tendre du substrat sont parmi les contraintes ayant contribué à la dégradation du milieu. A l'est de l'Oued Mellah et longeant sur une certaine distance l'Oued Sfa, apparaissent les dépôts marneux barrémiens de Medjez Sfa (Figure 8). Ces marnes d'une faible étendue (4,75 km²) sont intercalées de quelques petits bancs de calcaires marneux. Ces marnes tendres se localisent essentiellement au pied des versants avec des pentes plus au moins faibles (Figure 9). Par ailleurs, les marnes sont de faible extension dans le bassin de l'Oued Ressoul. Elles apparaissent sous forme de bande discontinue, introduite par les chaabets Negla et M'kada. Ces marnes d'âge Lutétien se présentent comme une enveloppe de l'anticlinal dans la zone de Mechtat Dahari - Bled Bou Kourkoul.

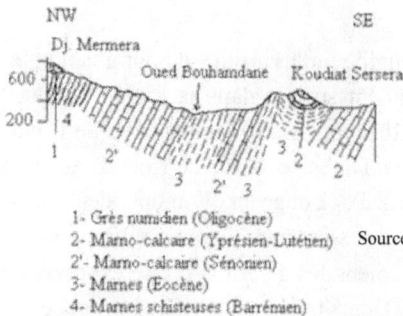

Figure 10. Coupe géologique de Djebel Mermera à Koudiat Sersera.

1- Grès numidien (Oligocène)
2- Marno-calcaire (Yprésien-Lutétien)
2'- Marno-calcaire (Sénonien)
3- Marnes (Eocène)
4- Marnes schisteuses (Barrémien)

Source: Deleau, 1938 – actualisée par l'auteur

27

Tableau 1. Répartition des roches et des formations superficielles dans les sous-bassins de la Seybouse.

Sous-bassins	Oued Bouhamdane		Oued Mellah		Oued Ressoul	
Formations lithologiques	S (km²)	S (%)	S (km²)	S (%)	S (km²)	S (%)
Formations superficielles	427,17	38,66	75,66	13,76	31,54	30,62
Argiles	**164,81**	**14,91**	25,75	4,68	-	-
Argiles gréseuses et conglomératiques	-	-	20,37	3,70	-	-
Formation triasique	-	-	60,64	11,03	-	-
Marnes	99,19	8,98	4,75	0,86	1,94	1,88
Marno-calcaires	54,44	4,93	15,00	2,73	33,30	32,33
Travertins	4,75	0,43	-	-	-	-
Grès argilo-calcareux	-	-	-	-	1,51	1,47
Grès argilo-schisteux	-	-	-	-	15,63	15,17
Grès micacés	-	-	-	-	5,37	5,21
Flyschs à microbrèche	-	-	-	-	1,82	1,77
Calcaires et marnes	-	-	114,04	20,74	-	-
Conglomérats	53,15	4,81	59,52	10,82	7,43	7,21
Grès numidiens	297,18	26,89	123,55	22,46	4,46	4,33
Calcaires	4,31	0,39	50,72	9,22	-	-
Total	1105	100	550	100	103	100

sarg ne sruelav ;eicifrepus :S argiles et pélites.

2.1.3- Marnes et marno-calcaires / calcaires et marnes

La région de Oued Zenati-Bordj Sabath présentent des formations marneuses et marno-calcaires d'âge Crétacé et Eocène (Figure 7 et Tableau 1). Leur structure est généralement plissée et pulvérisée en petites écailles, le plus souvent en série renversée (Lahondère, 1987). Les contacts anormaux entre les différents terrains se voient plus au moins dans la région de Bordj Sabath avec des formations Crétacés fortement plissées. Ces contacts disparaissent de part et d'autre de la vallée de Oued Zenati sous les argiles et les grès numidiens. Le secteur de Ain Haddad est constitué par des formations marneuses et marno-calcaires en lambeaux d'âge Crétacé inférieur (Barrémien-Aptien). Ces affleurements se trouvent exposer à la base des grès numidiens du Bled Aioun Dehane et à l'Oued Bou Skoum. Une partie de cet oued, affectée par une faille, est naît par le recoupement de l'anticlinal marno-calcaire, donnant une cluse. Du village de Oued Zenati à Bled el Hadjala au nord, les marnes sont en alternance avec les marno-calcaires du Maestrichien. Cet ensemble est plissé et affecté par des failles que le peu des sous-affluents de Chaabet Aine Resfa s'y adaptent merveilleusement à cette structure.

Cet ensemble est très peu répandu dans le bassin versant de l'Oued Mellah (Figure 8 et Tableau 1). Au sud-est de Hammam N'Bails affleure des marno-calcaires d'âge Aptien-Albien. Ces derniers sont touchés par des failles longeant parallèlement l'Oued R'biba. Du point de vue système de drainage, une grande partie des sous-affluents de l'Oued R'biba se développent suivant la structure géologique du substrat. Dans la partie septentrionale du bassin, les marno-calcaires entourent les conglomérats, à Medjez Sfa. Ces formations d'âge Crétacé, allant du Néocomien au Sénonien supérieur, sont largement démantelés par l'érosion et apparaissent structuralement en succession renversée semblables à ceux de la région de Oued Zenati (Lahondère,1987). Dans ce même bassin, nous trouvons également des calcaires plus tendres et des marnes du Sénonien supérieur qui se présentent en structures plissées d'amplitude variable, affectée le plus souvent par des failles. Ces roches affleurent à Sfa Ali, au nord et Sud de Djebel Zouara, à Mechtat Besbassa et à Djebel Arous. Le Djebel Sfa Ali (977 m) possède des versants dissymétriques en pente plus raides du côté sud et montre deux combes à son sommet, présentant un bon exemple d'une érosion hydrique antérieure (Figure 11).

Les marno-calcaires du Campanien et Maestrichtien de l'Oued Ressoul se répartissent sur une grande étendue de la partie méridionale du bassin (35,23 km²). Du point de vue structural, cette série est souvent plissée en accordéon ou en plis couchés. C'est la région la plus entaillée dont la topographie dominante est en général collinaire morcelée, avec des pentes dépassant 12%. D'après la coupe présentée (Figure 12), les cours d'eau ont intensivement érodés les formations sus-jacentes telles que le complexe microbrèchique du Sénonien et donc ont pu dégager en surface les marno-calcaires. Ces derniers plongent à leur tour sous l'ensemble des flyschs et forment le sous-bassement du massif gréseux du Djebel Houara.

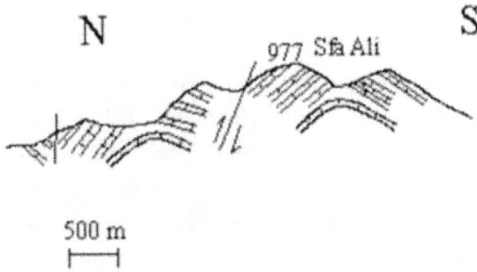

Source: Chouabbi, 1987

Figure 11. Coupe montrant les deux combes sur les marno-calcaires du Djebel Sfa Ali.

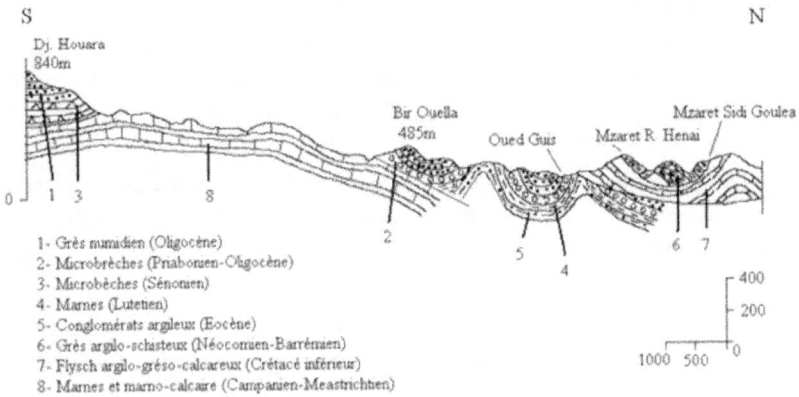

1- Grès numidien (Oligocène)
2- Microbrèches (Priabonien-Oligocène)
3- Microbèches (Sénonien)
4- Marnes (Lutétien)
5- Conglomérats argileux (Eocène)
6- Grès argilo-schisteux (Néocomien-Barrémien)
7- Flysch argilo-gréso-calcareux (Crétacé inférieur)
8- Marnes et marno-calcaire (Campanien-Maastrichtien)

Figure 12. Coupe structurale de Djebel Houara à Mzaret Sidi Goulea.

2.1.4- Ensemble conglomératique

Cet ensemble du Mio-Pliocène, est constitué de formations continentales discordantes sur toutes les séries antérieures. Ces roches comprennent des conglomérats, des argiles sableuses rouges et des marnes et affleurent au nord-ouest et au nord-est du bassin de l'Oued Bouhamdane, plus particulièrement dans les hauteurs de Djebel Meliani et Koudiat

30

Er Ramoul. Il s'agit manifestement de matériel de remblaiement de dépressions topographiques. Les premiers niveaux paraissent appartenir au Miocène supérieur et sont caractérisés par l'abondance d'éléments détritiques grossiers reflétant plus au moins l'environnement montagneux.

Les dépôts mio-pliocènes du bassin de l'Oued Mellah sont accumulés dans les bassins d'effondrement de Hammam N'Bails et Mechroha-Ain Tahamamine (Figure 8). Le synclinal de Hammam N'Bails, d'axe N-S, se caractérise par un matériel détritique continental remanié provenant essentiellement des formations crétacées avoisinantes, calcaire de l'Eocène et du matériel triasique. Il s'agit surtout des poudingues gréseux, argiles rouges et gypsifères, calcaires lacustres et travertineux, conglomérats et de la mollasse. Le bassin d'effondrement de Mechroha comprend un matériel un peu diversifié; il s'agit essentiellement de dépôts détritiques mio-pliocènes affleurant à l'ouest où ils sont chevauchés en accident par le Trias. Cette structure enserrée entre le Numidien et le Trias a permis d'accumuler des matériaux provenant de l'érosion et de l'altération des formations avoisinantes, sous forme d'éboulis de pentes.

Le flysch de Ain Berda comprend les conglomérats argileux de l'Eocène et les conglomérats calcareux plus épais du Sénonien. Elles se localisent au sud-ouest de Ain Berda et dans la partie médiane du bassin (Figure 9). Les conglomérats calcareux par leur dureté et leur disharmonie se présentent en lanières à Mechtat Bayada et au nord-ouest de Chaabet Negla. Par ailleurs, les conglomérats argileux, discontinus dans l'espace, forment le substratum des reliefs imposants tels que ceux des conglomérats calcareux. Leur disposition structurale en anticlinal a par endroit fragilisé et trituré les formations sus-jacentes pour finalement être partiellement dégagées par l'érosion.

2.1.5- Formation Triasique

Les affleurements triasiques se répartissent essentiellement du secteur de Nador-N'bails à Mechroha et au sud de Djebel Azega (Figure 8). Les affleurements de Nador-Mechroha sont les plus importants du bassin versant de l'Oued Mellah. Ils se présentent comme une association de cargneules et gypses, comprenant aussi les argiles, marnes bariolées, calcaires et dolomies. Ce Trias, limité par des failles verticales, apparaît souvent en position chevauchante sur les terrains avoisinants.

D'Ain Tahamamine à Mechroha, le Trias est légèrement extravasé sur les formations mio-pliocènes selon un accident NW-SE. En outre, le bassin de Mechroha est drainé par l'Oued Aouissia dont son cours suit une faille cachée sous les formations quaternaires. Ce sont la tectonique d'effondrement et le diapirisme du Trias qui à l'origine de la création de ce cours d'eau. La direction du cours moyen de l'Oued Rarem lui est imposée par le changement de l'orientation des axes de plis de cette formation. Tout à fait à l'ouest, le Djebel Nador forme une immense boutonnière qui laisse affleurer les sédiments triasiques gypso-salins.

2.1.6- Ensemble des flyschs

Le faciès gréso-micacé d'âge Oligocène appartient au flysch d'Ain Berda et affleure principalement dans la partie presque médiane du bassin. Cette formation se présente le plus souvent en synclinaux avec parfois des affleurements rocheux en pendage sub-horizontal comme à Koudiat el Khorchef. Les flyschs argilo-gréso-calcareux et grès argilo-schisteux affleurent en prédominance à l'ouest du village de Ain Berda (Figure 9). A M'zaret Sidi Goulea et M'zaret Redjet Henai, le flysch argilo-gréso-calcareux (Crétacé inférieur) est exposé essentiellement sous forme de boutonnières à la base des grès argilo-schisteux. La série argilo-gréseuse est constituée de sommets plus au moins arrondis (M'zaret Sidi Goulea) et d'un relief de versants irréguliers (M'zaret Redjet Henai). Le faciès des grès argilo-schisteux est une série essentiellement gréseuse à minces intercalations argilo-schisteuses, daté du Néocomien au Barrémien. Ces roches se distinguent par une succession de synclinaux plus au moins conservés et d'anticlinaux éventrés par le processus de ravinement (affluents de l'Oued Guis). Les synclinaux par leur position structurale en hauteur présentent aujourd'hui un relief imposant, restant marqué par un synclinal perché (Mechtat Dahari).

32

L'ensemble des Flyschs microbrèchiques (Priabonien-Oligocène et Sénonien) présentent des disharmonies importantes et apparaissent soit en surfaces érodées souvent en creux, à Mechtat Dahari, soit en plis dissymétriques avec des monts éventrés et surmontés par d'autres formations comme à Bled bou Kourkoul (Figure 13). Dans l'ensemble, les paléo-reliefs et les reliefs résiduels actuels affectant les flyschs microbrèchiques, conditionnés par des bouleversements tectoniques et des processus de l'érosion, ont vu arasé leurs monts ce qui a permis leur enfouissement par les formations charriées, donnant ainsi des reliefs inverses.

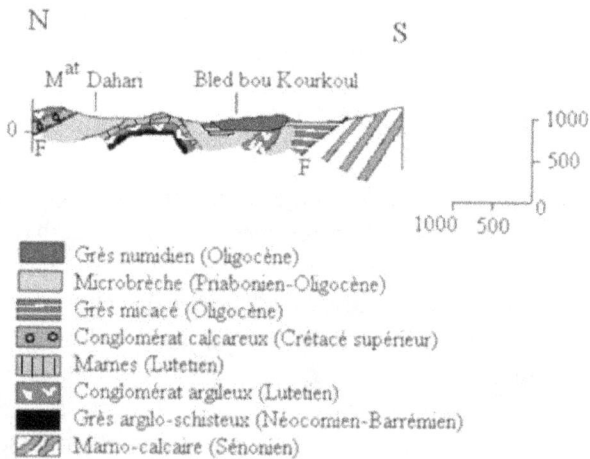

Source: Vila, 1968

Figure 13. Coupe structurale des massifs de microbèches éventrés de Mechtat Dahari.

2.1.7- Ensemble des grès numidiens

Les grès numidiens d'âge Oligocène du bassin de l'Oued Bouhamdane correspondent aux roches les moins tourmentées et les plus répandues avec les formations superficielles qui les recouvrent (Tableau 1). Ces terrains montrent des fractures d'orientation Est-Ouest dans la région de Oued Zenati et Nord-Sud dans les secteurs de Mechtat Ben el Hambli et El Aria. En outre, dans la partie occidentale du bassin, bien que les affluents de l'Oued el Bahri ne soient pas très denses, ils ont fortement entaillé et percé

33

les grès dégageant des surfaces en glacis et des reliefs isolés (Figure 7, page 18). Au nord et au nord-est de Bordj Sabath, le grès numidien constitue les hautes collines boisées de Bou Snib et Mermera. Au Sud de Bordj Sabath, les grès sont tabulaires. Sur le bord ouest, dans la vallée de l'Oued Zenati, les marnes et les quelques barres de l'Eocène présentent une structure imbriquée dont les plis, alignés SW-NE, sont sous-jacents aux assises tabulaires de l'Oligocène. La discordance est particulièrement visible au nord de la route nationale d'Ain Regada - Oued Zenati.

La partie orientale du bassin de l'Oued Mellah présente une certaine monotonie de faciès gréseux qui la compose (Figure 8). Les grès se présentent en lentilles ou en bancs épais où s'intercalent des argiles. L'ensemble des grès comprend une région montagneuse d'altitude moyenne variant en général entre 469m (Djebel el Meza) et 1284 m (Djebel Kelaia). Le réseau hydrographique des oueds Bouredine et Meza qui traversent cet ensemble gréseux fortement fracturé et faillé apparaît plus aéré que celui des oueds Rirane et R'biba qui entaillent des assises souvent marneuses.

Dans le bassin de l'Oued Ressoul, ces grès de faible étendue, affleurent en lambeaux à l'ouest et à l'est du village de Nechmeya et au sud du bassin où se trouvent les croupes du Djebel Houara (Figure 12). Ce dernier, culminant à 981m, correspond à une ligne de crêtes dissymétrique et à un lambeau du numidien qui repose en contact anormal sur les séries de flyschs. A son pied, un nombre de sources jalonnent le contact avec les marnes. De là naissent en particulier les écoulements qui creusent intensivement dans les marnes et remontent par érosion régressive et différentielle le versant gréseux. Les grès numidiens ont été sujets à des accidents tectoniques considérables sous forme de décollements et de disharmonies observés à Nechmaya et Djebel Houara.

2.1.8- Ensemble des calcaires

Les calcaires (d'âge Aptien) dans le bassin de l'Oued Bouhamdane laissent apparaître des affleurements dispersés par la tectonique, ce sont Djebels Oum Settas et Djerb à l'ouest et Djebel Taya au nord (Figure 7). Le Djebel

34

Taya est le plus petit des massifs de calcaire néritique du bassin. Il est constitué par une succession escarpements de direction E-W (Figure 14). Ce Djebel qui apparaît de loin comme une forteresse massive aux murailles quasi-verticales est facilement pénétrable grâce aux nombreux vaux et cluses que l'érosion a creusé sur le réseau des grandes fractures (Marre, 1992). Par ailleurs, l'ensemble du Djebel Taya correspond à un horst limité au Nord et au Sud par des failles normales. Djebel Oum Settas est de dimension imposante, chevauché par les séries marno-calcaires du Crétacé et fortement touché par les perturbations tectoniques (failles et fractures).

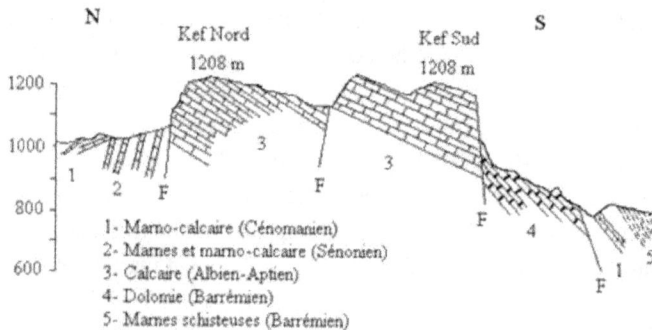

1- Marno-calcaire (Cénomanien)
2- Marnes et marno-calcaire (Sénonien)
3- Calcaire (Albien-Aptien)
4- Dolomie (Barrémien)
5- Marnes schisteuses (Barrémien)

Source : Raoult, 1974

Figure 14. La structure du Djebel Taya.

Cette formation qui affleure également au sud-ouest de l'Oued Cheham est constituée principalement par un calcaire Yprésien (Eocène). Ces formations éocènes sont modérément entaillées par les sous-affluents de l'Oued Rirane, donnant de basses collines aérées. A l'Est de Hammam N'Bails, se trouvent les synclinaux en relief qui englobent les monts de Safiet el Aouaied, el Koutz et Safiet Ain Kebch (Figure 8). L'incision de ces reliefs est provoquée par des cours d'eau anaclinaux (drainage orthogonal) des oueds R'biba-Zarin et Rirane. Le Djebel Zouara (1292m) fortement entaillé, en partie par l'Oued Zouara, n'est que le prolongement vers l'Ouest du Djebel Bardou (en forme de klippe) dont l'axe du synclinal perché à une direction NE-SW. Le contact anormal et l'émergence de failles le long du versant Sud de Djebel Zouara, ont permis à l'Oued Zouara (sous-affluent de l'Oued R'biba) de pénétrer en gorge au travers les formations carbonatées éocènes et argilo-gréseuses du Miocène.

2.2- Sous–bassins côtiers constantinois

2.2.1- Formations superficielles

Elles sont bien représentées dans le bassin de Azzaba (Figure 15). En plus, nous distinguons de petits bassins qui jouent le rôle de remplissage; ce sont les bassins d'es Sebt, Roknia et Bouati Mahmoud. Les alluvions actuelles et celles de la basse terrasse se composent respectivement d'un matériel de dépôts caillouteux roulés et limoneux, et sablo-argileux-graveleux. Les alluvions de la moyenne terrasse se trouvent à l'Oued El Hammam et Mouger. Les alluvions de la haute terrasse (Pleistocène ancien) sont limoneuses et bien développées à l'Oued El Hammam, au nord-ouest de Bouati Mahmoud. Les alluvions de l'Oued Saf Saf s'étendent d'ouest en est en prenant le tracé des oueds de la partie sud du Col d'El Kantour jusqu'à la partie sud du Kef Hahouner dont les principaux oueds sont définis par l'Oued Khemakhem à l'est, l'Oued Béni Brahim et Oued Rararef qui s'écoulent vers le nord donnant naissance à l'Oued Bou Adjeb.

Un peu partout dans le bassin de l'Oued Kébir Ouest, les colluvions les plus représentatives se répartissent sous forme de glacis et de dépôts de pente. Au pied du Djebel Ferfour, nous observons un piémont qui comporte des glacis où dominent les dépôts sablo-argileux et les blocs de grès numidiens. Au pied du Djebel Maksen, un replat tronque les grès numidiens qui présentent ici un pendage subvertical. Sur l'Oued Fendek, après le passage des gorges entre Djebel Tengout et Saiafa, les restes d'un grand glacis-cône s'étalent dans le bassin de Azzaba (Marre, 1992). Le matériel comprend des galets grossiers (15 cm) et des blocs (50 cm), plus au moins émoussés. Au niveau des versants conglomératiques et métamorphiques qui supportent la forêt de Zaitria au nord, les dépôts colluviaux comportent de sable et une accumulation argileuse. Par ailleurs, d'autres glacis-cônes du même type peuvent être observés au pied du Djebel Mekdoua. Ces éboulis lorsqu'ils sont contenus dans une matrice argileuse, ils peuvent former des coulées. Ainsi, au pied des corniches des kefs Toumiet, de grandes coulées à blocs descendent jusqu'à Oued El Hammam où elles viennent dominer la basse terrasse de l'oued.

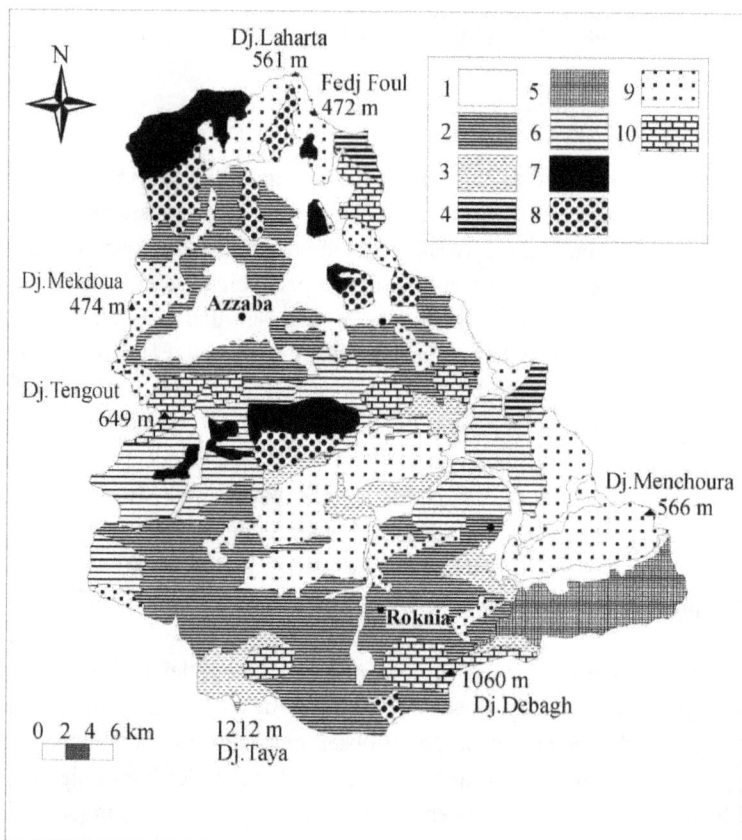

Figure 15. Carte lithologique du bassin versant de l'Oued Kébir Ouest. 1-formations superficielles; 2- argiles sous-numidiennes (Oligocène); 3- marnes et marnes schisteuses (Crétacé supérieur et Eocène); 4- marno-calcaires (Sénonien); 5- grès argilo-schisteux; 6- grès micacés (Nummulitique-Eocène); 7- schistes et phyllades (Paléozoique); 8- grès quartzeux et numidiens (Oligocène); 9- calcaires (Crétacé et Sénonien).

Les éboulis et les dépôts de pente du bassin de l'Oued Saf Saf sont répartis un peu partout (Figure 16). Au nord, par leur taille immense, les éboulis de nature gréseuse occupent une proportion importante au Sud de Djebel Sesnou. Ces dépôts se localisent également au Sud à Douar Ouled Habeba. Durant le processus géomorphologique, des sources et des zones de suintement ont apparu en contact entre les grès perméables et les argiles impérméables au niveau de Djebel Sesnou et aux collines de Ouled Habeba et ont créé un écoulement hypodermique capable de générer une solifluxion avant que la surface soit saturée pour développer des coulées boueuses.

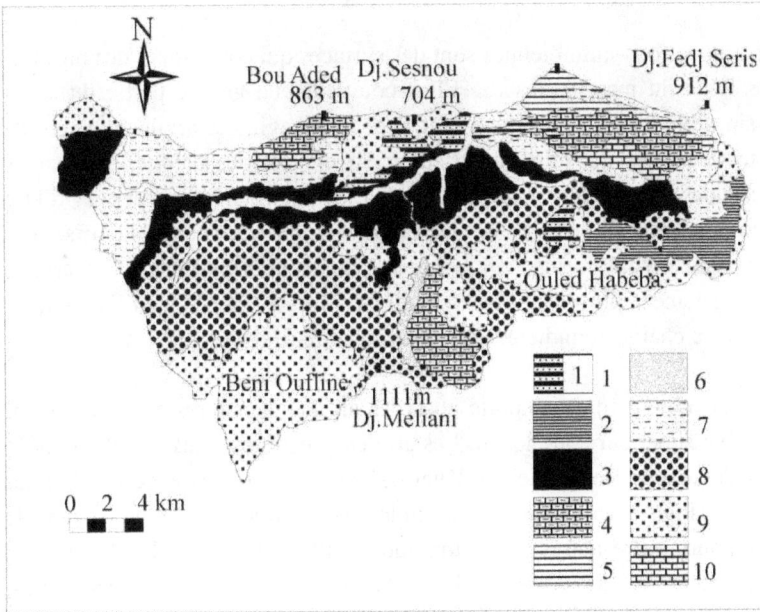

Figure 16. Carte lithologique du bassin versant de l'Oued Saf Saf. 1- formations superficielles du Quaternaire (éboulis de pentes : triangles; alluvions: teinte blanche); 2- argiles sous-numidiennes (Oligocène); 3- argiles gypsifères et sableuses (Miocène supérieur); 4- marno-calcaires (Sénonien); 5- grès micacés (Eocène); 6- microbrèches (Crétacé supérieur); 7- grès calcareux et argileux (Crétacé); 8- conglomérats argileux (Mio-Pliocène); 9- grès numidiens (Oligocène); 10- calcaires (Crétacé-Jurassique).

2.2.2- Ensemble tendre

Les marnes schisteuses et marnes du Sénonien-Priabonien occupent le sous-bassin de l'Oued El Hammam et exactement au pied des massifs de

Grar, Debagh et le douar Ouled Ghrara (Figure 16). Au Djebel Grar, les marnes et marnes schisteuses reposent en concordance sur les calcaires. Les marnes de l'Eocène très peu répandues, se répartissent dans la partie médiane du bassin de l'Oued Kébir Ouest. Elles sont essentiellement en contact avec les formations du Nummulitique. D'autre part, ces marnes sont affectées par des plissements qui ont été en grande partie sujettes à des aplanissements de leur surface.

Les argiles sous-numidiennes sont des surfaces qui comportent des blocs de grès issus du massif gréseux. Elles couvrent une grande partie du sous-bassin de l'Oued El Hammam. Au Djebel Debagh, ces argiles donnent de vastes étendues qui laissent affleurer par endroit des collines résiduelles d'altitudes très modestes. Le côté fragile de ces roches leur permet d'être périodiquement disséquées par les ravines et qui entre autres favorise leur déplacement sous forme de glissements ou coulées boueuses. Ces argiles sont également présentes dans le sud-est du bassin de l'Oued Saf Saf, au pied de la chaîne numidienne gréseuse de OuledHabeba.

Cet ensemble tendre comporte aussi les argiles gypsifères et sableuses du Miocène supérieur continental. Les argiles gypsifères épaisses affleurent le long des oueds Bou Adjeb et Khemakhem et dans la cuvette de Zighout Youcef (Figure 16). Ces roches tendres sont affectées par des accidents tectoniques entre autres néotectoniques (failles). Bien que les formations argilo-sableuses localisées à l'est du bassin sont moins importantes, elles apparaissent quand même très perturbées par la tectonique dont domine un système de failles de direction E-W et N-S. Du point de vue dynamique, ces argiles sont sujettes à une érosion parfois intense sous forme de ravinement et de mouvement de masse. Les glissements se manifestent en grande partie dans les argiles gypsifères liés au sapement de l'oued à la base dont les oueds Bou Adjeb et Khemakhem y sont responsables. Les coulées boueuses, par endroit à bloc de grès sont surtout visibles au pied du massif gréseux de Ouled Habeba.

2.2.3- Ensemble des Marno-calcaires

Ces formations, d'âge Sénonien, occupent le sud-ouest du bassin versant de l'Oued Kébir Ouest. Elles sont le plus souvent plissées en accordéon ou en plis couchés à charnières complexes. Un certain nombre de massifs constitue la ligne de crêtes du bassin tels que Djebel Bou Sba (625m) et Djebel Ragouba (557m). L'aspect litho-structural des marno-calcaires en association avec la prépondérance de l'érosion linéaire par les sous-affluents de l'Oued Hendi bou Djemil a donné un paysage non loin des badlands. Il s'agit donc d'une topographie de ravins ramifiés, très étroits et très rapprochés, assez profonds, séparés par des crêtes relativement aiguës.

Cette série prédomine aussi dans le secteur méridional du Douar Khorfan, au nord du Kef Hahouner et aux Djebels Cheraga et Bou Aded. L'ensemble marno-calcaire au nord du Kef Hahouner est drainé par un nombre modéré d'affluents de l'Oued Khemakhem et l'Oued Maida, souvent adaptés à la structure. Les marno-calcaires à Douar Khorfan forment les séries les plus profondes. La densité du chevelu de l'Oued Khorfan qui draine le Douar Khorfan y est forte. Le paysage à forte pente (supérieur à 15%) a été intensivement disséqué, donnant des profils en « V » très encaissés. Au Djebel Bou Aded des niveaux dominants de marno-calcaire sont associés avec des pelites, poudingues, calcaires graveleux, calcaires massifs et dolomitiques du Permo-Trias au Barrémien. Le versant Sud de ce djebel fortement entaillé par l'Oued Teffaha, présente une surface irrégulière aux pentes pentues (supérieures à 20%) résultant en grande partie de la complexité structurale de l'ensemble montagneux de Bou Aded.

2.2.4- Complexe conglomératique

Cette formation est peu répandue dans le bassin de l'Oued Kébir Ouest. Elle est observée essentiellement dans les parties septentrionale et médiane. Cette série est constituée principalement de conglomérats, brèches, grès et argilites. Elle montre dans la vallée de l'Oued Oum Nehal de larges synclinaux et des anticlinaux ayant subi en général des aplanissements par l'Oued Oum Nehal. Dans cet espace, il s'est formé donc un paysage miniature de ce qu'on renomme relief appalachien (Figure 17). Cet ensemble a une grande extension dans le bassin versant de l'Oued Saf Saf

(Tableau 2). Ces conglomérats appartiennent aux séries mio-pliocènes continentales du bassin de Constantine.

Les conglomérats sont affectés par de nombreux plis et failles et sont sujets à de fortes incisions par les affluents de l'Oued Bou Adjeb. Les synclinaux de cet ensemble présentent en général un aspect de flancs déversés en sens opposé vers le nord et vers le sud (Raoult, 1974). Tout à fait au nord, apparaît le Djebel El Kantour en forme de dôme. Il est dissymétrique et présente un versant nord en pente plus raide que le versant sud. Ce massif est porté à forte altitude grâce à une faille au Sud et à un système de gradins au Nord. Cet accident d'El Kantour rejoint l'accident méridional du Kef Hahouner et se poursuit jusqu'au Djebel Debagh.

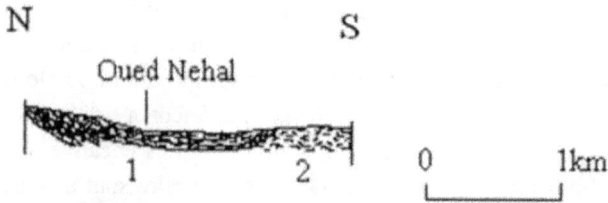

1- Conglomérats (Priabonien-Oligocène)
2- Marnes et marnes schisteuses (Lutetien)

Source: Raoult, 1974

Figure 17. Coupe montrant le relief appalachien.

41

Tableau 2. Répartition des roches et des formations superficielles dans les sous-bassins côtiers constantinois.

Sous-bassins	Oued Kébir Ouest		Oued Saf Saf	
Formations lithologiques	Superficie (km²)	Superficie (%)	Superficie (km²)	Superficie (%)
Formations superficielles	116,52	10,31	35,73	11,10
Argiles	311,31	27,55	12,57	3,90
Argiles à gypses, calcaires	-	-	39,28	12,20
Marnes, marnes schisteuses	56,10	4,96	-	-
Marno-calcaires	54,86	4,85	20,76	6,45
Grès argilo-schisteux	34,28	3,03	-	-
Grès micacés	146,99	13,01	13,44	4,17
Travertins	5,48	0,48	-	-
Schistes et phyllades	66,21	5,86	-	-
Grès calcareux et argileux	-	-	40,16	12,47
Flyschs à microbrèches	-	-	4,44	1,38
Conglomérats	51,46	4,55	60,87	18,90
Grès	221,87	19,63	87,25	27,10
Calcaires	64,92	5,75	7,50	2,33
Total	1130	100	322	100

2.2.5- Ensemble des flyschs

Dans cet ensemble nous regroupons les grès argilo-calcareux de l'Albien-Aptien et les grès micacés du Nummulitique-Eocène. Les grès argilo-calcareux sont exposés en petits affleurements à l'est et au nord-est du bassin de l'Oued Kébir Ouest. Structuralement, ce flysch est plissé et comporte une forte disharmonie entre sa base argileuse et la masse gréseuse principale. Il apparaît en relief à Koudiat Aziza et Koudiat Mazzouz en petit val perché. Les djebels Bou Tellis (882 m) et Fedj Seris (912 m) dominent en corniches gréseuses et comportent des versants raides assez irréguliers (pentes supérieures à 25%). Par suite, le mont de l'anticlinal du Fedj Seris est démantelé par l'érosion laissant apparaître une combe à dépression microbrèchique.

Les grès micacés du Nummulitique atteignent leur extension maximale au sud du Djebel Tengout (Figure 15), à l'est du Djebel Guettara et au sud de la Koudiat Mzara. En général, les massifs gréso-micacés forment une série de koudiats modestes souvent déchiquetés par les ravines. Par ailleurs, la structure des grès micacés, située à l'est du bassin comporte de larges synclinaux. Leurs surfaces sont assez profondément encaissées par les cours d'eau de l'Oued El Hammam, mettant par conséquent en relief des koudiats et des croupes. Les grès micacés de l'Eocène sont moins importants dans le bassin de l'Oued Saf Saf (Figure 16). Ils s'étalent de l'Oued Saf Saf au pied du Djebel Fedj Seris. Toutefois, ce flysch présente aussi deux autres massifs montagneux d'où passe la ligne de crêtes du bassin, ce sont Djebel Guettara (883 m) et Koudiat Ennchir. Ces grès sont affectés par des plissements dont l'érosion a engendré leur affleurement en chevrons.

2.2.6- Roches anciennes

Ces roches métamorphiques affleurent dans le sous-bassin de l'Oued Emchekel sous forme de phyllades et schistes (Figure 15). Elles appartiennent aux formations paléozoïques du socle kabyle. Au centre du massif de Djebel Raoult Lessoued, affleurent des micaschistes dans lesquels la Chaabet Lakra a creusé un vaste amphi-théâtre d'érosion, montrant ainsi une remarquable inversion du relief (Figure 18).

Les fracturations ont rendu ces schistes plus sensibles à l'érosion d'où la forte densité du réseau hydrographique de l'Oued El Hadjar en témoigne. On souligne également que ces roches sont affectées par des écailles qui témoignent d'une dislocation profonde du socle. A la faveur de cette dislocation et fractures montent encore les eaux chaudes de l'Oued Hamimine.

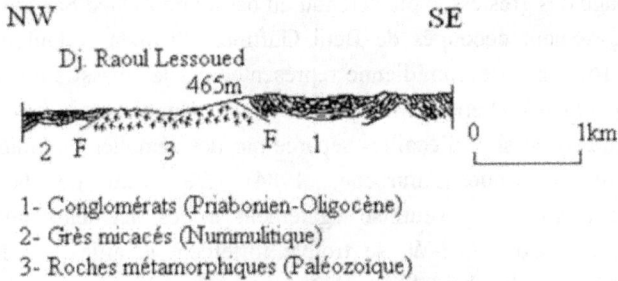

1- Conglomérats (Priabonien-Oligocène)
2- Grès micacés (Nummulitique)
3- Roches métamorphiques (Paléozoïque)

Source: Raoult, 1974

Figure 18. Inversion du relief de Djebel Raoult Lessoued.

2.2.7- Ensemble des grès quartzeux et numidiens

Depuis la région de Azzaba-Roknia jusqu'à celle d'Ain Berda à l'est, les reliefs sont créés par des collines de grès aux altitudes modestes, séparant des bassins et des vallées où affleurent les roches tendres des formations sous-jacentes. Les grès quartzeux d'âge Oligocène forment au nord les hauteurs du Djebel Laharta (561m) et Fedj el Foul (472m). Ce sont des massifs gréseux de forme allongée ayant des versants longs fortement entaillés par les sous-affluents de l'Oued Krab (Figure 15).

A l'ouest, ce sont surtout les grès numidiens qui dominent avec les djebels Denchaba (314m), Mekdoua (363m) et Kef Serrak (530m). Ces massifs permettent de voir que le réseau hydrographique est souvent guidé par des éléments structuraux (plis et cassures). Sur le Djebel Mekdoua, les cours d'eau, qui coulent sur les grès, présentent un tracé rectiligne avec des angles de confluence proches de 90° (Marre, 1992). Au pied du massif, au contact avec les formations argileuses, des émergences apparaissent et sont à l'origine de la formation d'un ravinement élémentaire. La partie médiane, où se trouvent les djebels Ragouba et Grabs, est formée par un petit ensemble de monticules en pentes fortes qui sont profondément et agressivement encaissés par les affluents de l'Oued Mouger. Au sud-est, nous rencontrons un autre ensemble gréseux qui surmonte les grès argilo-calcareux au Nord et les marnes et marno-calcaires au Sud dont l'Oued El Hammam coule le long du contact tectonique caché par les alluvions.

Le paysage des grès est le plus étendu du bassin de l'Oued Saf Saf avec les monts fortement découpés de Beni Ouftine, Gherazla et Ouled Habeba (Figure 16). La série numidienne représentée par les massifs du Djebel El Hadjar (1112 m), Djebel El Kalaa (1004 m) et Koudiat Bou Snib (830 m), forme une succession d'écailles séparée par des semelles tectoniques plus au moins continues.(Amirèche, 1984). Le reste de la surface gréseuse méridionale, soumise également à des accidents tectoniques d'orientation souvent E-W, se trouve fortement entaillés par les sous-affluents des oueds Khemakhem et Rararef.

2.2.8- Ensemble des calcaires

Dans la chaîne des dômes du Debagh, Grar et Taya, les calcaires à faciès Aptien néritique surmontent en concordance les calcaires compactes barrémiens. Le Djebel Debagh, est le plus important des massifs de calcaires néritiques du bassin de l'Oued Kébir Ouest. C'est un énorme dôme qui présente sur son flanc sud une combe de flanc creusée dans les calcaires dolomitisés du Jurassique et sur son flanc nord une surface d'érosion (Figure 19). Le Djebel Grar est constitué par une série de monoclinaux inclinée vers le nord de 30° à 40°. Le versant sud du djebel est dominé par un escarpement de ligne de faille que traverse un premier affluent de l'Oued Grar (Figure 20). Le versant nord est limité par des abrupts presque verticaux et au pied desquels coule l'autre affluent de l'Oued Grar.

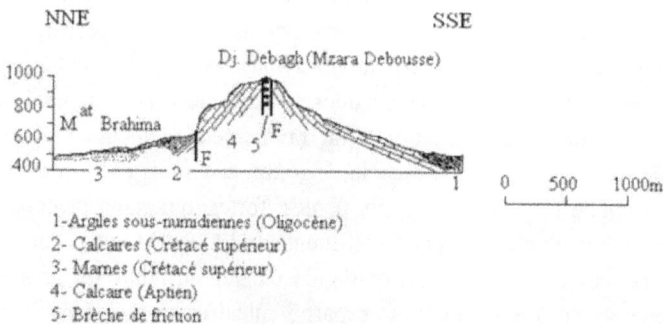

1-Argiles sous-numidiennes (Oligocène)
2- Calcaires (Crétacé supérieur)
3- Marnes (Crétacé supérieur)
4- Calcaire (Aptien)
5- Brèche de friction

Source: Raoult, 1974

Figure 19. Représentation du Djebel Debagh.

45

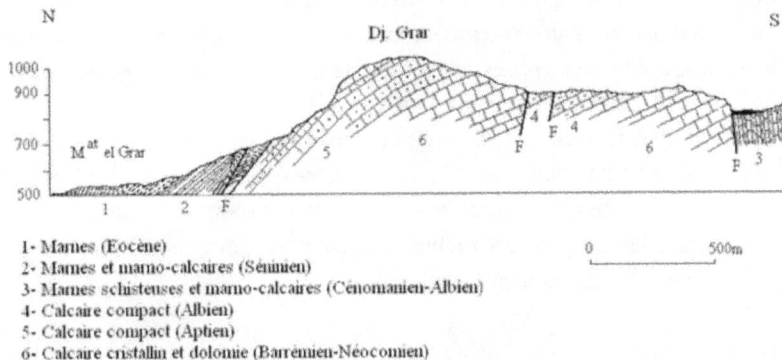

Source: Raoult, 1974

Figure 20. Représentation du Djebel Grar.

Ces calcaires du Sénonien supérieur sont principalement représentés par le chaînon Saiafa-Tengout. Ces deux montagnes sont séparées actuellement par la vallée de l'Oued Fendek. A l'est, les affleurements de la chaîne calcaire sont réduits à de petits massifs, présentant des altitudes très modestes (Djebel Abiod, 473 m). Le Djebel Chbebik (447m) possède deux combes relativement larges sur son sommet où Il descend lentement au NW vers la station de Bouati Mahmoud. Les calcaires qui affleurent dans le nord-est du bassin sont âgés du Jurassique. Leur relief est morcelé en tout petits massifs, d'altitude modeste variant entre 236 et 355m. Le système de drainage, issu des affluents de l'Oued Emchekel, est du type ortho-dendritique, reflétant l'importance des fracturations de ces calcaires.

Le bassin de l'Oued Saf Saf est représenté d'une part par Djebel Teffaha au nord et d'autre part par Kef Hahouner et Koudiat Toumiet à l'est. Ces derniers, fortement redressés, présentent des niveaux un peu diversifiés allant du Jurassique au Crétacé supérieur (Sénonien) dont une grande partie de la série est constituée de calcaire dolomitique. Au Djebel Teffaha affleure un ensemble épais de calcaires lacustres d'âge Miocène continental. Il se dispose en structure horizontale en contact des marno-calcaires et des grès argilo-calcareux.

En résumé, la lithologie dans les bassins versants étudiés est habituellement bien représentée par des roches moyennement résistantes et souvent tendres. Quoique ces roches restent moins marquées dans le bassin versant de l'Oued Bouhamdane, elles le sont plus dans le bassin de l'Oued Kébir Ouest où elles forment les paysages de nombreux secteurs à Roknia, Sebt et Azzaba - Ain Cherchar. Les grès, calcaires et par endroit les conglomérats ont une résistance plus grande aux agents de l'érosion. Cependant, comme le montrent les coupes, ces roches sont sujettes à des cassures et fissures qui les exposent directement à l'altération.

Dans l'ensemble, les différentes roches des bassins considérés conditionnent le ruissellement concentré et les autres processus érosifs, compte tenu de la grande discontinuité mécanique (porosité, perméabilité, résistance) d'une part, et de l'évolution tectonique mouvementée d'autre part. Sur de vastes superficies, le squelette rocheux demeure par endroit visible avec des pentes décharnées, comme le montrent les paysages de la région de Nechmeya, vallée de l'Oued Mendjel (versants de Dj. Bou Sbaa), au nord et sud-ouest du village de Oued Zenati. Cependant, l'intensité et l'ampleur de ces formations lithologiques dépendent également des pentes et des conditions pluviométriques qu'il convient d'étudier.

CHAPITRE 3 :   Energie du relief

Introduction

Les pentes constituent un facteur fondamental du potentiel morphogénique des bassins versants étudiés. L'ampleur des dénivellations et la vigueur des pentes créent des conditions particulièrement propices aux transports de matière et notamment à l'érosion hydrique qui s'exprime à travers les flux solides mesurés à l'exutoire des bassins versants. Sur un versant, c'est la valeur de la pente qui va très largement conditionner les modalités et l'ampleur de la dynamique érosive. C'est ainsi qu'une très légère augmentation ou diminution de la pente sera lourde de répercussions au plan morphodynamique. De même, le ruissellement n'influence la surface topographique que lorsque la longueur des pentes est largement suffisante pour provoquer une concentration des eaux de surface.

Les cartes des pentes établies ont été faites à partir d'images satellites. Ces images ont été traitées en utilisant le modèle numérique de terrain (MNT) et le logiciel Global Mapper et ce pour pouvoir numériser et transformer les images en courbes de niveau et délimiter les bassins versants (Annexe 1). Le modèle numérique de terrain (MNT) est une représentation de la topographie (altimétrie et/ou bathymétrie) d'une zone terrestre sous une forme adaptée à son utilisation par un calculateur numérique (ordinateur). En cartographie, les altitudes sont habituellement représentées par des courbes de niveaux et des points de côtés. Ce modèle permet ainsi:
- de reconstituer une vue en images de synthèse du terrain,
- de déterminer une trajectoire de survol du terrain,
- de calculer des surfaces ou des volumes,
- de tracer des profils topographiques,
- d'une manière générale, de manipuler de façon quantitative le terrain étudié.

Global Mapper est outil de visualisation capable d'afficher les images raster, les données d'altitude et les données vectorielles les plus répandues. Il permet aussi, en son sein, un accès direct à la totalité de la base de données TerraServer d'imagerie satellitaire et de cartes topographiques de l'USGS ainsi que la visualisation des données d'altitudes en vrai 3D. Ainsi un modèle numérique de terrain (MNT) peut être chargé avec une carte topographique (à l'aide de Global Mapper) pour créer une vue 3D de la carte. Le logiciel Arcview, qui représente l'étape finale du traitement des cartes, nous a servi à élaborer les cartes des pentes (classes des pentes et surfaces), la carte altimétrique et le relief en 3D à partir du MNT et Global Mapper. Ce logiciel, considérée comme une collection intégrée et extensible de logiciels SIG professionnels, est un outil pour gérer, visualiser, interroger et analyser toutes les données disposant d'une composante spatiale à caractères géographiques.

Les systèmes d'information géographiques (SIG) intègrent de plus en plus la troisième dimension sous forme d'un MNT. Les modèles numériques de terrain trouvent son application en sciences de la terre, pour l'analyse quantitative de la morphologie, qui peut renseigner le chercheur sur la présence d'un signal tectonique, climatique ou lithologique.

Les cartes des pentes restent forcément descriptives, même si elles ont pu dégager les principales caractéristiques des bassins versants. Or, pour armer ce facteur déterminant de l'érosion, elles doivent être plus quantitatives. C'est à cet égard que nous avons procédé au calcul des pentes et leur répartition par classe. En fonction des différents processus morphogéniques analysées dans la plupart des paysages de l'extrême nord-est algérien, six classes sont figurées dans le tableau suivant :

Classes des pentes (%)	Type de processus possible
0 - 3	Sans mouvement de masse, ruissellement diffus
3 - 7	Sans mouvement de masse, ruissellement élémentaire
7 - 10	Solifluxion, ruissellement élémentaire
10 - 15	Glissement, ruissellement élémentaire
15 - 25	Glissement, coulée boueuse, ravinement installé
>25	Glissement, coulée boueuse, badlands

3.1- Sous-bassins de la Seybouse

La classe des pentes prédominante varie entre 0 et 10% couvrant, à cet effet, plus de 55% de la superficie de chacun des trois bassins de l'Oued Ressoul, l'Oued Mellah et l'Oued Bouhamdane (Tableau 3). Les pentes supérieures à 25% semblent moins importantes dans les sous-bassins de la Seybouse. L'Oued Mellah est le seul qui englobe la plus grande superficie, avec uniquement 1,78% de sa superficie.

La classe des pentes supérieure à 25% est présente sous forme de tâches qui touchent souvent les reliefs plus au moins élevés (Djebel Houara, Djebel Taya, Djebel Oum Settas). Au pied des hautes collines de Djebel Houara s'étendent des versants marno-calcaires de même catégorie de pente. Dans le bassin de l'Oued Bouhamdane, la classe >25% est presque insignifiante (Tableau 3). C'est dans la partie montagneuse du nord du bassin, à Dj. Taya, que les pentes sont fortes et même apparaissent des surfaces quasi-verticales. Par contre, dans le bassin de l'Oued Mellah, cette classe est représentée sous forme de bandes, une au sud-ouest suivant l'alignement Djebel Zouara-Kef Aks-Djebel Tebaga et l'autre au nord-nord-ouest longeant les versants amonts de l'Oued Rarem.

Tableau 3. Répartition des classes des pentes dans les sous-bassins de la Seybouse.

Classes des pentes (%)	Oued Ressoul		Oued Mellah		Oued Bouhamdane	
	Superficies		Superficies		Superficies	
	km²	%	km²	%	km²	%
0 - 3	7,38	7,17	37,64	6,84	227,54	20,59
3 - 7	29,54	28,68	131,00	23,82	452,92	40,99
7 - 10	21,94	21,30	135,08	24,56	243,84	22,07
10 - 15	27,35	26,55	157,67	28,67	153,44	13,89
15 - 25	16,18	15,71	78,81	14,33	26,38	2,39
> 25	0,61	0,59	9,80	1,78	0,87	0,08
Total	103	100	550	100	1105	100
Pente moyenne (%)	10,00		10,47		6,47	

La classe des pentes 15-25% du bassin de l'Oued Bouhamdane se localise sur les versants supérieurs où prédominent les collines des parties centrale et septentrionale, entre 400-800 m et à l'ouest à partir de 1000 m d'altitude (Figure 21). Elle est répandue sur les versants gréseux longeant une grande partie de l'Oued Sabath et présente une plus importante extension dans le sous-bassin de l'Oued Bouhamdane. L'ensemble montagneux à l'ouest, constitué d'une succession de reliefs collinaires gréseux (Dj. Adjeb, Dj. Bir enNsour, Dj. Mdaouer et Kef el Djarou), souligne bien l'énergie du relief. Ces secteurs, qui sont caractérisés par des formations lithologiques marneuses, argileuses et surtout gréseuses, connaissent une dynamique active et variée. Quant au bassin de l'Oued Ressoul, cette classe des pentes est fréquente au nord où affleure l'ensemble des grés argilo-schisteux et argilo-calcareux et au sud où il y a la dominance des marno-calcaires, situées généralement à des altitudes supérieures à 200 m.

L'influence des volumes montagneux s'aperçoit au niveau de ces pentes fortes où les reliefs encore matures aux affleurements moins résistants ou structuralement perturbés sont disséqués. En effet, cette classe des pentes est fréquente dans de nombreux secteurs du bassin de l'Oued Mellah. C'est la partie ouest qui montre la plus grande étendue de cette classe et ce sont les calcaires et marnes qui caractérisent cette région à des altitudes variant entre 400 m et 1000 m (Figure 22). Les pentes 15-25% de la partie est sont moins répandues et s'observent surtout sous forme de versants irréguliers de nature gréseuse et gypso-argileuse que recoupent les oueds Bouredine, Meza et Rarem entre 200-600m d'altitude.

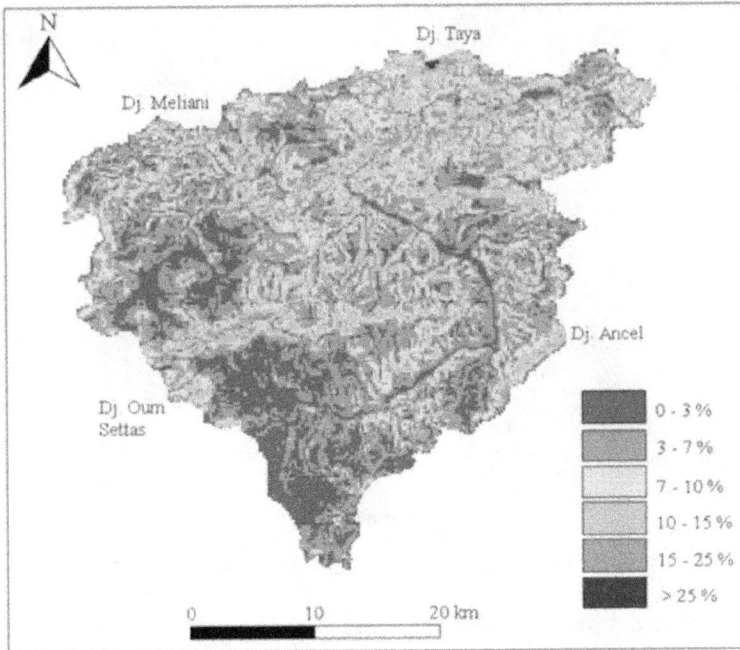

Figure 21. Carte des pentes du bassin versant de l'Oued Bouhamdane.

La classe des pentes 10-15% est fréquente sur les bas-versants des vallées façonnées par les cours d'eau. Sur ces surfaces, le ruissellement diffus demeure le phénomène érosif le plus dominant. Ces pentes sont surtout représentées dans le bassin de l'Oued Mellah par les formations gréseuses, gypso-argileuses et les marnes et calcaires du Sénonien supérieur. Le bassin de l'Oued Ressoul montre également une répartition presque analogue de ces pentes (Figure 23). Les valeurs de 10-15% dominent surtout dans deux secteurs que matérialisent les surfaces marno-calcaires et les grés argileux de l'Oued Guis. Le sous-bassin de l'Oued Bouhamdane, comparé aux deux sous-bassins des oueds Zenati et Sabath, montre la plus importante répartition des surfaces appartenant à cette classe (Tableau 3). A l'exception des travertins et des glacis polygéniques, l'ensemble des surfaces du bassin de l'Oued Bouhamdane englobe cette classe des pentes.

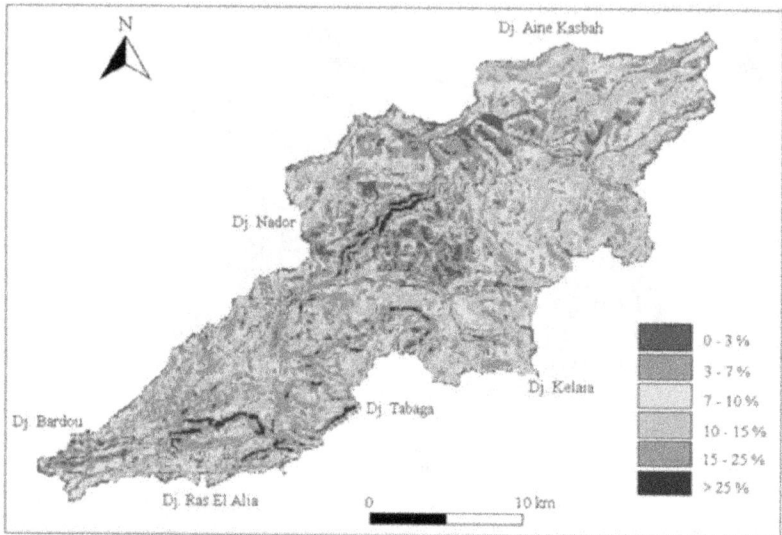

Figure 22. Carte des pentes du bassin versant de l'Oued Mellah.

La superficie des pentes situées entre 7 et 10% est presque identique dans les trois bassins dont elle varie entre 21% à l'Oued Ressoul et 25% à l'Oued Mellah. Ces pentes sont représentées sur presque toute l'étendue de chacun des bassins.

Les classes des pentes 0-3% et 3-7% est pratiquement mieux observée dans le bassin de l'Oued Bouhamdane, avec plus de 83% de sa surface (Figure 21). La classe 0-3% représente essentiellement les dépôts alluvionnaires le long de l'Oued Zenati, les tabliers d'éboulis et les surfaces qui s'adoucissent annonçant des replats et des lambeaux de glacis polygéniques, situés à Ouest du bassin. Alors que la classe 3-7% est omniprésente dans les sous-bassins de l'Oued Zenati et l'Oued Sabath. Les oueds Ressoul et Mellah présentent presque la même superficie des pentes inférieures à 8%. Ces dernières sont situées en particulier dans les micro-plaines que traversent l'Oued Bouala et l'Oued Ressoul; ainsi que dans la zone incrustée par les formations triasiques et le long de la vallée de l'Oued Sfa et ces deux principaux affluents, Oued Bouredine et Oued Meza.

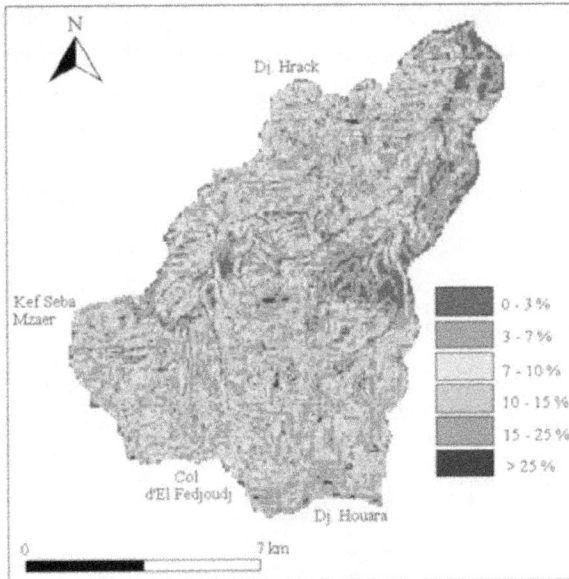

Figure 23. Carte des pentes du bassin versant de l'Oued Ressoul.

3.2- Sous-bassins côtiers constantinois

La catégorie des pentes >15% concerne une plus grande superficie du bassin de l'Oued Saf Saf, avec 13% de sa superficie (Tableau 4). La classe des pentes >25% signalée dans le bassin de l'Oued Kébir Ouest est mieux représentée dans le sous-bassin de l'Oued El Hammam. Elle correspond essentiellement à la chaîne montagneuse méridionale à partir de 600m d'altitude. Cette dernière montre une série de monts appartenant aux djebels Grar et Debagh au sud. Dans le bassin de l'Oued Saf Saf, ces pentes ne sont observées qu'au niveau de Kef Hahouner.

La classe des pentes 15-25% ne représente que 4% de la superficie du bassin de l'Oued Kébir Ouest. Elle est principalement caractéristique des versants des djebels Grar, Debagh et les substrats de calcaire à Bekkouche Lakhdar. (Figure 24). La pratique de la céréaliculture sur ces pentes fortes a engendré une action érosive la plus importante du bassin. Les altitudes de cette classe varient généralement entre 200 et 800m. Ces pentes

54

présentes dans le bassin de l'Oued Saf Saf forment une étendue plus grande, constituée principalement de versants montueux. Les flyschs et les surfaces argileuses et conglomératiques des oueds Bou Adjeb et Khemakhem sont façonnées par une diversité d'agents érosifs (tels que les glissements et les coulées boueuses). Nous retrouvons également des tâches au sud du bassin développées sur les grès numidiens et les marno-calcaires.

Tableau 4. Répartition des classes des pentes dans les sous-bassins côtiers constantinois.

Classes des pentes (%)	Oued Kébir Ouest		Oued Saf Saf	
0 - 3	194,08	17,18	11 ,43	3,55
3 - 7	386,92	34,24	64,60	19,97
7 - 10	282,96	25,04	85,13	26,44
10 - 15	215,96	19,11	119,42	37,09
15 - 25	45,00	3,98	39,30	12,20
> 25	5,08	0,45	2,42	0,75
Total	1130	100	322	100
Pente moyenne (%)	7,42		10,66	

Les pentes entre 10-15% sont omniprésentes dans le bassin de l'Oued Kébir Ouest et plus particulièrement dans le sous-bassin de l'Oued El Hammam (Figure 24). Cette classe correspond aux basses collines et aux bas-piémonts ainsi que certains points sommitaux de forme tabulaire. L'Oued Saf Saf présente plus de surface de cette classe (37%). Elle accompagne généralement les pentes de la précédente classe. Le paysage qui représente le début du domaine montagneux, fait apparaître un chevelu plus lâche mais le ruissellement diffus reste important, avec un certain écoulement élémentaire qui commence à prendre place.

Toujours dans ce bassin, la classe 10 à 25% occupe le versant gréseux de Sesnou et la corniche Nord de Draa el Youdi. Sur le versant méridional, à des altitudes variant entre 600 et 1000 m, ces pentes caractérisent un paysage fortement découpé qui occupe les forêts de Beni Medjaled - Ouled Habeba et Beni Oufline (Figure 24).

Les pentes inférieures à 11% représentent 50% de la superficie du bassin de l'Oued Saf Saf (Figure 24 et Tableau 4). Bien que ces pentes sont dispersées partout dans le bassin, nous pouvons, néanmoins, distinguer les étendues les plus représentatives qui sont réparties dans le sous-bassin de l'Oued Beni Brahim et en aval de l'Oued Bou Adjeb. En l'occurrence, le bassin de l'Oued Kébir Ouest montre d'importantes surfaces inférieures à 11%, estimées à 76%. Entre 3 et 10%, nous distinguons généralement les bas-piémonts, entre autres les glacis aux versants longs. Ce paysage, plus au moins équitablement réparti dans les sous-bassins de l'Oued Emchekel et l'Oued El Hammam, se rencontre en bordure de la plaine d'Azzaba et des micro-plaines de Roknia, Bouati Mahmoud et es Sebt. Notons, par ailleurs, que la plus vaste plaine, située sur des pentes inférieures à 4%, est celle d'Azzaba.

3.3- Calcul de la dénivelée spécifique

En utilisant les pentes moyennes pondérées, à partir de la somme des produits des centres de classe des pentes et des superficies partielles correspondantes divisée par l'effectif total (superficie totale), nous avons trouvé que les trois bassins de l'Oued Saf Saf, l'Oued Mellah et l'Oued Ressoul possèdent les plus fortes pentes moyennes (Tableaux3 et 4). Néanmoins, ces pentes semblent montrer que ces bassins se distinguent par une topographie moins accentuée. Cependant, ces trois bassins montrent, néanmoins, une forte répartition des pentes supérieures à 10%. Elles occupent entre 43% et 50% des superficies des bassins versants de l'Oued Ressoul et l'Oued Saf Saf.

Afin de donner plus de signification quant à la définition de l'énergie du relief, nous avons opté pour le calcul de la dénivelée spécifique (Dsp). Pour s'affranchir de l'influence de la surface, ce paramètre se calcule à partir de l'indice de pente globale (Ig) par la relation :

A- Bassin versant de l'Oued Kébir Ouest

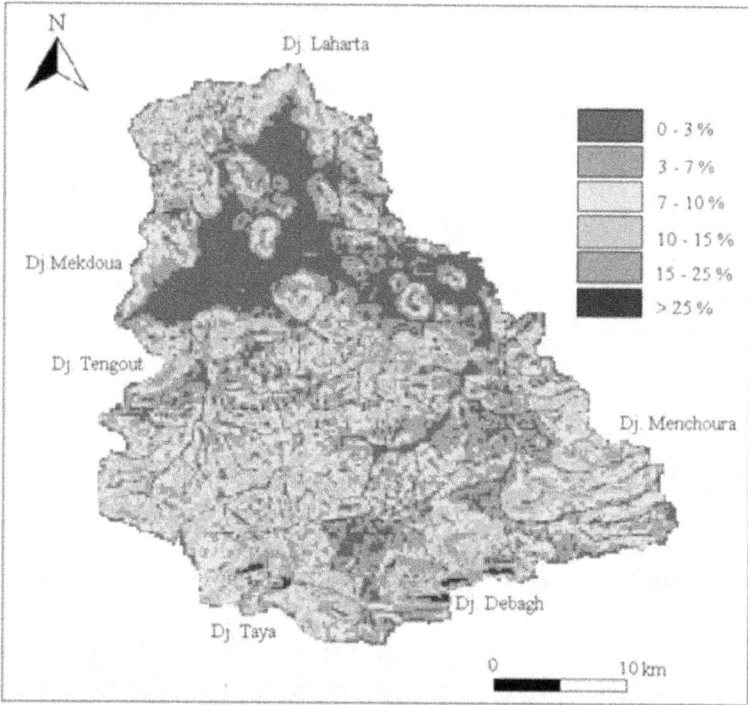

B- Bassin versant de l'Oued Saf Saf

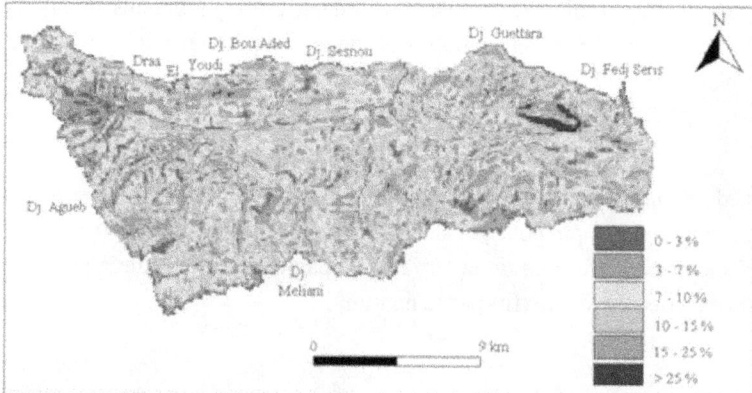

Figure 24. Cartes des pentes des bassins versants de l'Oued Kébir Ouest et l'Oued Saf Saf.

$$Dsp = Ig \times \sqrt{S} \text{ Soit } \quad Ig = \frac{H_{0,05} - H_{0,95}}{L} = \frac{D}{L}$$

$$L = \frac{Cx\sqrt{S}}{1,128}\left(1 + 1 - \sqrt{1 - (1,128/C)}\right); \quad C = 0,28\,P/\sqrt{S}$$

S : la superficie du bassin (km²) ; D : dénivelée (m),

L : longueur du rectangle équivalent (km)

C : indice de compacité, P : périmètre du bassin (km)

$H_{0,95}$ et $H_{0,05}$: altitudes entre lesquelles s'inscrivent 90% de la surface du bassin.

Sur la courbe hypsométrique tracée, nous prenons les points tels que la surface supérieure ou égale à 5% et inférieures ou égale à 95%. Suivant la classification de l'ORSTOM qui définit :

100 m< Dsp <250 m   relief assez fort

250 m< Dsp <500 m relief fort

D'après nos calculs résumés dans le tableau 5, nous estimons que le bassin de l'Oued Bouhamdane se classe comme étant un relief assez fort et les autres ayant des reliefs forts.

Pour l'Oued Kébir Ouest, ce sont surtout les reliefs montagneux résiduels assez hauts qui lui ont donné une topographie légèrement plus accentuée que celle de l'Oued Ressoul. Peut-être que cette supériorité est due d'un côté à une surestimation et de l'autre à une sous-estimation des valeurs durant la lecture des $H_{5\%}$ et $H_{95\%}$.

Tableau 5. Valeurs de la dénivelée spécifique.

Bassins	Dsp (m)
Oued Saf Saf	378
Oued Mellah	407
Oued Ressoul	322
Oued Kébir Ouest	341
Oued Bouhamdane	233

En conclusion, comme les paysages décrits dans le premier chapitre, l'analyse des pentes confirment bien les traits caractéristiques de milieux montagneux appartenant essentiellement aux bassins de l'Oued Saf Saf, Oued Mellah et Oued Ressoul. Les pentes supérieures à 10% représentent plus de 43% de leurs superficies. De ce fait, les cartes des pentes et la répartition fréquentielle des valeurs mettent en évidence la grande sensibilité de ces bassins à l'érosion, surtout que plusieurs versants aux pentes fortes apparaissent dans les roches vulnérables. Or, cette érosion sera mieux perçue par le réseau hydrographique, qui sera abordée dans le chapitre 8.

CHAPITRE 4 :   Sols et vegetation

Introduction

Il est généralement admis que la végétation peut constituer un moyen de lutte efficace contre l'érosion hydrique. Il est donc intéressant de faire le point sur la répartition du couvert végétal dans les bassins versants étudiés. La végétation peut intervenir contre l'érosion hydrique de surface de deux manières : d'une part, elle peut empêcher l'ablation du substrat, d'autre part, elle peut favoriser la sédimentation, en retenant les sédiments érodés plus à l'amont (Rey et al, 2004). La carte de l'occupation du sol du bassin versant de l'Oued Ressoul a été établie à partir de photos aériennes (missions de 1973 et 1990), avec une vérification sur le terrain.

Les cartes de l'occupation du sol des bassins versants des oueds Bouhamdane et Kébir Ouest ont été extraites des travaux faits par le BNEF (1984) et BNEDER (1993 et 1995). Quant aux cartes des bassins de l'Oued Mellah et l'Oued Saf Saf, elles ont été actualisées en utilisant les images satellites de 2001 et le logiciel ERDAS (logiciel de traitement d'image et l'extraction d'information à partir des images) pour pouvoir faire la classification de la couverture végétale.

Par la suite, ces cartes ont été insérées dans Arcview afin de ressortir les classes de l'occupation du sol. Vu la résolution limitée des images, les terres arboricoles, par exemple, n'apparaissent pas sur ces cartes. La répartition de ses terres a été, donc, estimée à partir des photos aériennes.

Globalement, le paysage végétal des bassins a été largement dégradé et défriché en montagne par les incendies, les agricultures extensives et le surpâturage.

4.1- Les sous-bassins de la Seybouse

4.1.1- Sols

Les sols des sous-bassins de la Seybouse sont composés d'un ensemble de classes dont nous distinguons :
- les sols peu évolués qui regroupent les lithosols, régosols, les sols d'apport colluvial et d'apport alluvial,
- les sols calcimagésiques (rendzines et sols bruns calcaires),
- les sols brunifiés (sols bruns non calcaires).

Les sols du sous-bassin de l'Oued Bouhamdane peuvent être subdivisés en trois classes dominantes : les sols peu évolués, les sols calcimagnésiqques et les sols brunifiés. Les sols peu évolués dont nous retrouvons les lithosols occupent les versants > 15% sur la roche mère calcaire des djebels Taya, Oum Settas et sur les talus d'éboulis. Les régosols occupent les roches tendres et les versants fortement érodés et pentus (grès et conglomérats altérés, marnes et marno-calcaire). Ils sont localisés juste après la confluence des oueds Zenati et Sabath jusqu'à Ain Ben Taieb et sur le versant ouest qui domine l'Oued Zenati (depuis Ain Kalech). Les sols peu évolués d'apport colluvial et alluvial bénéficient d'une part de matériaux transportés le long des pentes, formant les piémonts et glacis de dénudation de Kef Ensour et Djebel M'dareg Narou, et d'autre part de Matériaux transportés dans le lit majeur de l'Oued Zenati.

Les sols calcimagnésiques présent une dominance des rendzines qui caractérisent les marnes et les marno-calcaires au pied de Djebel Oum Settas, entre Oued Zenati et Ras el Akba et sur les deux versants de la vallée de l'Oued Bouhamdane. Les sols bruns calcaires se développent sur de grandes surfaces au pied de Djebel Ancel, à Ras el Aioun et sur les glacis et les surfaces à structure tabulaire. Les sols brunifiés se développent sur les grès, conglomérats et les argiles de la partie nord du bassin en particulier. Ce sont des sols qui subissent le lessivage (pentes > 10%). Ils occupent les surfaces structurales tabulaires et les versants argileux du numidien.

Les sols du bassin de l'Oued Ressoul comportent principalement trois classes :
- Les sols peu évolués qui se distinguent par la prédominance des régosols se développant sur des formations marno-calcaires et argilo- gréseuses en pentes souvent supérieures à 15%-20%. Les sols d'apport colluvial sont soit des sols bruns à tendance calcaire comme dans le secteur des marno-calcaires ou non calcaire comme c'est le cas des flyschs argilo- gréseux du nord-ouest du bassin.
- Les sols calcimagnésiques caractérisés par les sols bruns calcaires occupent de grandes étendues surtout que les formations lithologiques à caractère carbonaté sont omniprésentes dans les parties est, médiane et sud du bassin.
- Les sols brunifiés se dispersent en lambeaux dans le bassin avec des pentes < 15%. Ils prédominent principalement à l'exutoire de l'Oued Ressoul où se trouvent les grès argilo-schisteux et au nord du village de Nechmeya où affleurent les grès micacés.

D'une manière générale, les sols dans le bassin de l'Oued Mellah sont constitués par :

- Les peu évolués avec une dominance des régosols se développant dans les secteurs riches en marnes et calcaires. Les lithosols sont uniquement présents aux Djebels Zouara, Bardou et les reliefs gréseux à l'est du bassin. Les sols d'apport colluvial à tendance vertique sont observés dans la région des grès numidiens où les argiles, par endroit, sont bien exposées.
- Les sols calcimagnésiques présentent la plus grande partie du bassin soit qu'il s'agit des sols peu évolués ou des sols bruns calcaires. En effet, la répartition importante des roches riches ou contenant des éléments carbonatés a fait dominer cette classe de sol.

4.1.2- Végétation

4.1.2.1- Forêt

Le bassin versant de l'Oued Bouhamdane est considéré moins couvert par la forêt avec seulement 4,68% de la surface du bassin (Tableau 6 et

Figure25). La forêt constituée essentiellement de chêne-liège se présente au nord du bassin, sur les hauteurs gréseuses et conglomératiques à moyennes et fortes pentes (forêts de Soudrata, Beni Selline, Beni Medjaled et Mermera).

Les peuplements de chêne-liège présentent souvent un sous-bois dense constitué essentiellement de ciste. Néanmoins, le recul régressif de l'aire actuelle de la forêt est doublement accéléré par le déboisement progressif et le pâturage intensif. De ce fait, l'épanouissement de la forêt a été contre-carré par les densités humaines élevées et par les activités de la population.

Tableau 6. Occupation des sols des sous-bassins de la Seybouse.

Occupation du sol	Oued Bouhamdane		Oued Mellah		Oued Ressoul	
	S (km²)	S (%)	S (km²)	S (%)	S (km²)	S (%)
Forêt	51,73	4,68	134,97	24,54	7,40	7,18
Maquis dense	32,11	2,91	53,53	9,73	7,16	6,95
Maquis clair	52,20	4,72	35,68	6,49	6,80	6,60
Terrains reboisés	48,20	4,36	--	--	18,71	18,17
Parcours	205,49	18,60	193,16	35,12	10,94	10,62
Terres arboricoles	1,95	0,18	13,9	2.53	--	--
Oliviers	19,86	1,80	7,00	1,27	5,22	5,07
Cultures	634,68	57,44	94,00	17,09	41,44	40,23
Terrains incultes	58,78	5,32	17,76	3.23	5,33	5,18
Total	1105	100	550	100	103	100

La forêt dans le bassin de l'Oued Ressoul est également faible (Tableau 6). Les djebels de Ain Berda sont recouverts de forêts de type atlasique, constituées surtout de pins d'Alep et de genévriers rouges. Les surfaces forestières sont en expansion par des reboisements en pin d'Alep, cyprès et même en eucalyptus. Cependant, ces forêts restent éparses, souvent sans sous-bois. Plus au sud, le chêne-liège occupe les reliefs montagneux en pentes très raides de Djebel Houara.

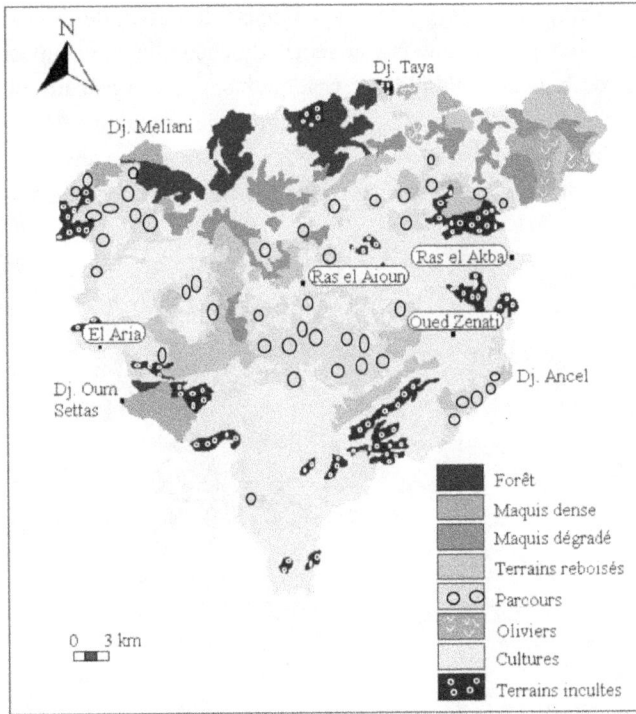

Figure 25. Carte de l'occupation du sol du bassin versant de l'Oued Bouhamdane.

Par contre, le bassin de l'Oued Mellah est relativement plus boisé par rapport aux régions des autres bassins versants étudiés (Figure 26 et Tableau 6). Le couvert forestier (forêt et maquis) couvre 41% de la superficie du bassin. La couverture végétale protectrice se raréfie du nord au sud où prédominent les montagnes dénudées et exposées aux différentes formes de l'érosion. L'espèce forestière qui domine aux basses et moyennes altitudes (20-600m) est limitée aux chênes-lièges. Cette forêt est souvent associée à un sous-bois dense de cistes, lentisques et genêts épineux. A l'est et au nord-est de Mechroha, la forêt de Fedjel el Makta se distingue par une importante répartition de chênes-Zeen.

Les maquis se caractérisent principalement par l'association d'Oléo-Lentisque. Ces maquis couvrent dans le bassin de l'Oued Bouhamdane une surface de 84,31 km² (Tableau 6). Les maquis dense du bassin de l'Oued Bouhamdane, dominés par des sujets clairsemés de chêne-liège, occupent les monts boisés de la chaîne Numidique et le piémont marno-calcaire du Djebel Oum Settas. Les maquis dégradés couvrent les piémonts et les sommets de la chaîne Numidique dans les zones à pentes moyennes et fortes (> 18%) dont il s'agit principalement de lambeaux clairsemés (Figure 25).

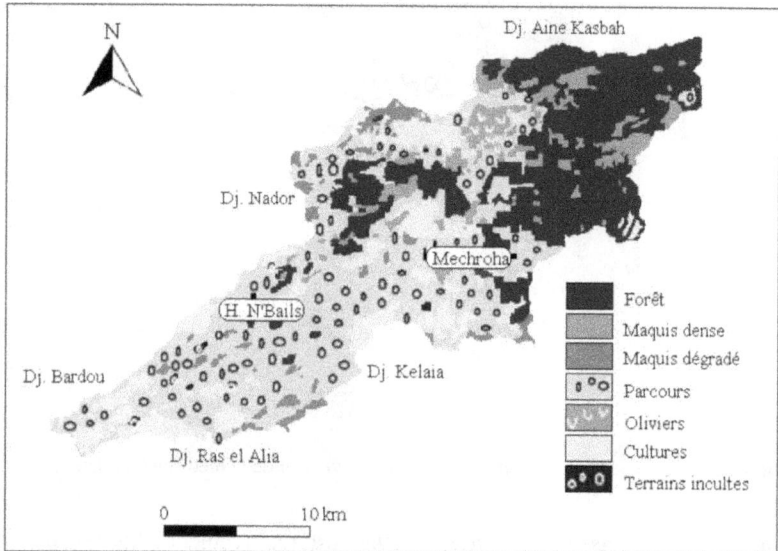

N

Dj. Aine Kasbah

Dj. Nador

Mechroha

H. N'Bails

Dj. Bardou

Dj. Kelaia

Dj. Ras el Alia

Forêt
Maquis dense
Maquis dégradé
Parcours
Oliviers
Cultures
Terrains incultes

0   10 km

Figure 26. Carte de l'occupation du sol du bassin versant de l'Oued Mellah.

4.1.2.2- Maquis

Les étendues des maquis dans les bassins versants de l'Oued Ressoul et l'Oued Mellah sont presque similaires (Tableau 6). Les maquis denses apparaissent sur les affleurements des flyschs de l'Oued Ressoul et recouvrent aussi des surfaces importantes des basses et moyennes collines marno-calcaires (Figure 27). Ce sont généralement les cistes et les lentisques qui forment les espèces les plus fréquentes. Ils sont aussi observés aux alentours de Djebel Gourine et au sud du village de Menzel Bouguetaya du bassin de l'Oued Mellah.

Les maquis clairs des deux bassins recouvrent souvent des terrains en pentes raides (>15%). Dans de telles conditions, la sensibilité des flyschs, des marnes et marno-calcaires est singulièrement aggravée, d'autant plus qu'il s'agit d'une lithologie très vulnérable. En effet, l'espace forestier est devenu aussi fragile qu'il représente assez souvent un secteur de parcours.

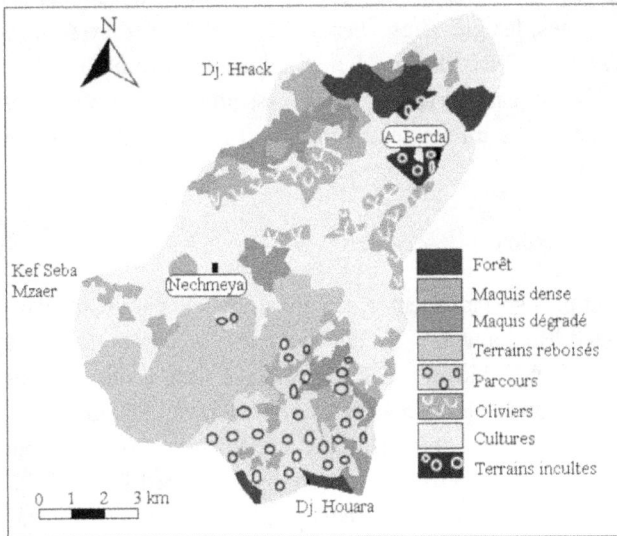

Figure 27. Carte de l'occupation du sol du bassin versant de l'Oued Ressoul.

4.1.2.3- Terrains reboisés et les parcours

Les reboisements de moindre importance en étendue sont effectués sur des terrains complètement dénudés ou des forêts incendiées. Les plantations de Pin d'Alep qui dans certains secteurs ont été bien réussis, ont donné des forêts en état de futaie. En plus, des banquettes sont utilisées aux alentours des communes de Mechroha et Menzel Bouguetaya (le bassin de l'Oued Mellah). Ailleurs, voire l'Oued Ressoul, la conservation du sol devient de plus en plus capitale, par suite de la mobilité des produits du sol sur les

66

surfaces déboisées et pentues des marno-calcaires, d'où la nécessité de l'utilisation du système de banquettes.

Essentiellement destinés au pâturage, les terrains de parcours sont bien représentés dans le bassin de l'Oued Bouhamdane (Tableau 6). La quasi-totalité de cette unité est répartie sur des versants gréseux aux pentes fortes dans les sous-bassins de l'Oued Sabath et l'Oued Zenati. Les parcours du bassin de l'Oued Mellah se répartissent d'une manière discontinue sur presque tout l'espace du bassin, occupant principalement les parties sommitales des collines, les piémonts (djebels Safiet el Aouied et Zouara) et les pieds des versants. Ces surfaces offrent un domaine favorable pour le pacage des bêtes. Ils sont caractérisés à l'Oued Ressoul par des broussailles à faible densité associées à un manteau herbacé où l'activité de l'érosion est importante.

4.1.2.4- Terrains agricoles

Cette occupation, et plus spécialement la céréaliculture, est dominante dans le bassin de l'Oued Bouhamdane où elle occupe des pentes faibles à moyennes (Figure 25 et Tableau6). Elle correspond surtout aux anciens territoires de colonisation (Oued Zenati, Ras el Akba, Bordj Sabath). Dans la partie nord les cultures sont pratiquées sur des espaces restreints ayant par endroit des terrains très pentus. Dans le bassin de l'Oued Ressoul, les espaces des cultures extensives qui occupent le plus souvent les versants forts (> 12%) et les secteurs les plus marginaux (Mechtat Ain Kelba au sud-est de Nechmeaya) présentent généralement une densité lâche des cultures laissant à l'eau la possibilité de décaper le sol et d'initier des formes de ravinement (Figure 27).

Les cultures céréalières qui associent très souvent des oliviers sur les terrains en pente (relief collinaire) exploitent une grande partie des versants marno-calcareux et argileux très vulnérables à l'érosion hydrique (les alentours de Djebel Zouara et Djebel Bou Diss). Il s'agit bien souvent des terres abusivement défrichées (Figure 26). A Oued Cheham, les cultures occupent un milieu conglomératique et argileux dont les pentes sont supérieures à 12%.

4.2- Sous-bassins côtiers constantinois

4.2.1- Sols

Les sols du bassin de l'Oued Kébir Ouest comportent essentiellement :
- Les sols peu évolués qui couvrent une très grande partie du bassin. Parmi cette classe, nous distinguons de minces lithosols et régosols qui sont constamment rajeunis, avec des pentes > 15%. Egalement nous retrouvons les sols d'apport colluvial qui occupent les piémonts (pentes < 15%) et les sols d'apport alluvial qui constituent les dépôts des vallées des oueds.
- Les sols isohumiques avec une prédominance des sols marrons. Ils sont caractérisés par une teneur élevée en matière organique et par une texture argilo-limoneuse (sols assez profonds). Ils se retrouvent dans les régions de Bouati Mahmoud où prédominent le complexe marneux et les grès associés aux argiles (pente < 12%).
- Les vertisols sont situés en bas de pente (glacis) et se développent sur des matériaux riches en argiles (sols profonds). Ils se localisent aux alentours de Roknia.
- Les sols calcimagnésiques (sols bruns calcaires) occupent principalement le sud-est du sous-bassin de l'Oued El Hammam (région des marno-calcaires), avec des pentes < 12%.
- Les sols brunifiés (sols bruns) se développent sur des grès, argiles et marnes. Ils se rencontrent à Azzaba sur des pentes entre 5 et 10% qui renferment des glacis et des niveaux de la terrasse moyenne.

Les sols du bassin de l'Oued Saf Saf se distinguent par trois classes distinctes :
- Les sols peu évolués qui englobent surtout les régosols et les sols d'apport colluvial. Ils se développent sur les hautes collines des grès numidiens de Beni Medjaled, au niveau des djebels Sesnou et Bou Aded et à l'est de Beni Oufline où affleurent les conglomérats.
- Les vertisols se développent le long des formations argilo-gypseuses sur des pentes qui représentent les hautes collines.
- Les sols calcimagnésiques (rendzines et sols bruns calcaires) se localisent à l'est du bassin recouvrant les hautes collines marno-calcaires et les grès argilo-calcareux. Ils sont aussi fréquents sur les hautes et basses collines

dominées par ces dernières formations lithologiques de Zighout Youssef à Draa el Youdi.

- Les sols brunifiés occupent la partie sud du bassin où se trouvent les monts gréseux de Beni Medjaled (Ouled Habeba) et grésoconglomératiques de Beni Oufline.

4.2.2- Végétation

4.2.2.1- Forêt

Le sous-bassin de l'Oued Emchekel comporte la plus grande surface forestière généralement sous forme d'îlots situés au nord d'Azzaba et Ain Cherchar (Figure 28). Presque 50% de ces forêts ont été touchées par les incendies puis rapidement reboisés (Bneder, 1995). Ces forêts, situées à une altitude qui s'étage de 10 à 569 m, sont composées en partie de maquis denses à clairs et de chêne-liège. Dans le sous-bassin de l'Oued El Hammam, la forêt s'étage sur des altitudes variant entre 200 et 500 m.

En parcourant l'histoire du couvert végétal du bassin de l'Oued Saf Saf, nous constatons que ce bassin possédait un taux de recouvrement forestier important (Amirèche, 1984). Le nord-ouest du bassin présentait un boisement très dense dans la zone de Draa el Youdi – Djebel El Kantour. Mais depuis, les défrichements n'ont cessé de déboiser la forêt et la régénération est presque inexistante. Cela apparaît à travers les lambeaux de maquis et des forêts. La forêt se distingue par l'extension de grands peuplements de chêne-liège associés à des sous-bois se trouvant à Beni Medjeled (Ouled Habeba) et au nord du bassin (Djebel Sesnou).

4.2.2.2- Maquis

La répartition des maquis est plus importante dans le bassin de l'Oued Kébir Ouest (Tableau 7). Les maquis denses caractérisent essentiellement le sous-basssin de l'Oued Emchekel (Figure 28). Ces maquis se localisent généralement sur les versants des reliefs montagneux tels que djebels Mekdoua, Raout Lessoued, Regouat Lessoued et Chbebik. Les maquis denses du sous-bassin de l'Oued El Hammam sont concentrés dans les communes de Roknia et Bouati Mahmoud.

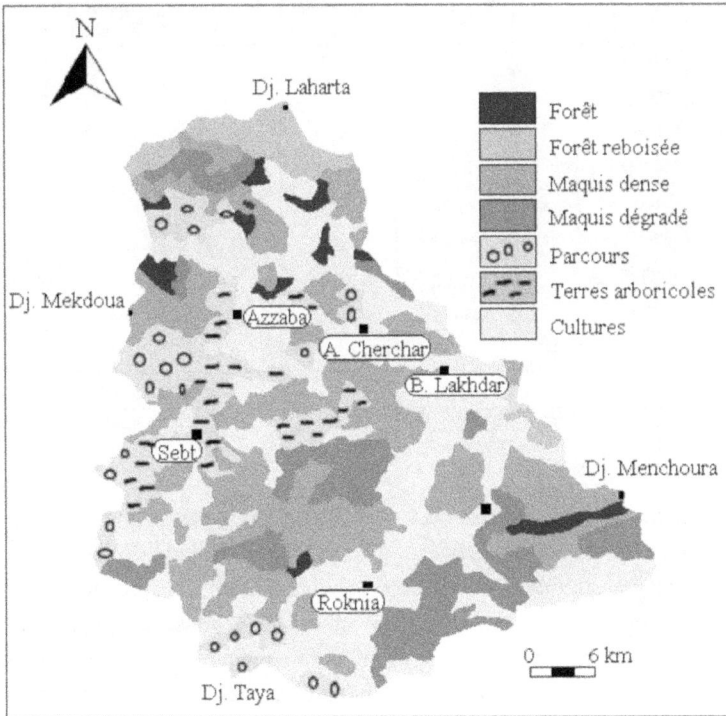

Figure 28. Carte de l'occupation du sol du bassin versant de l'Oued Kébir Ouest.

Les maquis denses du bassin de l'Oued Saf Saf qui englobent l'association des oliviers – lentisques (Oléo-Lenticetum) se retrouvent sur les versants des oueds Khemakhem, Khorfan et Rararef (Figure 29). Cette formation préfère les terrains argileux ainsi que les zones gréseuses ou carbonatées. Sa présence sur les piémonts, à proximité des terres occupées par les céréalicultures, l'a mis en contact direct avec l'homme qui a défriché cet espace pour étendre sa surface cultivable au détriment du couvert végétal protecteur.

Tableau 7. Occupation des sols des sous-bassins côtiers constantinois.

Occupation du sol	Oued Kébir Ouest		Oued Saf Saf	
	Superficie (km²)	Superficie (%)	Superficie (km²)	Superficie (%)
Forêt	47,16	4,17	43,74	13,58
Forêt reboisée	54,21	4,71	--	--
Maquis dense	281,24	24,89	38,88	12,07
Maquis dégradé	141,10	12,49	8,59	2,68
Parcours	81,98	7,25	12,15	3,77
Terres arboricoles*	43,44	3,84	4,62	1,43
Vignes	10,62	0,94	--	--
Cultures	454,80	40,25	209,68	65,12
Terrains incultes	15,45	1,37	4,34	1,35
Total	1130	100	322	100

* Terres arboricoles et oliviers

Les maquis clairs caractérisent surtout le sous-bassin de l'Oued El Hammam et plus particulièrement la commune de Roknia. Ils occupent les hauts et les bas piémonts du territoire du sous-bassin. Ils apparaissent aussi sous une forme discontinue de l'olivier et des arbrisseaux de lentisques dans le bassin de l'Oued Saf Saf. Il n'en demeure pas moins que ces maquis occupent des pentes souvent supérieures à 15%, sans aucune couverture herbacée dense. Cette occupation, souvent convoitée par les riverains, s'adonne aux défrichements, incendies et au pacage par les animaux. Elle est abondante sur les versants de Djebel Bou Tellis, à l'aval de l'Oued Beni Brahim.

4.2.2.3- Terrains de parcours

Les terrains de parcours dominants se répartissent principalement en lambeaux à l'ouest du sous-bassin de l'Oued Emchekel, et au sud-ouest et sud-est du sous-bassin de l'Oued El Hammam (Figure 28). Ces terres présentent une physionomie très variable de jachères envahies par endroit par des maquis et introduites souvent d'oliviers, de chêne-liège ou de chêne

71

vert. D'autres surfaces de parcours se présentent sous forme de pelouses buissonnantes.

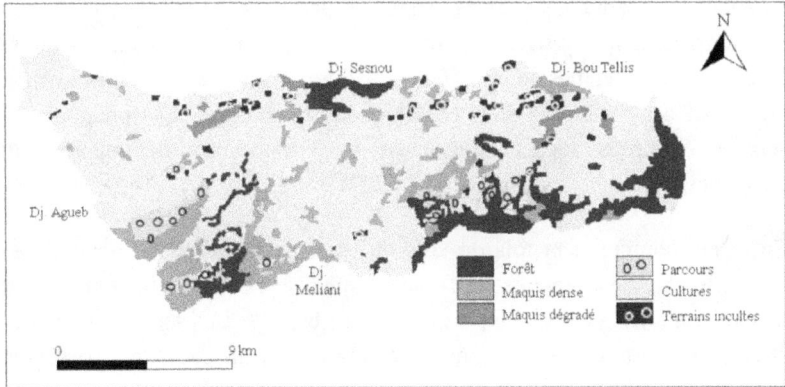

Figure 29. Carte de l'occupation du sol du bassin versant de l'Oued Saf Saf.

Moins étendus sont les parcours de l'Oued Saf Saf qui reflètent l'épanouissement des maquis et des forêts et ce depuis 1858 et leur remplacement par des pâturages et des terres agricoles (Figure 29). Ces parcours sont essentiellement localisés à Beni Oufline sur les grès numidiens et les conglomérats. Il y a lieu de signaler que la majorité des parcours sont soumis à un surpâturage dont la conduite du cheptel reste en général à l'état traditionnel.

4.2.2.4- Terrains agricoles

Les céréalicultures représentent l'occupation dominante des terrains agricoles dans les deux bassins (Figures. 28 et 29). Les plus grandes superficies sont détenues par :
- la commune de Sebt (>9000 ha) où elle recouvre les bas piémonts des monts de Sebt sur des pentes fortes (> 15%). Cette pratique a rendu la zone la plus touchée par l'érosion,
- l'axe Azzaba-Ain Cherchar (7800 ha) présente une occupation céréalière sans contraintes majeures avec des conditions de stabilité du sol, des sols plus épais et plus meubles,

- les communes de Roknia et Bouati Mahmoud qui détiennent 57% des terres cultivées du sous-bassin de l'Oued El Hammam subissent aussi une certaine érosion, ce qui engendre la fourniture d'apports solides qui se jettent directement dans le barrage de Zit Emba.

Les défrichements, plus au moins massifs au profit de la monoculture céréalière dans le bassin de l'Oued Saf Saf a engendré l'entraînement progressif des matériaux sous l'effet d'averses intenses. Ces phénomènes sont encore plus accentués à cause de l'importance des pentes qui dépassent 15%.

En tenant compte, à la fois du taux de boisement et de l'état général des forêts, les bassins versants de l'Oued Mellah et l'Oued Kébir Ouest sont nettement privilégiés par rapport aux autres bassins. Les secteurs dégradés et ceux occupés par des parcours, accompagnés d'une surcharge pastorale, compromettent la conservation des boisements. Ce sont surtout les bassins des oueds Mellah et Ressoul qui y sont touchés.

Aussi, consécutivement à l'extension progressive des cultures sur les terrains fragiles, l'érosion anthropique s'étend d'une façon foudroyante dans les bassins, et plus particulièrement dans celui de l'Oued Saf Saf.

En définitive, ces bassins restent globalement sensibles et insuffisamment immunisés aux différents agents de l'érosion.

CHAPITRE 5 : Aspects climatiques

Introduction

Les conditions climatiques, plus que d'autres facteurs, jouent un rôle capital dans le comportement hydrologique des cours d'eau. Ce sont les précipitations qui constituent le facteur essentiel intervenant par leur hauteur d'eau afin de déterminer l'abondance pluviale annuelle et saisonnière et, par leurs totaux journaliers, de distinguer les averses génératrices des crues. Ainsi, la sensibilité du milieu physique est particulièrement aggravée par les oscillations pluviométriques qui peuvent être très accusées et surtout brusques, au cours de certaines périodes de l'année. A travers ce chapitre, nous discuterons du climat des bassins versants étudiés et plus spécialement des précipitations.

Malgré l'insuffisance, le manque de fiabilité de certaines données statistiques (cas de la station de Bouchegouf) et la faible densité du réseau d'observations météorologiques, une analyse des aspects fondamentaux du climat méditerranéen des bassins versants sera élaborée à partir de la documentation collectée des différentes agences de l'ANRH dans l'Est algérien.

Pour caractériser le climat des terrains de recherche, nous avons choisi 10 stations pluviométriques dont nous disposons pour la plupart, d'une longue série de données pluviométriques et de températures mensuelles qui s'étale de 1975/76 à 1996/97. Sur l'ensemble de ces stations, à l'exception de celle de Ouled Habeba, nous possédons des données journalières des précipitations. Les caractéristiques des stations pluviométriques utilisées dans cette étude sont représentées dans le tableau ci-dessous:

Les bassins versants étudiés sont soumis à un bioclimat de type méditerranéen sub-humide. Ces bassins, qui font partie de l'extrême Nord-Est algérien, montrent une région bien arrosée de l'Afrique du Nord. Mais ce sont le Rif, le moyen Atlas et la Kabylie de Collo qui présentent des pôles d'humidité les plus élevés, avec des pluies souvent supérieures à 1000 mm, qui s'opposent aux régions orientales relativement moins arrosées (800 à 900mm).

Bassins versant	Nom de la Station	Longitude	Latitude	Altitude moyenne (m)
Oued Bouhamdane*	Medjez Amar	7°20'04" E	36°24'	250
	Guelma	7°30' E	36°27'	301
Oued Mellah	Mechroha	7°50'30" E	36°25'28"	748
	Bouchegouf	7°42'53" E	36°27'32"	800
Oued Ressoul	Ain Berda	7°19' E	36°15'06"	85
Oued Kébir Ouest	Azzaba	7°10'08" E	36°36'	96
	Ain Cherchar	7°17'17" E	36°45'15"	34
	Bouati Mahmoud	7°19'40" E	36°35'34"	156
Oued Saf Saf	Zardézas	6°54'01" E	36°35'22"	180
	Ouled Habeba	7°08'24" E	36°22'48"	250

* bassin contrôlé aussi par la station de Ouled Habeba, vu sa proximité de la partie nord du bassin.

5.1- Variabilité annuelle des précipitations

5.1.1- Variations à l'échelle annuelle

Sur la période 1975/76-1996/97, les précipitations moyennes annuelles sur cette période mettent en évidence un gradient croissant des précipitations du sud au nord sur l'ensemble des bassins versants. Ce gradient est sans doute à mettre en relation avec l'origine de la pluie et le paramètre orographique (Fiandino, 2003). Les précipitations annuelles moyennes augmentent de 523,72 mm à Guelma à 668,86 mm à Bouati Mahmoud et peuvent atteindre 860,55 mm à Mechroha (Tableau 8).

La répartition des pluies annuelles présente d'importantes irrégularités (Figure 30). Ce phénomène peut être exprimé par la variabilité interannuelle des précipitations et par le coefficient de variation qui est un paramètre très efficace pour la mesure de la dispersion relative des valeurs autour de la moyenne. Les valeurs du coefficient de variation des 10 stations pluviométriques oscillent entre 0,21 (Ain Berda) et 0,39 (Mechroha), ce qui implique une variabilité assez faible dans l'ensemble. La station de Mechroha est située dans une région la plus arrosée du bassin de la Seybouse. D'une façon générale, la plus grande variabilité du coefficient de variation est observée dans le bassin de la Seybouse.

Afin de caractériser la pluviosité propre à chaque année, il serait judicieux de calculer l'écart à la moyenne correspondant à l'excédent ou au déficit des précipitations de l'année considérée, rapporté à la moyenne de 22 ans. Cet écart en pourcentage est le rapport de la différence entre la valeur des précipitations de l'année considérée et sa moyenne annuelle par la précipitation moyenne annuelle de la période utilisée. En sommant les pluies des différentes stations par bassin pour en sortir leur moyenne année par année et sur la base de ces écarts, nous remarquons que le bassin versant de l'Oued Saf Saf englobe 59% d'années humides (valeurs des écarts positives), suivi des bassins de l'Oued Bouhamdane et l'Oued Mellah, avec respectivement 55% et 50% d'années humides. La pluviosité dans les bassins de l'Oued Kébir Ouest et l'Oued Ressoul a donné 46% et 41% d'années humides.

Les années extrêmes, humides et sèches, communes les plus représentatives dans les stations pluviométriques correspondent respectivement à 1986/87 et 1996/97 (Tableau 9.1). Les valeurs des écarts à la moyenne prises en compte ici sont du premier, second et troisième ordre de grandeur. L'année de plus forte pluviosité montre un écart à la moyenne qui varie entre +55,87% à Azzaba et +37,39% à Ain Berda, alors que pour l'année de plus faible pluviosité, cet écart varie entre –55,78% et –33,00%.

Cependant, à la station de Mechroha et plus particulièrement à la station de Ouled Habeba, les valeurs de l'écart à la moyenne communes des années humides extrêmes sont loin d'être vraiment significatives (Tableau 9.1). D'autres années ont été marquées par une forte pluviosité dont les valeurs élevées de cet écart à la station de Mechroha, situées en 2ème et 3ème position, correspondent respectivement à +65,75% (1990/91) et +53,32% (1995/96). Celles à la station de Ouled Habeba sont de 35,35% (1975/76) et 35,30% (1976/77).

Tableau 8. Variabilité annuelle des précipitations.

Bassins versants	Stations pluviométriques	Echelle annuelle		Echelle des crues
		$\bar{P}$ (mm)	Précipitations (mm)	Précipitations (mm)
Oued Kébir Ouest	Azzaba	$\bar{P} = 615,27$ $\sigma = 162,27$ $C_V = 0,26$	$\bar{P} = 639,51$ $\sigma = 149,82$ $C_V = 0,24$	$\bar{P} = 394,12$ $\sigma = 210,18$ $C_V = 0,53$
	Ain Cherchar	$\bar{P} = 634,41$ $\sigma = 153,72$ $C_V = 0,24$		
	Bouati Mahmoud	$\bar{P} = 668,86$ $\sigma = 183,55$ $C_V = 0,27$		
Oued Mellah	Mechroha	$\bar{P} = 860,55$ $\sigma = 334,48$ $C_V = 0,39$	$\bar{P} = 687,47$ $\sigma = 200,65$ $C_V = 0,29$	$\bar{P} = 414,92$ $\sigma = 270,39$ $C_V = 0,65$
	Bouchegouf	$\bar{P} = 514,39$ $\sigma = 121,33$ $C_V = 0,24$		
Oued Ressoul	Ain Berda	$\bar{P} = 592,20$ $\sigma = 123,89$ $C_V = 0,21$	$\bar{P} = 592,20$ $\sigma = 123,89$ $C_V = 0,21$	$\bar{P} = 252,71$ $\sigma = 161,19$ $C_V = 0,64$
Oued Saf Saf	Zardézas	$\bar{P} = 621,91$ $\sigma = 154,15$ $CV = 0,25$	$\bar{P} = 616,69$ $\sigma = 129,39$ $C_V = 0,21$	$\bar{P} = 340,23$ $\sigma = 198,14$ $C_V = 0,58$
	Ouled Habeba	$\bar{P} = 611,47$ $\sigma = 141,75$ $C_V = 0,23$		
Oued Bouhamdane	Medjez Amar	$\bar{P} = 583,02$ $\sigma = 149,25$ $C_V = 0,26$	$\bar{P} = 572,74$ $\sigma = 131,57$ $C_V = 0,23$	$\bar{P} = 287,74$ $\sigma = 178,69$ $C_V = 0,62$
	Guelma	$\bar{P} = 523,72$ $\sigma = 137,41$ $C_V = 0,26$		
	Ouled Habeba	Même valeurs qu'au dessus		

$\bar{P}$: précipitations annuelles moyennes; σ^2 : écart type; CV: coefficient de variation. Les colonnes 4 et 5 représentent les valeurs moyennes des précipitations des stations intégrées dans chaque bassin versant.

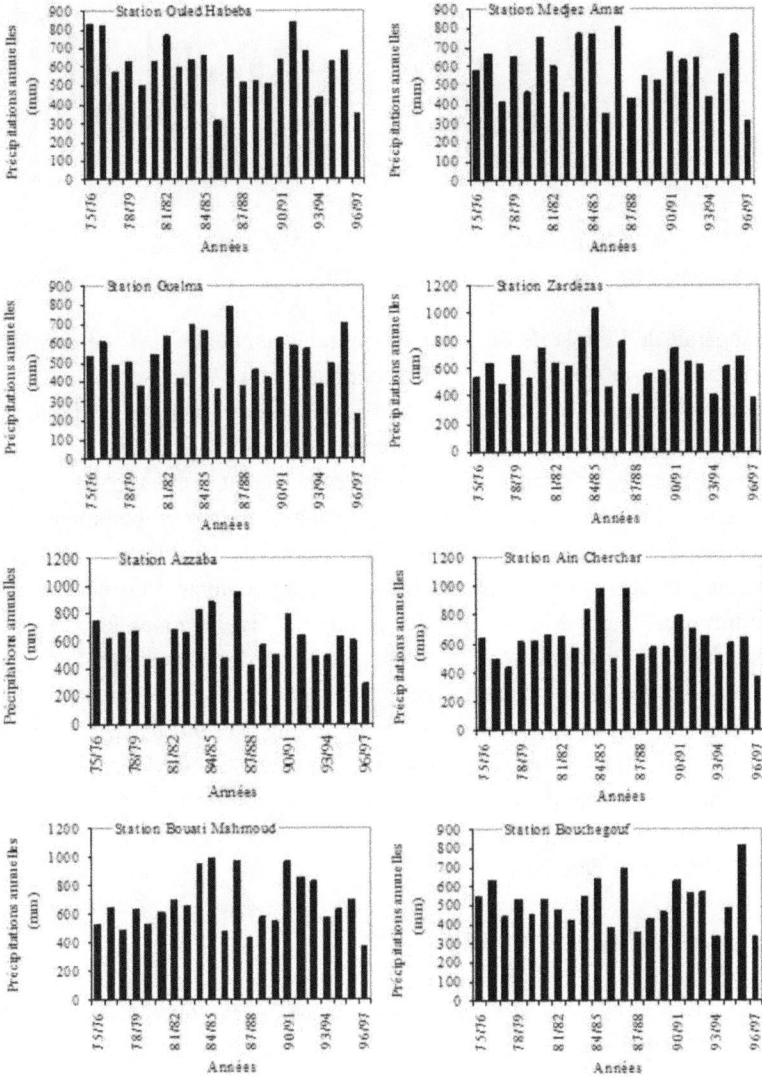

Figure 30. Variations annuelles des précipitations aux stations pluviométriques.

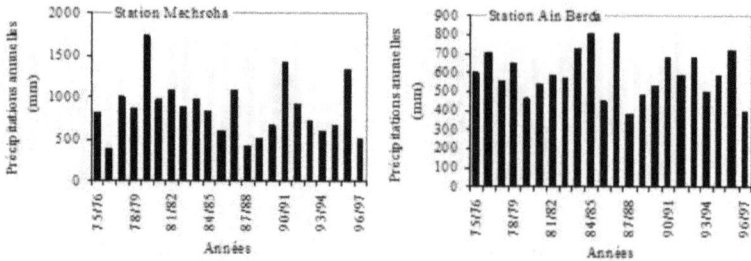

Suite Figure 30.

Il apparaît de l'étude de l'évolution des pluies annuelles et des écarts à la moyenne que la variabilité des précipitations montre bien la complexité du climat méditerranéen dans les deux bassins de la Seybouse et du côtier constantinois. Les valeurs extrêmes des précipitations et plus particulièrement celles des années humides changent souvent d'une station à l'autre. Ceci ressort aussi dans les valeurs extrêmes communes de précipitations qui correspondent à des ordres de grandeurs différents; parfois détectés dans un même bassin versant comme c'est le cas des bassins de l'Oued Mellah et l'Oued Saf Saf. En somme, les nuances spatiales des précipitations sont susceptibles d'entraîner une érosion hydrique différentielle d'une année à l'autre et d'une zone à l'autre au sein du même bassin versant. Cette érosion, introduite par l'influence du couvert végétal, devrait être plus forte dans les bassins de l'Oued Mellah et l'Oued Saf Saf où les précipitations ont pu atteindre des hauteurs plus élevées, atteignant 1726 mm (1979/1980) et 1426 mm (1990/91) à Mechroha, 1040 mm (1984/85) à Zardézas.

5.1.2- Variations à l'échelle des crues

Dans le cas où le bassin versant comporte plus d'une station pluviométrique représentative, on calcule la moyenne des précipitations journalières des stations correspondant à chaque crue. Les crues enregistrées sont souvent générées par des pluies à forte intensité et/ou durée. La vitesse de chute de ces pluies, si elles ne sont pas entravées par des infiltrations au niveau du sol, provoque l'entraînement d'une importante quantité de matériaux fins, et ce lorsque les conditions s'y prêtent (pente,

79

degré d'humidité). Les précipitations moyennes annuelles à l'échelle des crues dans les cinq bassins versants varient entre 252,71 mm à l'Oued Ressoul et 414,92 mm à l'Oued Mellah (Tableau 8). Ces valeurs représentent des pourcentages allant de 43% à 60% des précipitations moyennes annuelles des séries de pluies enregistrées. Il est à noter également que les précipitations à l'échelle des crues montrent une variabilité des pluies plus forte comparée à celle à l'échelle annuelle dont les valeurs du coefficient de variation varient entre 0,53 (B.V. Oued Kébir Ouest) et 0,65 (B.V. Oued Mellah).

Tableau 9. Ecarts à la moyenne des précipitations annuelles (période 1975/76-1996/97).

1- A l'échelle annuelle

Station	Année humide extrême	Année humide extrême commune 1986/87	Année sèche extrême	Année sèche extrême Commune 1996/97
Ain Berda	+40,73 % (1984/85)	+37,39 %	-35,48 % (1987/88)	-33,00 %
Guelma	+51,86 % (1986/87)	+51,86 %	-55,78 % (1996/97)	-55,78 %
Medjez Amar	+45,06 % (1986/87)	+45,06 %	-47,17 % (1996/97)	-47,17 %
Bouchegouf	+58,95 % (1995/96)	+35,03 %	-34,03 % (1996/97)	-34,03 %
Mechroha	+100,58 % (1979/80)	+26,47 % [a]	-55,63 % (1976/77)	-41,85 %
Zardézas	+67,16 % (1984/85)	+28,62 %	-38,67 % (1996/97)	-38,67 %
Ouled Habeba	+36,95 % (1991/92)	+8,23 % [b]	-49,42 % (1985/86)	-42,60 %
Azzaba	+55,87 % (1986/87)	+55.87 %	-54,04 % (1996/97)	-54,04 %
Ain Cherchar	+54,65 % (1986/87)	+54,65 %	-41,88 % (1996/97)	-41,88 %
Bouati M.	+45,11 % (1986/87)	+45,11 %	-44,62 % (1996/97)	-44,62 %

a: valeur de l'écart à la moyenne correspond au 4eme ordre de grandeur; b: valeur de l'écart à la moyenne correspond au 8eme ordre de grandeur.

2- A l'échelle des crues

Bassin versant	Année humide extrême	Année	Année sèche extrême	Année
Oued Bouhamdane	+138,37 %	1986/87	-93,34%	1996/97
Oued Ressoul	+106,09 %	1984/85	-89,91%	1987/88
Oued Kébir Ouest	+103,17 %	1984/85	-93,01%	1987/88
Oued Saf Saf	+137,85 %	1984/85	-84,89%	1977/78
Oued Mellah	+200,71 %	1995/96	-83,27%	1987/88

Contrairement aux écarts à la moyenne des précipitations à l'échelle annuelle, ceux à l'échelle des crues montrent que les années humides sont bien marquées dans les bassins de l'Oued Bouhamdane et l'Oued Kébir Ouest dont elles représentent 50% de la période de 22 années. Les valeurs extrêmes des précipitations sont enregistrées en 1984/85 à l'Oued Kébir Ouest, avec 800,75 mm, et en 1986/87 à l'Oued Bouhamdane, avec une quantité de 685,90 mm. Les années humides dans les bassins de l'Oued Ressoul et l'Oued Mellah ne dépassent pas 41% de la période considérée. Leurs valeurs extrêmes sont observées en 1984/85 et 1995/96 (Tableau 9.2). Les années de forte pluviosité comptabilisées dans l'Oued Saf Saf englobent presque 46% des années analysées, et c'est l'année 1984/85 qui montre la plus forte pluviosité (639,74 mm) liée aux crues.

En se basant sur ces résultats, nous pouvons admettre que la forte érosion paraît plus probable dans les bassins des oueds Bouhamdane et Kébir Ouest si nous considérons uniquement les crues ou dans les bassins des oueds Saf Saf et Bouhamdane à l'échelle annuelle, mais cette constatation ne peut être confirmée sans l'appui des facteurs de l'érosion tels que les pentes, le couvert végétal et la géologie. En l'occurrence, un nombre restreint d'années humides, comme aux oueds Mellah et Saf Saf, peut, avec les conditions géomorphologiques favorables, fournir plus de matériaux fins. De ce fait, le grand nombre des années humides ne représente pas toujours un indice de forte dégradation du milieu et de transport solide excessif.

5.2- Relations pluies à l'échelle annuelle/pluies à l'échelle des crues

Afin de discuter la représentativité des pluies prélevées lors des crues et les pluies enregistrées à l'échelle annuelle, nous avons essayé de faire des relations simples entre ces deux variables. Les résultats illustrés dans la figure 31 montrent que cette relation est faible dans le bassin versant de l'Oued Kébir Ouest avec un coefficient de détermination de 0,38 et elle est plus forte dans le bassin versant de l'Oued Mellah avec un coefficient de détermination de 0,85 (Figure 31). Par ailleurs, les écarts à la moyenne peuvent montrer des relations en discordance, c'est à dire, des écarts positifs dans les valeurs des précipitations à l'échelle annuelle peuvent donner pour les mêmes années des écarts négatifs dans les précipitations à l'échelle des crues. Ainsi, cette analyse confirme la discordance observée dans les années humides, précédemment discutée, au niveau des crues et à l'échelle annuelle.

Ces pluies journalières analysées ne reflètent pas, cependant, toute la réalité du phénomène des crues car ces dernières manquent de valeurs des pluies journalières en principe génératrices des écoulements en surface. Ce qui s'explique par une insuffisance des données pluviométriques prélevées au moment des crues. Ou encore à des précipitations journalières de moindre importance dispersées le long des mois, ne pouvant guère provoquer de crues, dont leur somme peut accroître la quantité de pluie tombée pendant l'année. Ces pluies, souvent isolées, sont capables de fournir des écoulements assez puissants pour éroder les versants et entraîner des matériaux fins vers les cours d'eau.

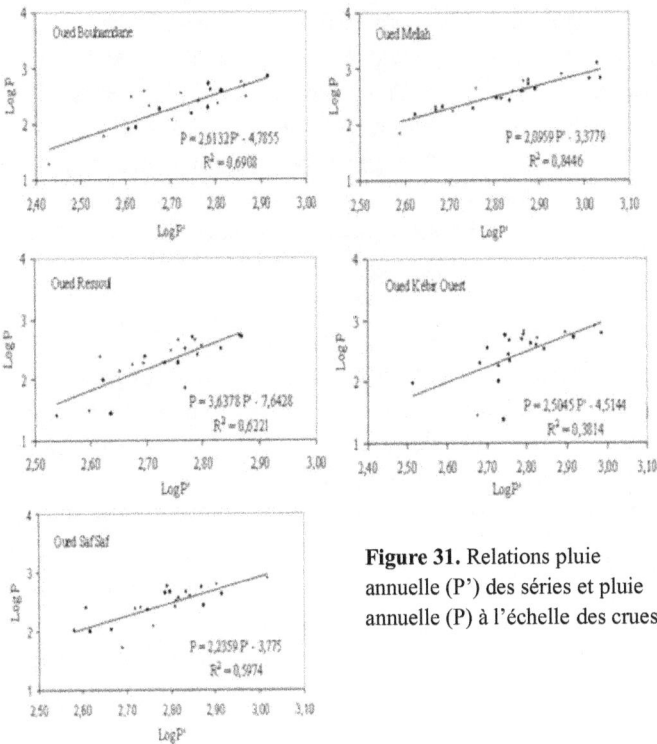

Figure 31. Relations pluie annuelle (P') des séries et pluie annuelle (P) à l'échelle des crues.

5.3- Variabilité intermensuelle des précipitations

L'étude de la répartition intermensuelle des précipitations est importante car les variations des précipitations conditionnent l'écoulement fluvial saisonnier et le comportement hydrologique annuel des bassins versants. Les 10 stations font ressortir deux périodes distinctes qui sont une période très sèche qui correspond à la saison d'été (juin, juillet et août) et une période plus humide qui correspond aux autres mois de l'année.

La forte variabilité intermensuelle des précipitations apparaît à travers les coefficients de variation élevée. Les valeurs du coefficient de variation les plus fortes correspondent aux mois d'été avec des maxima qui peuvent atteindre 3,90 (Azzaba) et 2,18 (Ain Berda). Par ailleurs, le mois de septembre peut montrer des coefficients de variation plus élevés que le mois de juin remarqués essentiellement dans les stations de Mechroha, Ain Berda et Zardézas avec respectivement 1,26, 0,78 et 0,81 (Tableau 10). La variabilité des précipitations aussi marquée en été et au début de l'automne s'explique par une indigence pluviométrique des mois secs d'été caractéristique du climat méditerranéen de l'Afrique du Nord d'une part et les pluies diluviennes des premiers orages de la fin de printemps et fin d'été d'autre part (Ghachi, 1982). Les pluies à caractère orageux sont souvent dangereuses pour la conservation des sols et le maintien de l'équilibre des versants et pentes surtout déboisés.

En revanche, la variabilité des pluies mensuelles la plus faible se situe en saison pluvieuse. Cependant, les variations mensuelles fortes pendant les saisons pluvieuses sont plus importantes au cours du mois de décembre dans les stations analysées à l'exception de celle de Ain Berda. Ce qui implique des écarts absolus élevés surtout au niveau des précipitations supérieures à la moyenne mensuelle, soit plus de 36% des valeurs de la période. Ainsi, le coefficient de variation en ce mois oscille entre 0,70 à Ain Berda et 0,95 à Zardézas. Le mois de février montre également une forte dispersion dans quatre stations (Zardézas, Mechroha, Azzaba et Medjez Amar). Les valeurs du coefficient de variation varient entre 0,82 (Mechroha) et 0,90 (Zardézas).

En ce qui concerne la répartition intermensuelle et saisonnière des pluies journalières reliées aux crues étudiées, on remarque que :

- la période humide est située entre novembre et avril,
- les valeurs plus élevées des précipitations moyennes mensuelles à l'échelle des crues correspondent aux mois de décembre dans deux bassins versants (Oued Saf Saf, Oued Kébir Ouest). Les valeurs élevées en janvier sont représentées par les bassins versants des oueds Ressoul et Bouhamdane alors que l'Oued Mellah montre un maximum en février (Figure 32). Par ailleurs, les précipitations à l'échelle annuelle montrent des valeurs élevées en décembre et ce pour la plupart des stations (sauf stations de Aîn Berda et Mechroha). Ce décalage est sûrement dû au manque des données de pluies journalières en relation avec les crues durant le mois de décembre,
- contrairement aux pluies hivernales à l'échelle annuelle qui ne dépassent pas 44% de la pluie annuelle moyenne dans les bassins étudiés, les plus fortes pluies à l'échelle des crues sont observées en hiver avec plus de 47% de la pluie annuelle moyenne (des crues analysées).

Tableau 10. Variabilité des précipitations mensuelles dans les stations pluviométriques (série 1975/76 – 1996/97).

Stations		Sep	Oct	Nov	Déc	Janv	Fév	Mars	Avr	Mai	Juin	Juil	Août
Medjez Amar	$\bar{x}$	34,77	47,59	71,48	80,87	77,77	70,60	66,07	58,73	41,32	17,95	5,98	9,89
	C_V	0,82	0,71	0,75	0,93	0,64	0,86	0,46	0,62	0,71	1,25	1,33	1,44
Guelma	$\bar{x}$	25,42	47,48	60,25	70,91	70,25	62,50	60,19	54,68	44,65	16,44	3,97	6,00
	C_V	0,93	0,85	0,83	0,79	0,65	0,79	0,51	0,70	0,72	1,10	1,99	1,67
Bouchegouf	$\bar{x}$	24,67	40,74	60,37	70,40	67,91	59,64	62,24	58,37	39,07	15,33	3,43	12,22
	C_V	0,75	0,80	0,72	0,85	0,51	0,76	0,49	0,66	0,71	0,84	2,14	1,51
Mechroha	$\bar{x}$	30,99	76,08	107,87	93,45	95,96	111,49	132,83	98,00	82,83	22,79	1,77	5,48
	C_V	1,26	0,76	0,86	0,82	0,59	0,82	0,51	0,57	0,76	1,08	2,12	1,58
Ain Berda	$\bar{x}$	27,52	61,67	75,80	84,75	85,86	66,03	66,93	60,50	39,70	14,25	2,76	6,42
	C_V	0,78	0,77	0,67	0,70	0,48	0,64	0,53	0,61	0,69	0,81	2,18	1,31
Azzaba	$\bar{x}$	20,10	62,45	92,65	99,27	95,84	90,32	68,80	49,58	24,77	5,14	3,04	3,31
	C_V	0,82	0,87	0,68	0,83	0,56	0,84	0,58	0,95	0,69	1,72	3,90	2,01
A.Cherchar	$\bar{x}$	27,41	61,39	82,22	107,09	95,43	80,43	70,45	58,81	33,17	12,05	1,79	4,16
	C_V	0,73	0,68	0,60	0,83	0,60	0,72	0,58	0,94	0,70	1,21	2,16	2,00
Bouati Mahmoud	$\bar{x}$	26,18	56,11	83,22	104,85	98,38	79,14	81,46	65,22	44,41	17,66	4,75	7,51
	C_V	0,79	0,87	0,75	0,88	0,59	0,70	0,52	0,59	0,93	0,79	2,06	1,06
Zardézas	$\bar{x}$	24,93	57,99	71,37	102,81	92,78	74,09	71,02	60,24	37,78	17,28	5,05	6,56
	C_V	0,81	0,83	0,67	0,95	0,52	0,90	0,50	0,61	0,66	0,78	1,58	1,27

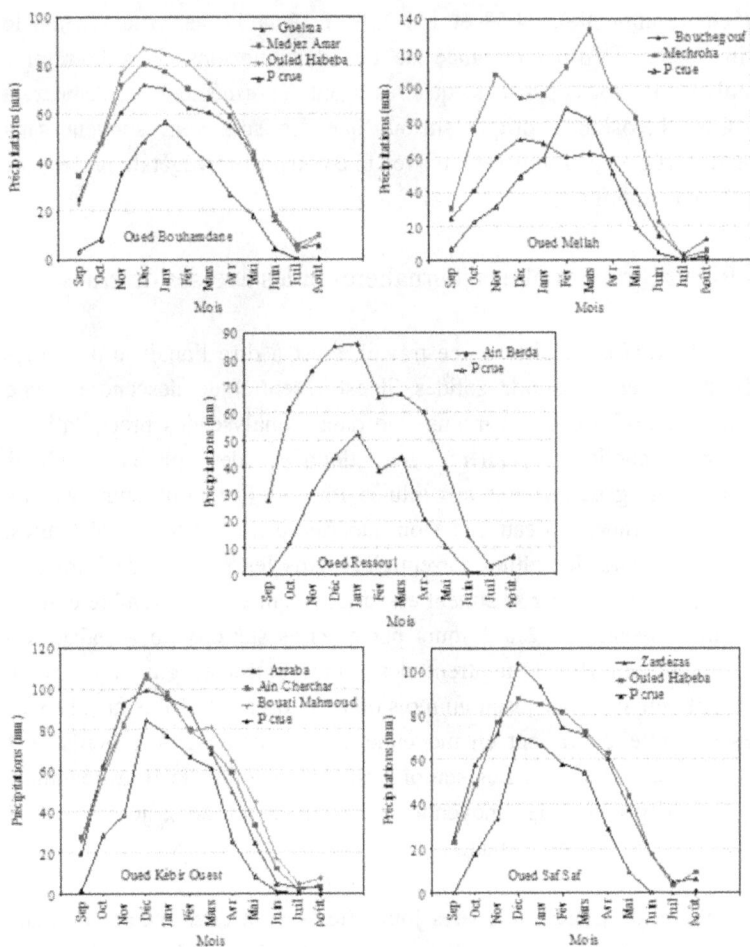

Figure 32. Variation mensuelle des précipitations à l'échelle des crues (P crue) et à l'échelle annuelle.

L'organisation des saisons n'est pas homogène dans les bassins versants étudiés, elle dépend du régime pluviométrique propre à chaque région géographique. Nous pouvons distinguer deux saisons qui se partagent le maximum de la pluviométrie, l'hiver où le total de pluie varie entre 236,64 et 283,59 mm (échelle annuelle), 134,87 et 228,75 mm (échelle des crues) et le printemps avec des valeurs comprises entre 165,56 et 237,17

86

mm(échelle annuelle), 74,58 et 151,26 mm (échelle des crues), selon le bassin versant. Vu l'importance de ces deux saisons dans le régime d'écoulement, nous pensons qu'elles vont énormément contribuer à intensifier l'érosion hydrique surtout que les sols sont souvent sans protection végétale en hiver et/ou avec une couverture végétale protectrice insuffisante au printemps.

5.4- Répartition des pluies journalières et les averses de crues

Vu le caractère particulier de ce travail, c'est à dire l'analyse des crues génératrices des transports solides, il est essentiel de descendre à une échelle temporelle plus ou moins fine dans l'analyse des précipitations, voire à l'échelle journalière. Les données des pluies extrêmes correspondent généralement aux pluies torrentielles dont leurs valeurs donnent une tranche d'eau égale ou supérieure à 30 mm en 24 heures. Ainsi, les valeurs des pluies torrentielles dans les stations de Zardézas, Guelma et Medjez Amar se situent essentiellement entre novembre et mars avec une moyenne de 2 à 3 jours par an. Les stations de Azzaba, Ain Cherchar et Ain Berda montrent des pluies extrêmes qui débutent en octobre et peuvent aller jusqu'au mois de mars ou avril (Tableau 11). Ces pluies torrentielles varient en moyenne de 2 jours/an à Ain Berda et 4 jours/an à Ain Cherchar. Les stations pluviométriques de Bouchegouf et Mechroha exprimant des moyennes respectivement de 2 jours/an et 5 jours/an entre novembre et mai.

Les hauteurs de pluie maximales journalières sont elles-mêmes d'autant plus élevées que la pluie annuelle est plus forte. Quant à la répartition des pluies torrentielles $\geq$ 100 mm, elles n'apparaissent que dans la station de Zardézas avec uniquement 4 jours situés en octobre, décembre et février (période 1980/81 à 1984/85). Concernant la variabilité des pluies torrentielles, on remarque que leur fréquence la plus forte coïncide avec les mois les plus pluvieux de l'année, décembre étant, dans l'ensemble, le mois de plus forte fréquence des pluies torrentielles de la série 1975/76-1996/97. Ces pluies brusques sont aussi bien représentées en novembre dans les stations de Mechroha, Medjez Amar et Azzaba.

La plupart des géomorphologues acceptent l'idée que l'érosion hydrique intense prend naissance pendant les averses de fréquence et amplitude modérées dont font partie la plupart de nos données car les événements extrêmes sont peu fréquents pour contribuer à une érosion du sol sur une longue période de temps. Cependant, les effets de quelques averses extrêmes observées surtout à la station de Zardézas, avec 137 mm (30 décembre 1984), peuvent être plus dramatiques par l'initiation de rigoles, ravines et le transport de grandes quantités de sédiments dans les cours d'eau.

La plupart des géomorphologues acceptent l'idée que l'érosion hydrique intense prend naissance pendant les averses de fréquence et amplitude modérées dont font partie la plupart de nos données car les événements extrêmes sont peu fréquents pour contribuer à une érosion du sol sur une longue période de temps. Cependant, les effets de quelques averses extrêmes observées surtout à la station de Zardézas, avec 137 mm (30 décembre 1984), peuvent être plus dramatiques par l'initiation de rigoles, ravines et le transport de grandes quantités de sédiments dans les cours d'eau.

5.5- Facteur évapo-thermique, régime pluviométrique

5.5.1- Température et évapotranspiration potentielle

Pour l'étude des températures, et en l'absence de données pour l'ensemble des stations pluviométriques retenues, nous avons utilisé pour chaque bassin versant une station la plus représentative possible. La série des températures de Ain Berda est de 1975 à 1991 ; par contre, le reste des séries est de 1975 à 1997. La température moyenne annuelle varie entre 16,34°C à Bouchegouf et 19,74 °C à Ain Berda. La température moyenne annuelle de chaque station est supérieure aux moyennes mensuelles de novembre à avril qui représentent des périodes plus froides et humides et devient inférieure aux moyennes mensuelles à partir de mai jusqu'à octobre où l'écoulement est de plus en plus faible à rare en été.

Tableau 11. Fréquence des pluies journalières dans les stations étudiées.

Station	1		2		3		4		5		6		7		8	
Pluie	A	B	A	B	A	B	A	B	A	B	A	B	A	B	A	B
Sep	0	9	3	5	2	4	1	3	2	4	0	6	3	3	0	8
Oct	7	10	3	19	3	9	5	9	3	4	10	12	9	7	3	7
Nov	9	6	23	21	4	9	8	6	12	11	13	12	10	11	10	10
Déc	11	17	10	24	10	8	9	18	15	12	16	27	22	16	16	17
Janv	4	14	12	19	5	7	6	10	8	10	6	25	11	21	11	16
Fév	7	4	18	25	4	9	4	7	6	9	16	18	11	9	7	16
Mars	4	13	20	25	4	10	3	15	5	13	7	14	8	11	7	15
Avr	3	4	13	19	4	8	5	3	4	10	4	11	8	7	4	5
Mai	4	5	12	16	4	7	6	6	4	2	0	5	4	4	1	6
Juin	0	1	0	5	1	0	0	4	1	1	0	0	0	1	0	2
Juil	0	0	0	0	0	0	0	0	0	1	0	1	0	0	0	0
Août	0	1	0	0	3	3	1	0	1	2	0	0	0	1	0	1
Total	49	84	114	178	44	74	48	81	61	79	72	131	86	91	59	103
Station	1		2		3		4		5		6		7		8	

1- Ain Berda; 2- Mechroha; 3- Bouchegouf; 4- Guelma; 5- Medjez Amar; 6- Azzaba; 7- Ain Cherchar; 8- Zardézas; A- Précipitation journalière supérieure ou égale à 30 mm; B- précipitation journalière entre 19 mm et 29 mm.

L'évapotranspiration potentielle correspond à la quantité d'eau maximale susceptible d'être évaporée par le couvert végétal. L'ETP est calculé à partir du bilan hydrique de Thornthwaite. Le choix de cette méthode est basé sur la simplicité du programme utilisé et du peu de données à fournir pour calculer l'ETP (disposer des précipitations et des températures mensuelles moyennes et des coordonnées de la latitude des stations pluviométriques). Ces valeurs annuelles dépassent largement les précipitations enregistrées dans les stations de Guelma, Ain Berda, Bouchegouf, Azzaba et Zardézas. Si nous examinons l'évolution mois par mois, nous constatons l'existence de deux périodes bien distinctes, l'une pendant laquelle les précipitations sont supérieures à l'ETP (généralement entre novembre et avril) et l'autre pendant laquelle se produit l'inverse (Tableau 12 et Annexe 2).

Tableau 12. L'évapotranspiration selon Thornthwaite dans deux stations étudiées.

Zardézas

	S	O	N	D	J	F	M	A	M	J	J	A	Total
P mm	24,93	57,99	71,37	102,81	92,78	74,09	71,02	60,24	37,78	17,28	5,05	6,56	621,90
T °C	23,13	18,78	14,51	11,89	10,28	10,76	12,06	14,11	18,38	21,25	24,81	25,62	17,13
ETP mm	108,3	70,40	39,40	26,00	21,60	22,90	34,00	48,00	84,50	110,3	147,7	146,3	859,25

Azzaba

P mm	20,10	62,45	92,65	99,27	95,84	90,32	68,80	49,58	24,77	5,14	3,04	3,31	615,27
T °C	24,90	22,20	15,50	14,00	10,90	11,25	13,20	15,30	18,65	21,70	25,10	26,50	18,27
ETP mm	122,4	92,30	40,90	31,60	20,90	21,80	35,90	51,00	82,30	111,10	149,7	155,5	915,42

Les valeurs de l'ETP deviennent plus faibles pendant les mois pluvieux qui débutent à partir de novembre et se terminent en avril, soit 6 mois dans l'année. Cependant, dans les stations d'Azzaba et Ain Berda, nous retrouvons 5 mois vraiment pluvieux et un mois d'avril qui présente des valeurs de P et ETP presque égales.

5.5.2- Régime pluviométrique

Le régime pluviométrique basé sur la représentation graphique ombro-thermique de la série 1975/76 - 1996/97 montre une période humide d'octobre à mai et une période sèche à partir de juin jusqu'à septembre (Figure 33).

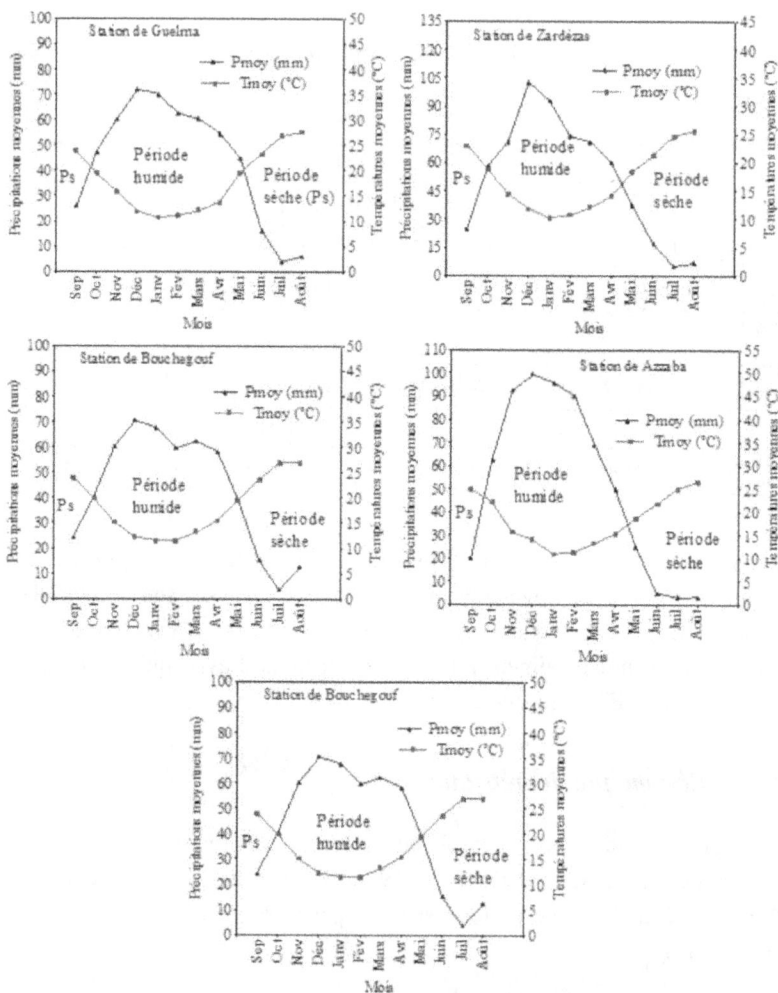

Figure 33. Diagrammes ombro-thermiques de quelques stations des bassins versants étudiés.

Les courbes de variation des précipitations mensuelles révèlent l'existence de 3 types de régimes pluviométriques. Du nord au sud, les régimes pluviométriques sont en majorités marqués par un maximum en décembre-janvier et un minimum en juillet (Figures 34 et 35). Par ailleurs, le mois de décembre correspond au mois le plus humide dans la quasi-totalité desstations à l'exception de celle de Mechroha qui révèle un maximum de sa pluie moyenne mensuelle en mars et novembre.

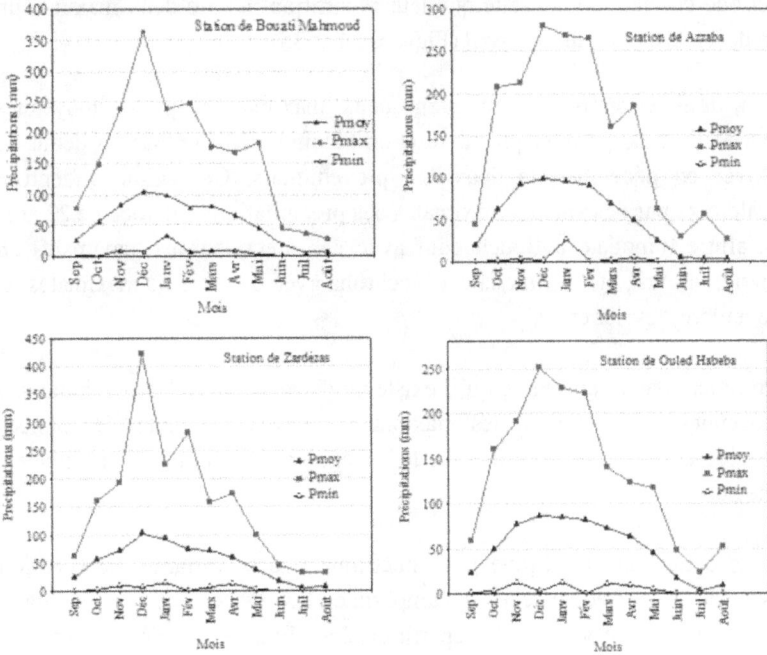

Figure 34. Répartition des pluies maximales et minimales des stations pluviométriques des sous-bassins du côtier constantinois.

Entre autres, l'allure générale des courbes montrent une croissance pluviométrique à partir du mois de septembre puis une brusque augmentation le plus souvent à partir du mois d'octobre jusqu'au mois de décembre. Au mois d'avril une variation affecte les stations côtières et même les stations situées dans la zone de transition (Guelma et Medjez Amar). Ce qui se traduit par une croissance plus rapide des pluies particulièrement dans les stations côtières.

Cette différence de distribution mensuelle des pluies dans les bassins versants permet de distinguer les régimes suivants :

- un régime monomodal (maritime et transition tellien) : caractérisé par une forte pluviosité en automne-hiver, puis une décroissance régulière jusqu'au minimum estival. Cependant, en tenant compte des maxima de toute la période étudiée, on constate que leur répartition montre deux maxima, un en décembre et l'autre en avril (Figures 34 et 35).

- un régime bimodal : présentant deux maxima des pluies moyennes mensuelles. Le premier pic se situe en automne (Mechroha) ou début de l'hiver en décembre, le deuxième pic en mars. Ce régime s'identifie également par des valeurs maximales des précipitations (période de 22 ans) en allure bimodale a Bouchegouf avec des précipitations maximales en février et avril, et en trimodale à Mechroha avec des valeurs maximales en novembre, février et mai.

On retient dans l'ensemble qu'il existe un décalage entre les précipitations moyennes mensuelles et les maxima à l'échelle de toutes les années considérées, d'où la confirmation de l'irrégularité des pluies d'une année à une autre.

Nous déduisons du régime pluviométrique que la variation de l'érosion associée à la fréquence et à l'amplitude des averses, ainsi qu'au taux d'érosion suivent souvent la répartition des pluies saisonnières dont sont distinguées par une saison humide et une autre sèche.

La croissance de la végétation suit un chemin similaire mais croit en pic plus tard dans la saison que la pluie. Le temps vulnérable pour l'érosion est donc le début de la saison humide quand la pluie est forte mais la végétation, autre que le couvert forestier, n'a pas encore poussé pour protéger le sol. Ainsi, le pic de l'érosion devrait précéder le pic de la pluie généralisée.

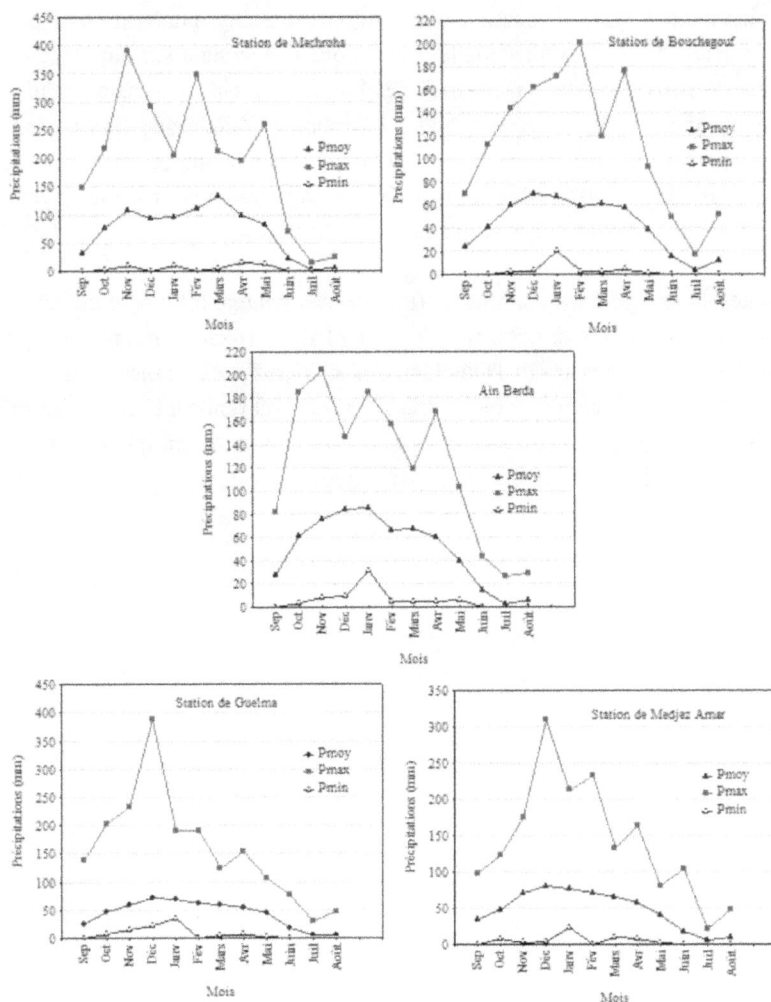

Figure 35. Répartition des pluies maximales et minimales des stations pluviométriques des sous-bassins de la Seybouse.

Il ressort de cette analyse climatique que la plus grande partie des bassins versants étudiés jouissent de conditions relativement privilégiées, surtout en hiver et au printemps. Cependant, ils restent exposés aux effets de la grande irrégularité des précipitations. Elle a aussi montré que les bassins des oueds Mellah, Kébir Ouest et Saf Saf sont les plus arrosés, avec des pluies annuelles qui dépassent 600 mm. Ces bassins montrent aussi une proportion des chutes torrentielles élevée qui surviennent surtout entre les mois de novembre et avril. Ainsi, ces bassins sont-ils vraiment les plus touchés par les agents de l'érosion ? La réponse à cette question devient plus pertinente car il ne faut pas tenir compte uniquement de la pluviométrie, qui est partout plus au moins importante pour déclencher le phénomène, mais aussi des autres facteurs physiques.

Toutefois, les grandes contraintes (raideur des pentes, lithologie érodable, extension des terres agricoles) et les potentialités (forte pluviométrie) qui caractérisent les bassins de l'Oued Saf Saf et l'Oued Mellah, mettent de plus en plus en cause l'équilibre des pentes et versants et rendent la conservation du sol contre l'érosion de plus en plus difficile, notamment quand le tapis végétal fait défaut une bonne partie de l'année.

CHAPITRE 6 : HYDROLOGIE

Introduction

Les observations hydrométriques expriment le comportement hydrologique du bassin versant en un point donné et en un temps déterminé. Elles traduisent statistiquement l'interférence des facteurs physico-géographiques. Les débits des oueds étudiés sont mesurés pour la série 1975/76-1996/97 aux stations de jaugeages de Ain Berda (Oued Ressoul), Medjez Amar (Oued Bouhamdane), Bouchegouf (Oued Mellah), Ain Cherchar (Oued Kébir Ouest) et Khemakhem (Oued Saf Saf). Les stations montrent des débits journaliers et les débits instantanés des différentes crues.

En raison de l'importance des crues dans le transport des sédiments dans les oueds, une analyse détaillée des débits horaires générateurs de crues a été entreprise. Ainsi, les données hydrométriques consistent en la lecture d'échelle faite par l'observateur et l'enregistrement de limnigraphe. En temps de crue, les lectures ont lieu toutes les heures ou même toutes les demi-heures. Les stations de jaugeages, surtout celles de Kébir Ouest et Saf Saf sont caractérisées par une instabilité au niveau des profils en travers par affouillement ou remblaiement. Ce qui rend difficile la réalisation des courbes d'étalonnage (Q = f (H)). De ce fait, La station hydrométrique doit être re-étalonnée en fonction de l'évolution de son fond mobile et des diverses conditions et donc le réajustement des courbes d'étalonnage s'impose continuellement. Pour cela, les données de jaugeage des débits liquides (Q m^3/s) et des hauteurs d'eau (H cm) ont été regroupées en périodes ou seuil de validité déterminé à partir des changements dans les données de Q et H mesurées au niveau de la section naturelle (Figure 36). Au sein de chaque période, plus d'une équation peuvent être utilisées en relation avec les ruptures de pente du nuage de points et ce afin de fournir un meilleur ajustement de la droite de régression et obtenir, par conséquent, une meilleure estimation des débits liquides.

6.1- Analyse des séries de débits

A l'exception de l'année manquante (1995/96) de la série de la station de Bouchegouf, les séries de débits des bassins versants étudiés sont complètes à quelques lacunes près au pas de temps mensuel. Le comblement de lacunes s'est basé sur l'établissement de régression entre les précipitations mensuelles (station de Bouchegouf) et les débits mensuels sur une série de 21 années (1975/76-1994/95 et 1996/97).

Compte tenu de la forte variabilité des débits mensuels, trois types de fonctions ont été établis pour obtenir le meilleur ajustement possible. Il s'agit des relations exponentielles, polynomiales et de puissance. Les corrélations des mois humides (Octobre-Mai) ont donné des coefficients de corrélation qui varient entre 0,71 et 0,94. Pour chaque mois, une à deux droites de régression sont utilisées (Figure 37). Il est clair maintenant que les débits sont en fonction directe de la pluviométrie. Les deux graphes en figure 37 montrent des corrélations positives quelle que soit la relation utilisée. L'estimation des lacunes est donc chose possible et facile.

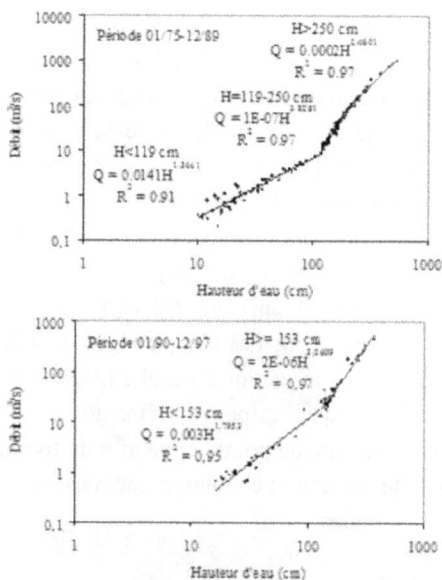

Figure 36. Etablissement des courbes d'étalonnage dans l'Oued Mellah.

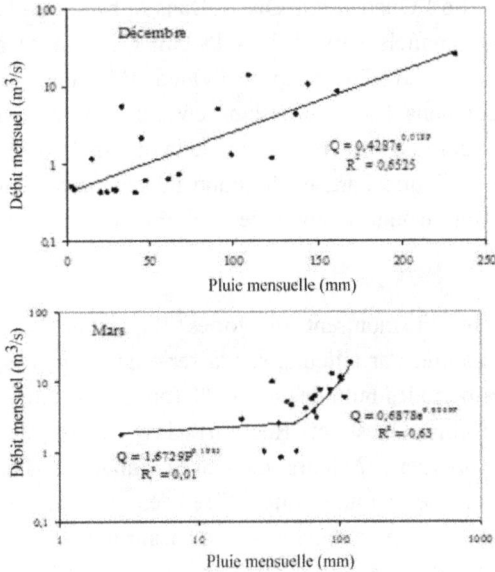

Figure 37. Reconstitution de lacunes des débits (année 1995/96) à l'Oued Mellah.

6.2- Variabilité interannuelle des débits

6.2.1- Variations à l'échelle annuelle

Afin de mieux saisir la variation de l'écoulement dans les bassins versants étudiés et leurs nuances régionales, nous avons utilisé les débits spécifiques afin de pouvoir comparer ces bassins entre eux en ramenant le débit à l'unité de surface. Le débit moyen annuel (de chaque année) utilisé dans cette analyse est calculé en prenant la moyenne arithmétique des 12 débits moyens mensuels. Le débit moyen annuel des 22 années étudiées est la somme des débits moyens interannuels divisée par la période considérée.

Les valeurs des débits spécifiques permettent la comparaison entre les bassins et synthétisent l'interaction de plusieurs facteurs de l'écoulement, souvent révélateurs d'une énergie positive ou négative pour une morphogenèse. Les valeurs des débits moyens spécifiques annuels dans les bassins côtiers constantinois sont de 4,30 l/s/km² (1,38 m³/s) à l'Oued Saf

Saf et 4,14 l/s/km² (4,67 m³/s) à l'Oued Kébir Ouest. Dans le bassin de la Seybouse, les débits moyens annuels varient 5,84 l/s/km² (3,21 m³/s) à l'Oued Mellah et 2,13 l/s/km² (2,36 m³/s) à l'Oued Bouhamdane. L'abondance de l'écoulement dans les sous-bassins côtiers et le bassin versant de l'Oued Mellah varie d'une part en fonction de la distribution des précipitations sur la région et d'autre part, en fonction du comportement hydrologique de chaque bassin versant, à savoir le géologie et le couvert végétal.

Les graphiques de la figure 38 montrent de fortes fluctuations des écoulements d'une année à l'autre. Par ailleurs, sur la série de 22 années, ces graphiques montrent des périodes humides où 36 % (oueds Saf Saf et Mellah) et 32% (oueds Kébir Ouest et Ressoul) des valeurs des écoulements annuels sont supérieurs à leurs moyennes annuelles. Par contre, l'Oued Bouhamdane ne montre que 27% des valeurs de l'écoulement supérieures à sa moyenne annuelle. En se basant uniquement sur les deux années hydrologiques 1990/91 et 1995/96, qui montrent deux périodes humides à forte pluviosité et écoulement dans la plupart des bassins étudiés (chapitre 5, Figure 30 et Figure 38), le bassin versant de l'Oued Bouhamdane se distinguerait par deux périodes hydrologiquement sèches. Donc, ce déficit dans l'écoulement durant ces deux années n'est pas dû à une réduction dans l'écoulement (par infiltration) mais à l'impact du barrage de Hammam Debagh construit en amont de la station de jaugeage et devenu fonctionnel depuis Décembre 1988. Ainsi, les écoulements de cette station dépendent après cette date, des lachers continues de la retenue qui ne reflète guère le débit réel de l'oued en aval.

Les écoulements extrêmes enregistrés ont été atteints en 1986/87 dans les oueds de Ressoul, Mellah et Kébir Ouest et en 1984/85 dans les oueds de Bouhamdane et Saf Saf (Tableau 13). Ces valeurs extrêmes ne coïncident pas avec celles des précipitations extrêmes dans trois bassins versants de l'Oued Bouhamdane, Oued Ressoul et surtout Oued Mellah. Ce qui signifie qu'une partie de l'écoulement provient des écoulements hypodermiques et des eaux souterraines qui alimentent les oueds. Dans l'Oued Mellah, la valeur extrême de la précipitation en 1979/80 correspondrait une année déficitaire en écoulement. Nous pensons qu'il s'agit plutôt d'une erreur commise par le personnel de l'ANRH pendant la mesure du débit.

1- A l'échelle annuelle

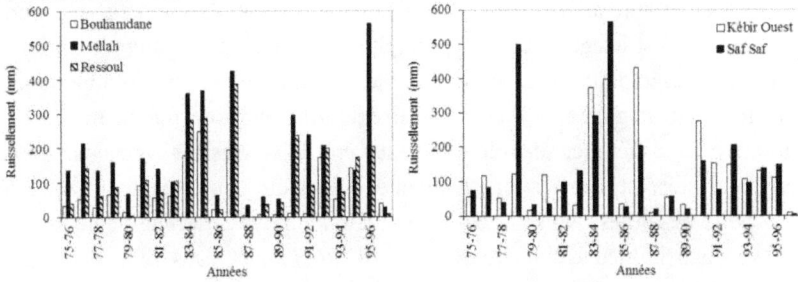

2- A l'échelle des crues

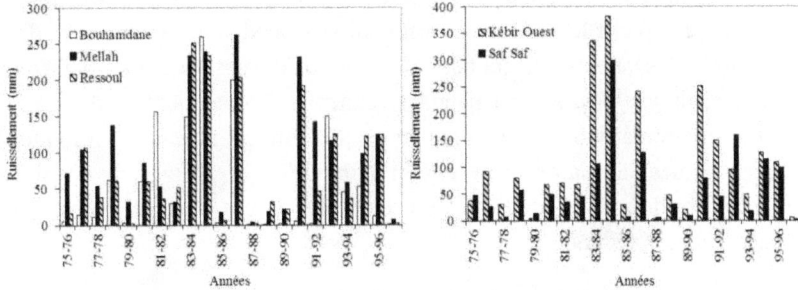

Figure 38. Variations annuelles du ruissellement dans les oueds étudiés.

Tableau 13. Valeurs extrêmes des écoulements et des précipitations.

Oueds	Echelle annuelle				Echelle des crues			
	Valeurs extrêmes				Valeurs extrêmes			
	E (mm)	Année	P (mm)	Année	E (mm)	Année	P (mm)	Année
Kébir Ouest	430,64	1986/87	970,05	1986/87	380,43	1984/85	800,75	1984/85
Mellah	560,72	1995/96	1084,20	1979/80	262,34	1986/87	1247,70	1995/96
Ressoul	387,46	1986/87	833,40	1984/85	251,11	1983/84	520,80	1984/85
Saf Saf	564,16	1984/85	851,75	1984/85	297,92	1984/85	809,23	1984/85
Bouhamdane	249,46	1984/85	767,60	1986/87	259,51	1984/85	573,65	1984/85

E : lame d'eau écoulée moyenne annuelle (mm); P : précipitation moyenne annuelle (mm).

6.2.2-Variations à l'échelle des crues

Les crues analysées ont été également sujettes à de fortes irrégularités de l'abondance interannuelle des écoulements qui est étroitement liée non seulement à l'irrégularité des précipitations mais aussi aux conditions physico-géographiques. La taille de l'aire réceptrice du bassin semble jouer un rôle non négligeable dans cette irrégularité. Afin de mieux mettre en lumière la différence des écoulements entre les bassins versants, nous avons préféré utiliser les lames d'eau écoulées qui sont plus signifiantes à l'échelle des crues. Ainsi, l'écoulement annuel moyen est relativement plus élevé dans l'Oued Kébir Ouest avec 103,26 mm et dans l'Oued Mellah avec 97,27 mm. En tenant compte du ruissellement à l'échelle annuelle, nous constatons que l'Oued Mellah a fourni l'écoulement le plus important, par contre à l'échelle des crues, c'est surtout l'Oued Kébir Ouest qui offre les plus fortes valeurs. Ce qui laisse à penser qu'il existe des crues qui n'ont pas été enregistrées, surtout pendant l'année hydrologique 1995/96 où la station hydrométrique a été emportée par les fortes crues. La contribution de ces crues lacunaires peut être importante dans la mesure où elles peuvent traduire une dynamique accrue des cours d'eau à creuser et transporter les sédiments.

A l'échelle annuelle, nous remarquons que l'Oued Ressoul se trouve moins excédentaire en écoulement que l'Oued Saf Saf avec une moyenne annuelle de 120,27 mm contre 135,57 mm. Par contre, le ruissellement, à l'échelle des crues, de l'Oued Ressoul est plus excédentaire que celui de l'Oued Saf Saf. Les apports écoulés moyens annuels dans les oueds de Ressoul et Saf Saf sont respectivement estimés à 79,89 mm et 62,45 mm, soit une contribution de 66% et 46% de l'apport annuel de la série 1975/76-1996/97. Sur l'Oued Bouhamdane à Medjez Amar, l'écoulement reste le moins fort (55,47 mm) malgré qu'il a utilisé 83% de son apport total annuel.

En analysant les valeurs de l'écoulement de chaque année à celle de la moyenne annuelle, on constate que l'Oued Mellah présente le plus grand pourcentage des périodes humides dont 50% des valeurs sont supérieures à la moyenne annuelle. L'Oued Ressoul montre 36% des valeurs de l'écoulement supérieures à leur moyenne annuelle. Quant au reste des oueds, leurs écoulements ne représentent que 32% des valeurs supérieures à leurs moyennes annuelles. Nous remarquons de ces résultats que le nombre des périodes humides et sèches, vu à l'échelle annuelle et à l'échelle des crues, n'est pas toujours homogène. Comme nous l'avons déjà souligné, cette différence est sûrement due à des lacunes dans l'enregistrement des crues dans quelques oueds ou à un ensemble de valeurs mensuelles dispersées au sein de la série qui font augmenter l'importance de l'écoulement.

Les périodes humides extrêmes sont observées en 1984/85 dans les bassins des oueds Kébir Ouest, Saf Saf et Bouhamdane, avec des valeurs qui varient entre 380,43 mm et 259,51 mm (Tableau 13). Les précipitations et ces écoulements extrêmes coincident parfaitement, alors que les écoulements extrêmes dans les oueds Mellah et Ressoul, observés en 1986/87 et 1983/84, présentent une discordance avec les pluies extrêmes.

L'interprétation des résultats ressortis de l'analyse des variations annuelles des écoulements à l'échelle annuelle et à l'échelle des crues mettent en évidence l'agressivité de l'écoulement à l'Oued Mellah. Cette agressivité est également forte à l'échelle annuelle au niveau de l'Oued Saf Saf mais elle est atténuée à l'échelle des crues dont l'Oued Kébir Ouest et l'Oued Ressoul se voient d'importants fournisseurs de ruissellement. Ainsi, l'érosion va-t-elle dépendre de l'agressivité de l'écoulement ? Théoriquemeent, c'est possible, mais si nous confrontons les précédentes donnés physiographiques avec celles de l'écoulement, nous constatons que les crues de l'Oued Saf Saf jouissent de contraintes physiques plus déterminantes que celles des oueds Kébir Ouest et Ressoul à déclencher une érosion avec un écoulement modéré.

6.3- Dispersion des débits annuels

On note que les valeurs du coefficient de variation des écoulements à l'échelle annuelle oscillent entre 0,76 et 1,09 (colonne 2 ou 3, Tableau 14). Ce sont les oueds de Saf Saf et Bouhamdane qui connaissent les coefficients les plus forts avec 1,09 et 1,08 respectivement, confirmant ainsi la valeur de l'irrégularité élevée dans ces deux stations hydrométriques.

L'écoulement annuel des crues montre également des coefficients de variation élevés (colonne 4, Tableau 14). Ce sont toujours les oueds de Bouhamdane et Saf Saf qui se distinguent par des coefficients extrêmes qui varient entre 1,38 à l'Oued Bouhamdane et 1,11 à l'Oued Saf Saf. Quant aux autres oueds, ils possèdent des coefficients de variation qui oscillent entre 1,03 à l'Oued Kébir Ouest et 0,98 à l'Oued Mellah.

Cette variabilité, forte dans l'ensemble, est liée à l'alimentation essentiellement pluviale des cours d'eau. Les deux années les plus sèches de 1987/88 et 1996/97 et celles humides de 1984/85 et 1986/87 sont un exemple de cette irrégularité. Ajouté à cela, le faible apport des réserves en eaux souterraines accentue en plus le phénomène. Cette irrégularité des écoulements va certainement s'accompagner d'une oscillation dans le phénomène de l'érosion, et donc de perturbations dans la production des sédiments dans les oueds.

Tableau 14. Dispersion des écoulements annuels.

Oueds	Echelle annuelle		Crues
	Débit (m³/s)	E (mm)	E (mm)
Kébir Ouest	$\bar{x} = 4,67$ $\sigma = 4,54$ $C_V = 0,97$	$\bar{x} = 130,45$ $\sigma = 126,67$ $C_V = 0,97$	$\bar{x} = 103,26$ $\sigma = 106,51$ $C_V = 1,03$
Mellah	$\bar{x} = 3,21$ $\sigma = 2,44$ $C_V = 0,76$	$\bar{x} = 184,13$ $\sigma = 139,92$ $C_V = 0,76$	$\bar{x} = 97,27$ $\sigma = 81,23$ $C_V = 0,99$
Ressoul	$\bar{x} = 0,39$ $\sigma = 0,35$ $C_V = 0,88$	$\bar{x} = 120,27$ $\sigma = 105,88$ $C_V = 0,88$	$\bar{x} = 79,89$ $\sigma = 78,42$ $C_V = 0,98$
Saf Saf	$\bar{x} = 1,38$ $\sigma = 1,50$ $C_V = 1,09$	$\bar{x} = 135,57$ $\sigma = 147,30$ $C_V = 1,09$	$\bar{x} = 62,45$ $\sigma = 69,03$ $C_V = 1,11$
Bouhamdane	$\bar{x} = 2,36$ $\sigma = 2,54$ $C_V = 1,08$	$\bar{x} = 67,25$ $\sigma = 72,47$ $C_V = 1,08$	$\bar{x} = 55,47$ $\sigma = 76,34$ $C_V = 1,38$

$\bar{x}$: moyenne annuelle, σ: écart type; Cv : coefficient de variation.

6.4- Calcul du coefficient d'écoulement

A la surface du sol, le terme "d'écoulement" concerne exclusivement la circulation de l'eau dans le réseau hydrographique. Il s'agit d'un phénomène qui peut se quantifier par des mesures directes de débits. Le coefficient d'écoulement représente le ratio entre la quantité d'eau écoulée et la quantité d'eau précipitée pendant une période donnée et un bassin donné. Cette notion n'implique pas que toute l'eau écoulée provienne des précipitations considérées. Une partie peut provenir de précipitations antérieures ou tombées hors du bassin (s'il existe des transferts, de surface ou souterrains).

Le comportement hydrologique est mieux défini par le coefficient d'écoulement qui traduit l'interaction des facteurs ayant des effets directs ou indirects sur le temps de réponse du bassin en question, la saturation des sols et sur l'emmagasinement de l'eau en profondeur (Bourouba, 1988). Sans tenir compte de la quantité d'eau précipitée, nous remarquons qu'à l'échelle annuelle le ruissellement augmente avec le coefficient d'écoulement, mais cette relation devient moins évidente à l'échelle des crues. L'Oued Ressoul présente un plus fort coefficient d'écoulement pour un ruissellement inférieur aux valeurs de ruissellement des oueds Kébir Ouest et Mellah (Tableau 15). Ceci peut s'expliquer par le fait que la lithologie moins tendre laisse l'eau s'écouler très rapidement en cas de crue, chose que nous n'observons pas en dehors.

A cet effet, les coefficients d'écoulement les plus élevés sont observés à l'Oued Saf Saf avec 74,75% (1978/79) et à l'Oued Ressoul avec 52,52% (1986/87). Le coefficient d'écoulement du premier oued ne correspond pas à des valeurs extrêmes de la précipitation et du ruissellement (Figure 39); par contre la correspondance est plus évidente pour le second oued. En effet, les précipitations et les ruissellements annuels sont représentés par des valeurs respectivement de 665,20 mm et 497,21 mm dans l'Oued Saf Saf et de 737,80 mm et 387,46 mm dans l'Oued Ressoul. Les autres coefficients d'écoulement maximums sont de 34,72% (1984/85) à l'Oued Bouhamdane, 45,37% (1983/84) à l'Oued Kébir Ouest et 52,48% (1995/96) à l'Oued Mellah.Ces coefficients correspondent à des valeurs extrêmes de

104

la lame écoulée pour les oueds Bouhamdane et Mellah, mais à des précipitations moins élevées. Dans le cas de l'Oued Kébir Ouest, ni la lame écoulée, ni la lame précipitée ne sont extrêmes.

Tableau 15. Les paramètres annuels de l'écoulement (1975/76-1996/97).

Oueds	P (mm)	E (mm)	CE (%)
Kébir Ouest	639,52	130,45	20,40
	394,12	**103,26**	**26,20**
Mellah	687,47	184,14	26,78
	414,92	**97,27**	**23,44**
Saf Saf	616,69	135,57	21,98
	340,23	**62,90**	**18,49**
Ressoul	542,76	120,27	22,16
	252,71	**79.89**	**31,61**
Bouhamdane	573,60	67,25	11,72
	287,74	**55,47**	**19,28**

En gras sont les valeurs à l'échelle des crues et normal sont les valeurs à l'échelle annuelle

Au niveau des crues, les coefficients d'écoulement sont plus élevés, supérieurs à 60% dans les oueds de Kébir Ouest (1983/84) et Mellah (1976/77), avec des valeurs de la précipitation et ruissellement non extrêmes. L'écoulement extrême de l'année 1983/84 à l'Oued Ressoul coïncide avec la valeur la plus forte du coefficient d'écoulement (CE = 50,47%), mais la lame précipitée extrême est enregistrée plutôt en 1984/85. Pour les oueds de Saf Saf et Bouhamdane, ces coefficients, estimés à 36,82% et 45,24% (1984/85), présentent une proportionalité avec les lames écoulées et précipitées.

Nous déduisons de cette analyse que les valeurs fortes de l'écoulement ne sont pas toujours accompagnées de valeurs équivalentes des précipitations. L'interaction des paramètres physiographiques est souvent déterminante dans le ruissellement. L'écoulement hypodermique et l'écoulement souterrain sont également des paramètres dont nous devons tenir compte surtout dans les bassins contenant des substrats rocheux ou des sols à perméabilité médiocre comme ceux de Saf Saf et Mellah.

6.5- Relations pluie - écoulement - coefficient d'écoulement

Afin de mieux comprendre l'évolution et la liaison entre les précipitations et l'écoulement, nous avons inséré ces éléments dans une analyse statistique. Ainsi, les relations entre les pluies et les écoulements, à l'échelle annuelle, montrent des coefficients de corrélation modérés dans les oueds de Kébir Ouest et Ressoul (r = 0.83). Les autres oueds possèdent des coefficients de corrélation inférieurs à 0,76 (Figure 40). Les relations entre les pluies et les coefficients d'écoulement sont plus faibles dont les coefficients de corrélation varient entre 0,77 à l'Oued Ressoul et 0,14 à l'Oued Bouhamdane.

Quant aux crues, les relations entre les pluies et les écoulements sont plus signifiantes. Elles sont parfaites dans les oueds de Kébir Ouest, Ressoul et Saf Saf avec des coefficients de corrélation supérieurs à 0,88 (Figure 40), soit un minimum de valeurs en dehors de l'intervalle de confiance de 0,95.

Les associations entre la pluie et le coefficient d'écoulement ne sont significatives que dans les oueds de Kébir Ouest et Ressoul où les coefficients de corrélation sont respectivement de 0,85 et 0,90.

De ce fait, les résultats nous montrent que les pluies ne donnent pas directement un écoulement là où elles tombent. Le régime climatique et ses variations temporelles et spatialeset la nature lithologique influencent fortement les conditions de l'écoulement. Pour cela, nous remarquons que pour de valeurs de précipitations proches, le coefficient d'écoulement varie d'une année à l'autre. Les années où les pluies tombent au début de l'automne, une partie de ces pluies sera absorbée par le sol desséché et évaporé. Dans de telles conditions, malgré la hauteur élevée de la lame précipitée, le coefficient d'écoulement demeure relativement faible. Par contre, durant les saisons pluvieuses, lorsque le sol devient saturé et les températures s'affaiblissent (réduction de l'évapotranspiration), le coefficient d'écoulement est plus élevé.

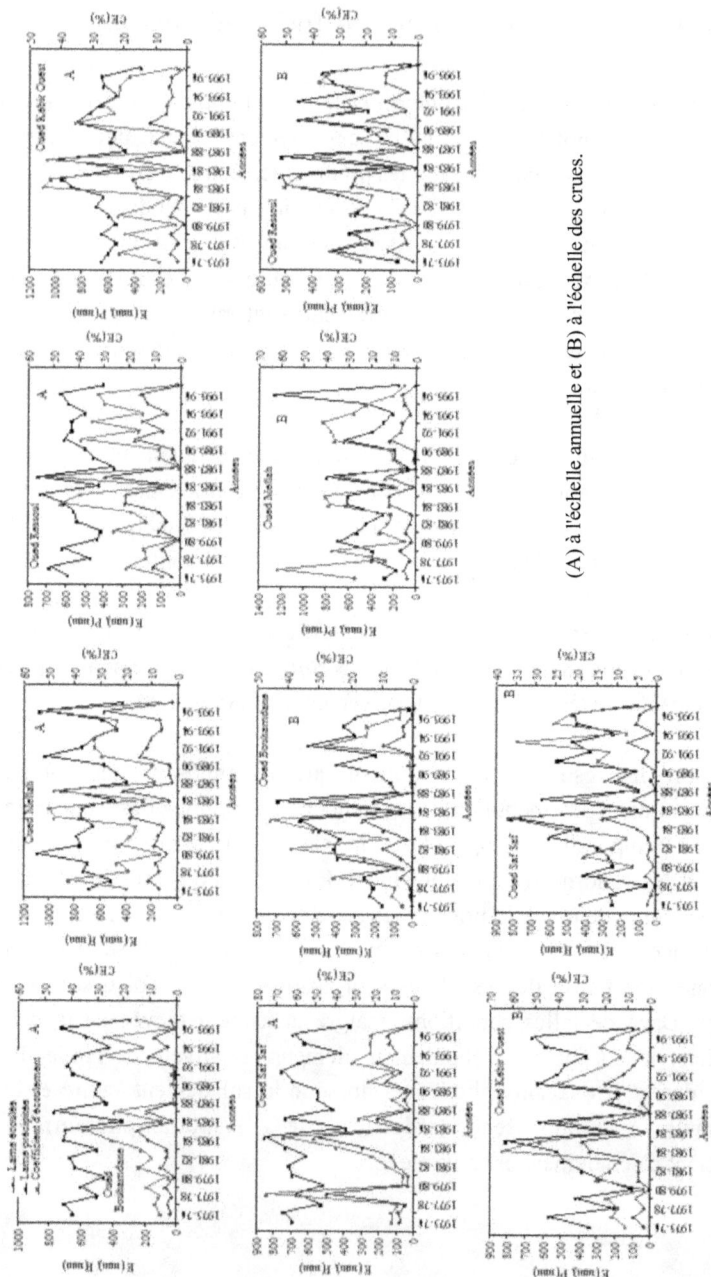

(A) à l'échelle annuelle et (B) à l'échelle des crues.

Figure 39. Variation de la lame écoulée (E), lame précipitée (P) et le coefficient d'écoulement (CE).

107

1- A l'échelle annuelle

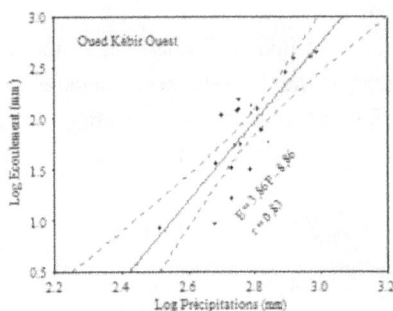

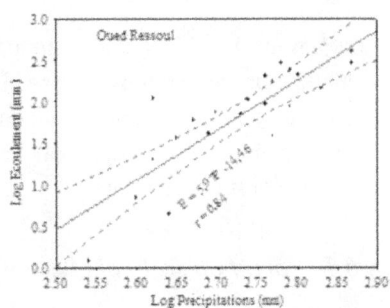

2- A l'échelle des crues

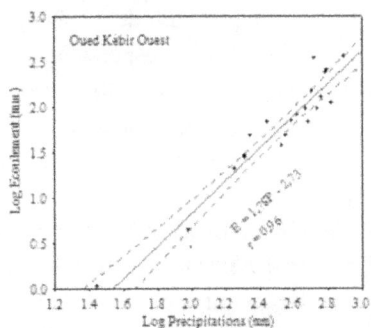

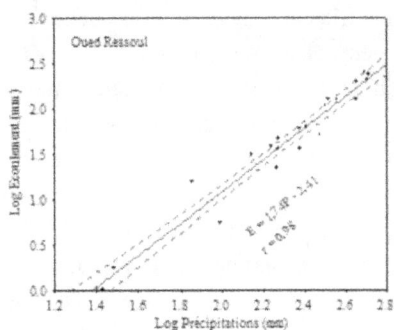

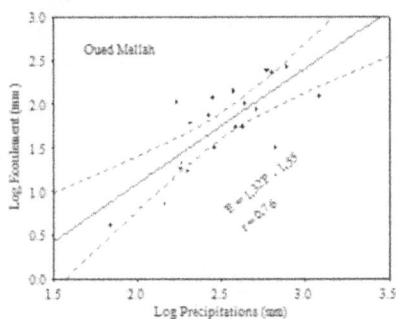

Figure 40. Sélection de quelques relations entre pluie annuelle et ruissellement annuel.

6.6- Variabilité mensuelle des débits

Contrairement à l'écoulement annuel qui exprime des variations temporo-spatiales sur de longues durées, l'analyse de l'écoulement mensuel et saisonnier donne les grands traits du régime fluvial et ses fluctuations. Ces régimes peuvent être traduits par les coefficients mensuels de débits et les rapports mensuels de débits.

6.6.1- Variations à l'échelle annuelle

Les variations mensuelles de débits sont souvent exprimées par les coefficients mensuels de débits. Les CMD (rapport du débit moyen mensuel au module annuel) supérieurs à l'unité (01) correspondent aux mois de hautes eaux et ceux inférieurs à l'unité sont caractéristiques des mois de basses eaux. Le régime des hautes eaux de saison froide se situe entre novembre - mi-novembre et mi-avril – mai pour les sous-bassins de la Seybouse et entre novembre et avril pour les deux autres bassins côtiers constantinois, la saison sèche débute en mai et se termine en octobre pour toutes les stations hydrométriques (Figure 41). Le maximum mensuel se situe en février de l'année 1984/85 avec des valeurs qui varient entre 18,72 l/s/km² (10,30 m³/s) à l'Oued Mellah et 6,20 l/s/km² (6,85 m³/s) à l'Oued Bouhamdane. Tandis que l'Oued Saf Saf présente une valeur extrême en décembre. Le minimum mensuel correspond au mois d'août avec des valeurs qui oscillent entre 3,06 l/s/km² (3,38 m³/s) à l'Oued Bouhamdane et 0,014 l/s/km² (0,016 m³/s) à l'Oued Kébir Ouest.

En utilisant la lame d'eau écoulée, nous remarquons que pendant la période des hautes eaux, l'Oued Kébir Ouest a fourni le plus important écoulement avec 90% de son ruissellement annuel, puis vient l'Oued Bouhamdane avec 88%. Le reste des oueds se distinguent par des contributions qui varient entre 84% et 86% de l'apport annuel.

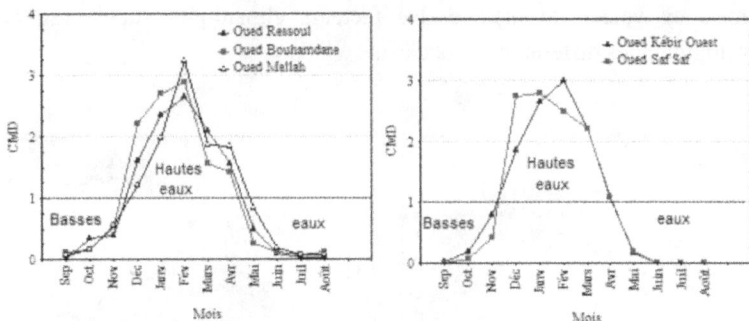

Figure 41. Représentation du coefficient mensuel de débits.

6.6.2-Variations à l'échelle des crues

Afin de déterminer les périodes des hautes et basses eaux des crues enregistrées dans les oueds, nous avons procédé au calcul du rapport mensuel de débits pour ressortir des valeurs équivalentes à celles du CMD. Ce rapport est égal à l'écoulement total de chaque mois divisé par la moyenne mensuelle. Cette dernière est calculée par le rapport de la somme annuelle divisé par 12 mois de l'année. Le rapport mensuel a révélé que la période des hautes eaux et la période des basses eaux correspondent presque à celles établies par l'analyse à l'échelle annuelle (Figure 42). A cet effet, on a enregistré 92% des coefficients d'écoulement de la période des hautes eaux supérieurs à 19% (Tableau 16).

Globalement, que ce soit à l'échelle annuelle ou à l'échelle des crues, la répartition mensuelle des débits montre une stabilité du régime des oueds, la saisonnalité du régime étant conditionnée en hiver par les apports pluviométriques et en été par une évapotranspiration prédominante. Le régime de ces cours d'eau est donc de type pluvio-évaporal, propriété que l'on peut raisonnablement étendre à l'ensemble des cours d'eau non perturbés (i.e. dont l'homme n'a pas régulé significativement la réponse au régime climatique). Ce schéma d'ensemble ne doit pas masquer cependant les nuances introduites par la nature géologique du sous-sol, les modalités

110

de mise en valeur des sols et les facteurs climatiques sur le régime hydrologique des différents cours d'eau.

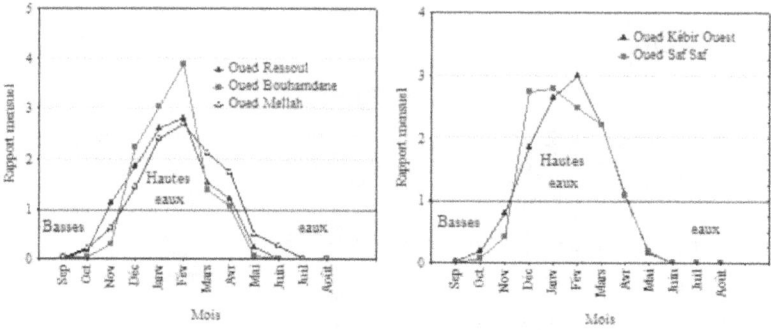

Figure 42. Représentation du rapport mensuel de l'écoulement.

La figuration graphique des rapports mensuels de l'écoulement des oueds décèle un certain décalage dans le temps du maximum mensuel. Les quatre oueds de Ressoul, Kébir Ouest, Bouhamdane et Mellah présentent des valeurs maximales de ruissellement en février, qui varient entre 25,83 mm (Oued Kébir Ouest) et 17,94 mm (Oued Bouhamdane). L'Oued Saf Saf, par contre, montre un écoulement mensuel maximum en janvier (Tableau 16).

La valeur extrême de l'écoulement est observée en février de l'année 1983/84 pour les oueds de Mellah, Ressoul et Kébir Ouest dont les valeurs oscillent entre 172,76 mm à l'Oued Kébir Ouest et 145,50 mm à l'Oued Ressoul. La valeur extrême dans l'Oued Saf Saf est atteinte en janvier de l'année 1992/93 (103,77 mm) et elle est de 138,44 mm en décembre de l'année 1984/85 dans l'Oued Bouhamdane.

Malgré leur importance, les pluies automnales d'octobre et novembre n'arrivent pas à influencer l'écoulement de l'ensemble des oueds étudiés dont les volumes d'eau restent, jusque là, faibles aux stations de jaugeage. Ce phénomène dû à la sécheresse prolongée réduit l'écoulement en surface car une grande partie de la pluie est absorbée par les sols secs (explication dans les paragraphes 6.4).

Tableau 16. Variations mensuelles de la précipitation moyenne (P), écoulement moyen (E) et du coefficient d'écoulement (CE) à l'échelle des crues.

	Sep	Oct	Nov	Déc	Janv	Fév	Mars	Avr	Mai	Juin	Juil	Août
Oued Bouhamdane												
P	3,56	8,17	35,18	48,87	56,70	47,50	38,97	26,65	17,95	4,18	--	--
E	0,09	0,16	1,40	10,27	14,08	17,94	6,39	4,86	0,23	0,06	--	--
CE	2,53	1,96	3,98	21,01	24,83	37,77	16,40	18,24	1,28	1,44	--	--
Oued Kébir Ouest												
P	2,20	28,48	38,55	84,80	77,37	66,58	61,16	25,51	8,41	1,06	--	--
E	0,15	1,71	6,93	16,00	22,79	25,83	18,85	9,53	1,47	0,01	--	--
CE	6,82	6,00	17,98	18,87	29,46	38,80	30,82	37,36	17,48	0,94	--	--
Oued Mellah												
P	6,41	22,58	31,90	49,03	58,78	87,88	81,27	50,46	19,53	4,34	--	2,74
E	0,32	1,69	4,94	11,72	19,39	21,75	17,15	14,07	4,04	2,10	--	0,10
CE	4,99	7,48	15,49	23,90	32,99	24,75	21,10	27,88	20,69	48,39	--	3,65
Oued Ressoul												
P	--	11,63	30,71	43,95	52,41	38,51	43,65	20,66	10,27	0,91	--	--
E	--	1,31	7,83	13,05	18,51	19,20	9,95	8,47	1,49	0,07	--	--
CE	--	11,26	25,50	29,69	35,32	51,96	24,99	41,00	16,46	7,69	--	--
Oued Saf Saf												
P	--	17,95	33,52	70,22	66,82	58,06	54,26	29,2	9,57	--	--	0,63
E	--	0,41	2,22	14,28	14,48	12,94	11,38	5,69	1,02	--	--	0,48
CE	--	2,28	6,62	20,34	21,67	22,29	20,97	19,49	10,66	--	--	76,19

P (mm) ; E (mm) ; CE (%)

Ainsi, nous remarquons à partir de l'analyse des pluies et des écoulements mensuels en relation avec les crues que la présence des pluies en novembre dans les bassins de l'Oued Bouhamdane et Saf Saf en particulier, n'a pu générer que de faibles écoulements (Tableau 16). Par contre, avec presque une même quantité de pluie, tombée en novembre, que celle des deux suscités bassins, l'Oued Ressoul a produit un ruissellement plus important. En se plaçant à l'échelle de l'événement pluie-débit, les hydrogrammes de crues sont davantage impulsionnels (temps de réponse plus court, montée et descente de crue plus rapides) sur ce bassin surtout marneux et marno-calcaires et argileux, compte tenu de l'importance de l'exfiltration de pied de versant et de l'écoulement direct de crue sur surfaces saturées lors de la génération des débits de crue.

Par ailleurs, les relations établies entre la pluie et l'écoulement ont montré qu'il existe une forte corrélation entre ces deux variables (Figure 43). Les coefficients de corrélation varient entre 0,91 à l'Oued Mellah et 0,98 à l'Oued Ressoul. Ceci peut s'expliquer, à priori, par des pluies de novembre qui ne sont pas aussi fortes pour provoquer une nette discordance avec l'écoulement.

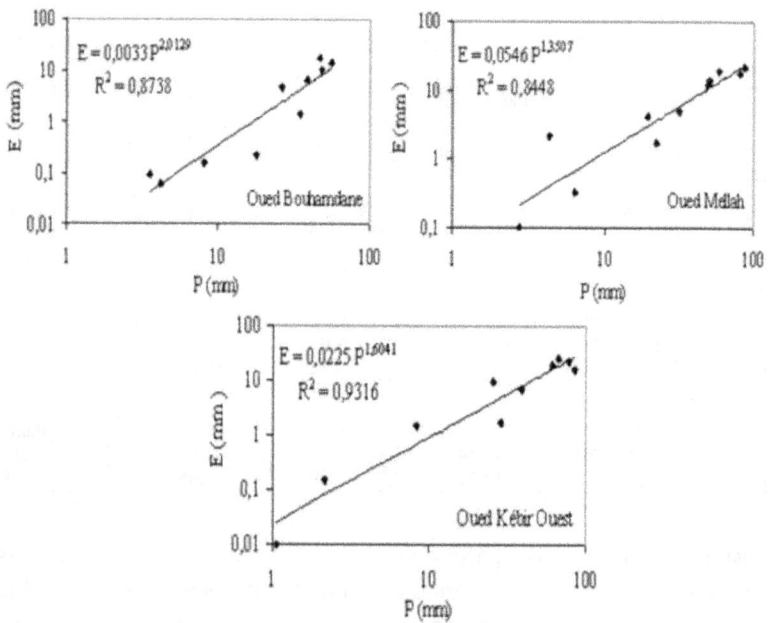

. **Figure 43**. Relations pluie mensuelle – écoulement mensuel (à l'échelle des crues).

6.7- Variations des débits moyens journaliers

Le régime fluvial, à l'échelle journalière, subit des variations importantes. Ici, il est intéressant d'étudier ces débits et faire ressortir les nuances en écoulement qui peuvent exister entre les différents bassins. Nous disposons d'une série de débits moyens journaliers qui s'étale de 1975/76 à 1996/97.

Pour l'année humide (1984/85), les courbes des débits journaliers (Figure 44 et annexe 3) font ressortir une saison pluvieuse de fin décembre à mars au cours de laquelle les crues de fin décembre dans cinq oueds ont été brutales, et une saison sèche pour le reste de l'année. Nous notons également que la décroissance des débits à partir de fin décembre est tout à fait brusque, ceci s'explique par le fait que les oueds sont soutenus par des pluies torrentielles très fortes tombées sur des sols complètement secs à cause d'une longue période estivale et automnale en grande partie sèche. Entre autres, le ruissellement se développe surtout quand l'intensité de la pluie dépasse la capacité d'infiltration du sol d'où l'engorgement rapide par l'eau et l'apparition des premières montées des pics.

L'année humide (1986/87), contrairement à l'année (1984/85), se caractérise par une montée progressive des débits à partir de novembre jusqu'à avril dans quatre oueds (Figue 44 et annexe 3). La saison pluvieuse dans l'Oued Ressoul, contrairement au reste, se limite à cinq mois (novembre-mars). Dans l'ensemble, les courbes des débits présentent des valeurs maximales en décembre et février. Après la montée maximale enregistrée en février, la décroissance des débits n'est pas brusque, nous assistons à une période des hautes eaux marquée par des montées secondaires irrégulières à partir de fin février à avril. Durant ces mois, les oueds qui restent pérennes sont soutenus par des sous-écoulements des nappes souterraines avoisinantes et des sources.

En ce qui concerne l'année sèche (1987/88), la capacité de rétention des bassins versants est relativement faible. C'est une année chaude à forte évaporation. Deux maxima sont enregistrés aux mois de novembre et juin dans l'Oued Bouhamdane, mars et juin dans l'Oued Ressoul (Figure 44 et annexe 3). Entre des deux maxima, l'écoulement devient moins significatif. Le reste des oueds montrent un seul maximum en mars avec un certain écoulement en janvier et février.

Les courbes des débits moyens mensuels déduits des débits moyens journaliers montrent des fluctuations importantes, marquant par la une fréquence propre à chaque mois (Figue 44 et annexe 3). En se basant sur les maxima enregistrés pendant les 22 années d'observation, nous constatons que les différents oueds se distinguent, en moyenne, par une période de haute eaux journalière à partir de janvier jusqu'au mois d'avril à partir duquel nous assistons à une chute souvent rapide des écoulements.

D'une façon générale, les variations journalières des débits dans les oueds étudiés sont brutales. L'accroissement brusque des débits ne peut parvenir que des fortes averses dont la durée est le plus souvent rapide. Ainsi, les grandes oscillations journalières rendent compte de la violence de certaines crues, celles qui sont étroitement liées aux chutes torrentielles et qui interviennent durant certains mois de l'année. La fréquence et l'intensité des débits s'accompagnent d'effets érosifs sur les paysages sensibles à l'érosion. Ainsi, l'érosion peut croître fortement, compte tenu de la généralisation de la céréaliculture et de l'accélération du déboisement (exemple des bassins de l'Oued Saf Saf et l'Oued Mellah). La nature des sols imperméables et roches sont également contributeurs de l'accroissement de l'intensité des crues. Ces phénomènes et leur conséquence directe, définie par le ruissellement, favorisent ainsi la recrudescence des débits des oueds et leur effet néfaste sur la conservation des sols.

6.8- Analyse des crues

Les débits extrêmes qui expriment tantôt des débits moyens journaliers, tantôt des débits de pointe instantanés se définissent comme étant des crues. Vu l'importance des crues dans la dynamique érosive, nous efforcerons de mettre en lumière la réaction des bassins en fonction des caractères des précipitations et des autres éléments (pentes, densité de drainage, taux du couvert végétal, etc......), à ce phénomène destructeur et producteur de la matière solide.

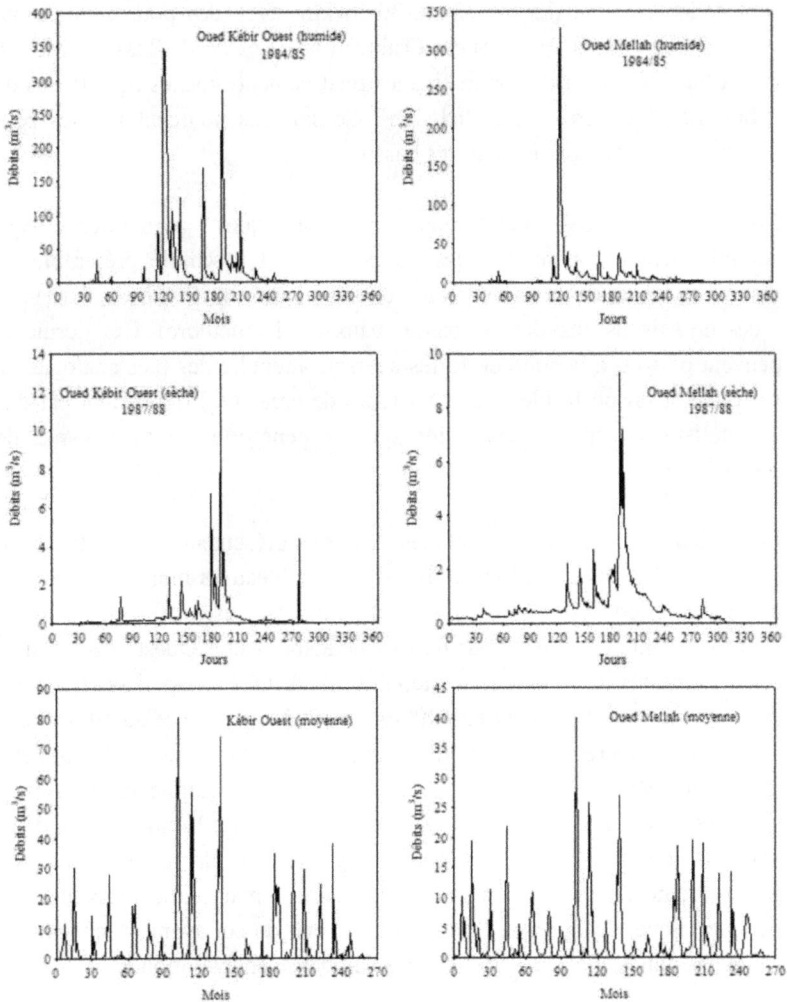

Figure 44. Variations des débits moyens journaliers des oueds Kébir Ouest et Mellah.

6.8.1- Variabilité des crues

Le tableau ci-dessous montre la répartition des débits moyens des crues convertis en l/s/km² pour pouvoir les comparer les uns aux autres. Dans l'ensemble, à l'exception de l'Oued Ressoul, les classes prépondérantes sont celles de < 10 l/s/km² et 10-30 l/s/km² avec des pourcentages qui varient entre 70% et 91% des cas (Tableau 17). Les oueds Ressoul, Mellah et Saf Saf présentent des pourcentages relativement proches des classes de débits 10-30 l/s/km² et 30-50 l/skm². Ce sont les pourcentages les plus élevés par rapport aux deux autres bassins.

Compte tenu des conditions météorologiques particulières qui conditionnent l'alimentation des cours d'eau, il a semblé préférable de distinguer les crues de saison froide ou hautes eaux (novembre - avril) des crues de saisons chaudes ou basses eaux (mai - octobre). Ces dernières peuvent parfois, à la suite de fortes averses, atteindre des pics analogues à celles de la saison froide. Ces deux types de crues se différencient par des caractéristiques spécifiques telles que la genèse et le mécanisme de propagation.

Les valeurs des débits instantanés maxima présentent une distribution irrégulière d'un bassin à l'autre. En effet, le tableau 18 montre que durant la même période (1984/85), la réponse aux crues est différente. Elle est plus importante dans les oueds de Bouhamdane, Kébir Ouest et Saf Saf et elle l'est moins dans les oueds Mellah et Ressoul. Ces derniers atteignent des maxima respectivement en 1990/91 et 1992/93. La crue du 19/03/1991 à Oued Mellah a reçu un cumul de pluie du 18 et 19 mars égal à 32 mm et a montré un débit de pointe de 482,30 m³/s. Cette quantité est beaucoup inférieure à celle reçue le 30-31/12/84 qui est de 87,10 mm pour un débit maximal de 274,77 m³/s. Ce qui signifie que la pluie n'est pas nécessairement un révélateur de la crue mais que l'écoulement hypodermique, l'écoulement souterrain et l'état du sol avant ou pendant la chute des pluies, peuvent être déterminant dans son évolution.

L'irrégularité des débits extrêmes devient plus importantes dans la saison chaude surtout pendant la saison d'automne où prédominent les crues torrentielles en raison de la forte intensité des averses dites localisées (Annexes 4-8).

Les hydrogrammes relatifs aux crues de la saison humide présentent en général des montées progressives des débits. A la décrue, la descente de la courbe se fait d'une façon beaucoup plus lente jusqu'à atteindre le débit de base. Contrairement à ce type de crues, celles de la saison chaude se caractérisent par des montées et des descentes souvent brusques de leurs courbes (Figure 44).

Tableau 17. Répartition en pourcentage du nombre des crues dans les oueds étudiés (1975/76-1996/97).

Classes de débits (l/s/km²)	Oued Bouhamdane	Oued Mellah	Oued Ressoul	Oued Kébir Ouest	Oued Saf Saf
<10	60,11	26,69	3,93	33,33	25,87
10 – 30	31,15	56,57	43,26	36,27	47,76
30 – 50	3,28	9,56	25,84	13,73	17,41
50 – 100	2,19	5,58	17,42	12,25	6,47
100 – 200	1,64	0,80	7,30	4,41	1,00
200-400	1,64	0,80	2,25	--	1,49

Tableau 18. Quelques crues des oueds étudiés.

Nom des oueds	Saison froide				
	a	b	c	d	e
Oued Bouhamdane	29/12/1984	1060,93	227,62	4,66	31,92
Oued Ressoul	30/12/1984	77,53	34,03	2,28	7,64
	04/11/1992	167,86	36,29	4,63	16,54
Oued Mellah	31/12/1984	337,85	274,77	1,23	14,41
	19/03/1991	482,30	124,98	3,86	20,57
Oued Kébir Ouest	31/12/1984	369,13	339,30	1,09	10,98
Oued Saf Saf	30/12/1984	556,00	399,13	1,39	30,98

a- date de débit de pointe; b- débit de pointe maximal (m³/s); c- débit moyen journalier maximal (m³/s); d- b/c; e = $Qmax/\sqrt{S}$

6.8.2- Puissance des crues

La différence dans la puissance des crues pendant la saison froide et chaude peut être décelée par le rapport du débit de pointe au débit moyen journalier maximal. Ce rapport permet de montrer le caractère aléatoire du régime méditerranéen de chaque bassin. En effet, ce rapport peut atteindre des valeurs très remarquables : il s'élève en saison chaude à 59,62 à l'Oued Bouhamdane et 16,35 à l'Oued Ressoul, et en saison froide à 10,59 (Annexes 4-8). Les valeurs moyennes du rapport débit de pointe maximal et débit moyen journalier maximal varient en saison froide entre 1,31 et 3,01, et en saison chaude entre 2,16 et 8,42.

Ajouté à cela, nous avons un autre paramètre qui peut caractériser la puissance d'une crue en fonction de son débit maximal. C'est le coefficient de puissance de crue « A » de Meyer-Coutagne-Pardé qui constitue un excellent élément d'approche pour élaborer une analyse comparative de crues entre les différents bassins. Les valeurs calculées du coefficient montrent qu'en saison froide, il oscille entre 1,20 (Oued Mellah) et 48,05 (Oued Bouhmadane) ; en saison chaude, ce coefficient varie entre 0,17 (Oued Bouhamdane) et 11,11 (Oued Mellah). Ces fortes variations, surtout celles de la saison froide, sont liées aux conditions d'alimentation et de ruissellement très différentes d'un secteur hydrologique à l'autre et d'une saison à l'autre (Mebarki, 1984).

Néanmoins, la puissance des crues reste dans l'ensemble plus élevée en saison froide qu'en saison chaude (Annexes 2-6). En outre, la puissance de crue de fin décembre 1984 demeure importante dans quatre bassins étudiés (à l'exception de l'Oued Ressoul). Elle montre un débit maximal de l'ordre de 399,19 m^3/s (1239,53 l/s/km²) à l'Oued Saf Saf et 227,62 m^3/s (206 l/s/km²) à l'Oued Bouhamdane.

6.9- Estimation des volumes d'eau

L'apport annuel moyen des bassins versants varie, selon la série de référence, entre 11,89 Hm^3 à l'Oued Ressoul et 147,41 Hm^3 à l'Oued Kébir Ouest. A l'échelle des crues, ces volumes sont inférieurs. Ils oscillent entre 8,40 Hm^3 à l'Oued Ressoul et 103,53 Hm^3 à l'Oued Kébir Ouest.
Les variations interannuelles des apports en eau de surface sont en général moins importantes que les variations saisonnières. En effet, les volumes mensuels écoulés aux 5 stations mettent en valeur les fortes disponibilités en eau pendant les mois des hautes eaux (Tableau 19). Les volumes moyens mensuels de la série sont élevés en février dans les oueds de Kébir

Ouest (35,52 Hm^3), Mellah (24,91 Hm^3) et Saf Saf (8,96 Hm^3), (Tableau 19). La moyenne des apports mensuels élevés en janvier est observée à l'Oued Bouhamdane (17,03 Hm^3) et l'Oued Ressoul (2,57 Hm^3).

Les crues présentent des volumes d'eau en pic en février dans les oueds de la Seybouse et en janvier dans les oueds appartenant aux sous-bassins du côtier constantinois. Par ailleurs, de mai à novembre, l'apport moyen de chaque mois est en majorité inférieur à la moyenne annuelle des volumes mensuels écoulés.

Tableau 19. Les volumes moyens mensuels (Hm^3) aux stations étudiées (1975/76-1996/97).

	Sep	Oct	Nov	Déc	Janv	Fév	Mars	Avr	Mai	Juin	Juil	Août
A l'échelle de la série												
1	0,74	1,07	3,28	14,02	17,03	16,58	9,86	8,77	1,66	0,74	0,49	0,78
2	0,54	1,31	4,60	10,29	16,17	24,91	16,06	14,94	7,18	1,66	0,69	0,57
3	0,01	0,15	0,94	1,69	2,57	2,31	2,07	1,48	0,47	0,08	0,01	0,01
4	0,27	2,20	7,94	22,99	33,71	35,52	24,12	14,23	3,73	0,63	0,17	0,04
5	0,47	0,88	2,18	7,82	9,48	8,96	7,38	4,48	1,12	1,47	0,62	0,47
A l'échelle des crues												
1	0,10	0,18	1,55	11,34	15,56	20,02	7,06	5,13	0,25	0,06	--	--
2	0,13	0,93	2,72	6,45	10,66	11,96	9,41	7,74	2,22	0,12	--	0,06
3	--	0,14	0,81	1,34	1,91	2,04	1,12	0,87	0,17	0,01	--	--
4	0,17	1,93	7,80	18,08	25,76	25,30	20,98	10,77	1,52	0,01	--	--
5	--	0,13	0,71	4,60	4,64	4,17	3,66	1,91	0,33	--	--	0,15

1- Oued Bouhamdane ; 2- Oued Mellah ; 3- Oued Ressoul ; 4- Oued Kébir Ouest ; 5- Oued Saf Saf

Comme le montre, l'évolution des débits des cinq oueds étudiés, l'irrégularité de l'écoulement est un phénomène général et observable partout. Les bassins de l'Oued Mellah et l'Oued Saf Saf montrent des écoulements très importants, même si en analysant le phénomène à l'échelle des crues, l'Oued Saf Saf se voit relativement décroître, quoique de façon relative, son écoulement. Il est à noter que c'est en général la saison hivernale qui traduit une généralisation du ruissellement, augmentant ainsi violemment les débits des oueds. Les oueds Kébir Ouest et Ressoul se caractérisent aussi par les écoulements forts. De ce fait, la dynamique des cours d'eau doit être accrue et doit s'accompagner d'effets érosifs de plus en plus marqués dans les vallées. Mais en fin de compte, l'érosion dans les réseaux hydrographiques des bassins étudiés va être sélective et ce sont les bassins montrant la plus forte sensibilité qui auront les conséquences les plus grandes. Nous ne voyons ici, encore une fois, que les bassins de l'Oued Mellah et l'Oued Saf Saf qui présentent cette caractéristique.

Conclusion de la première partie

Les sous-bassins de la Seybouse et des côtiers constantinois choisis dans cette étude présentent des caractères différents par la taille, la lithologie, la topographie et l'occupation du sol.

Les régions des roches tendres à moyennement résistantes dominent dans les bassins étudiés, à l'exception de celui de l'Oued Bouhamdane. Ils jouent, dans ces bassins, un très grand rôle dans le façonnement du relief et la dégradation du milieu. Toutes les régions modelées dans ces roches correspondent soit à des vallées développées, soit aux bassins intramontagnards. C'est là que l'érosion s'est faite, où des dépôts quaternaires se retrouvent accumulés au-dessus de pentes fortes, sur lesquelles les formes de l'érosion sont nombreuses. Les versants pentus, comme ceux des bassins de l'Oued Saf Saf, l'Oued Mellah et l'Oued Ressoul, taillés dans des roches érodables sont soumis à des déséquilibres et présentent également des actions de ruissellement diffus jusqu'aux profondes ravines et des mouvements de masses. Ceci est le résultat combiné de l'évolution géomorphologique de ces bassins pendant le Quaternaire et des conditions actuelles de ces milieux marqués par un climat humide, surtout en altitude.

La végétation protectrice, qui a une influence mécanique sur l'écoulement fluvial est généralement discontinue, voire faible ou insuffisante. Le bassin de l'Oued Mellah avec plus au moins celui de l'Oued Kébir Ouest sont les seuls qui possèdent un domaine forestier, constitué de forêt et maquis dense, avec un taux de recouvrement de 34%. Le paysage végétal des bassins a été largement dégradé et défriché en montagne par les incendies, par l'agriculture extensive et le surpâturage. Cette faiblesse du taux de recouvrement a entraîné une dégradation de ces régions, observée en particulier sur les formations vulnérables appartenant aux faciès argileux et marneux. Les secteurs les plus dégradés, constitués de maquis et parcours souvent clairsemés, se répartissent essentiellement dans les bassins de l'Oued Mellah et l'Oued Ressoul. L'extension des cultures est bien présente dans les bassins de l'Oued Saf Saf et l'Oued Bouhamdane.

L'étude des modalités dans les cinq bassins versants se heurte à une grande insuffisance de stations pluviométriques et parfois de mesures climatiques. Les relevés thermiques sont souvent entachés de lacunes sur quelques stations telle celle de Bouchegouf. Aux stations pluviométriques, sur une période d'observation de 22 ans, nous avons pu montrer la variabilité interannuelle et l'évolution de la distribution spatiale des précipitations. Dans l'ensemble, les trois années de 1984/85, 1986/87, 1990/91 présentent les périodes plus arrosées de la série de 22 ans. Ces bassins soumis à un climat en majorité subhumide présentent une concentration des précipitations en hiver et au printemps et une sécheresse estivale marquée.

Sous la dépendance des conditions climatiques, et tout particulièrement des précipitations, les bassins sont soumis à un régime hydrologique marqué par une période d'abondance en hiver et par une période de basses eaux en été. Au contraire, la saison printanière connaît une courte période de hautes eaux. A l'échelle annuelle, c'est l'Oued Mellah qui présente la plus importante abondance des écoulements. Cependant, cette abondance devient plus apparente dans l'Oued Kébir Ouest durant la période des crues. Les lacunes de l'écoulement enregistrées en 1995/96 sont probablement la cause de cette anomalie. Les valeurs du coefficient d'écoulement restent particulièrement élevées à l'Oued Ressoul (échelle des crues) et l'Oued Mellah (échelle annuelle).

A l'échelle journalière, ces bassins sont soumis à des crues particulièrement fortes en fin d'automne, en hiver et au printemps, en relation avec des précipitations à caractère orageux en novembre et décembre. Les débits spécifiques peuvent atteindre des valeurs élevées (1736 l/s/km² pour l'Oued Saf Saf et 814,50 l/s/km² pour l'Oued Bouhamdane). S'abattant sur des versants peu protégés par la végétation, ces pluies peuvent être la cause d'un ruissellement important, générateur d'une forte érosion.

En conséquence, la dynamique des oueds est parfaitement soulignée dans les bassins versants de l'Oued Mellah, l'Oued Saf Saf et l'Oued Ressoul, même si elle n'est pas toujours aisée à cerner car, masquée parfois par les éléments hydro-climatiques. Ainsi, l'analyse des différents paramètres physiographiques est-elle concluante en ce qui concerne la généralisation et l'aggravation des processus d'érosion dans ces trois bassins versants ? La réponse à cette question reste peu plausible car nous avons besoin d'autres faits démonstratifs surtout explicatifs de l'accélération de l'érosion en faisant les calculs et la cartographie des zones sensibles à l'érosion qui seront traités dans le prochain chapitre.

PARTIE 2
MESURES ET QUANTIFICATION

Introduction de la deuxième partie

L'analyses des MES a été traitée en vue de comprendre le fonctionnement hydrosédimentaire de chaque cours d'eau et de quantifier les flux de la matière fine. Dans le chapitre 7, la quantification des transports solides a été abordée de deux manières, l'une d'elle concerne l'estimation de la dégradation spécifique à l'échelle des crues enregistrées et l'autre se base sur le calcul des transports solides à l'échelle annuelle. La méthode utilisée dans ce chapitre pour quantifier le transport solide à l'échelle des crues est celle des classes de débits décrite par plusieurs chercheurs. Cette méthode développée par Jansson (1985 et 1997) vise à établir des courbes de transport solide plus fiables. Ainsi serait-il possible d'utiliser la méthode des classes de débits et quels vont - être les résultats obtenus ?

Ensuite, nous avons soumis quelques paramètres physiques à une ACP (choisis par nous-même en fonction des résultats). Dans ce huitième chapitre, quels sont les paramètres physiques et morphométriques qui vont être les plus importants, dans le déclenchement de l'érosion hydrique ? En outre, quels sont les sous-bassins et bassins versants les plus touchés par le phénomène ?

Nous allons dans le dernier chapitre de cette partie utiliser la méthode cartographique synthétique à partir de la superposition des paramètres morphométriques et physiographiques pour confirmer ou affirmer les résultats de l'ACP et faire ressortir les zones les plus sensibles à l'érosion.

CHAPITRE 7 :   Transport solide en suspension

Introduction

A l'échelle d'un bassin versant ou d'une parcelle expérimentale, c'est essentiellement par la mesure des flux de la matière en suspension (MES) dans les eaux de ruissellement des oueds que l'on parvient à une estimation plus quantitative de l'érosion hydrique des versants. Les flux de MES mesurés résultent d'un ensemble de phénomènes de mise en mouvement, de dépôt et de reprise des sédiments qui affectent les versants et les berges des cours d'eau.

La quantification des flux de MES nécessite d'effectuer des mesures de concentrations en continu, événementielle ou ponctuelle dans le temps.

7.1- Méthodes empiriques d'estimation de l'érosion spécifique

Afin d'évaluer l'état de dégradation au niveau d'un bassin versant dépourvu d'une station hydrométrique et d'analyser son degré d'instabilité, plusieurs calculs ont été établis par des chercheurs en utilisant des formules empiriques. Cependant, il convient de prendre ces formules avec précaution car souvent elles ne reflètent pas la réalité. Nous ne citerons que les formules qui impliquent des paramètres physiques dont nous distinguons:

- Formule de la Sogréah

Basée sur des données de 30 bassins algériens, cette formule est décrite de la façon suivante:

$$ASS = \alpha \, E^{0,15}$$

avec : ASS: apport solide spécifique (T/km²/an)

α : coefficient dépendant de la perméabilité du sol; les bassins étudiés présentent une perméabilité moyenne avec $\alpha = 75$ et une perméabilité faible à moyenne avec $\alpha = 350$

E : écoulement annuel (mm)

- Formule de Tixeront

Les travaux faits sur 32 bassins algériens et 9 bassins tunisiens ont abouti à la relation suivante :

$$ASS = 92\ E^{0,21}$$

avec : ASS : apport solide spécifique (T/km²/an)
       E : écoulement annuel (mm)

- Formule de Fournier

Elle est définie par la relation suivante :

$$Ds = 1/36\ (Pm^2/Pa)^{2,65}\ (H^2/S)^{0,46}$$

avec : Ds : dégradation spécifique (T/km²/an)
      Pm : précipitation mensuelle du mois le plus arrosé (mm)
      Pa : précipitation moyenne annuelle (mm)
H : dénivelée moyenne (m)
      S : surface du bassin versant (km²)

Les résultats des calculs de la dégradation spécifique utilisant les formules empiriques sont illustrés dans le tableau 20 :

Tableau 20. Valeurs de la dégradation spécifique.

Méthodes Bassins	Sogréah	Tixeront	Fournier
Oued Ressoul	717,95	251,55	431,94
Oued Mellah	765,32	275,09	525,58
Oued Bouhamdane	144,75	230,97	240,11
Oued Saf Saf	730,96	257,95	609,17
Oued Kébir Ouest	726,75	255,88	315,61

7.2- Méthodes de mesure et quantification des transports solides

7.2.1- Mesure des MES

La technique utilisée par ANRH (Agence Nationale des Ressources Hydrauliques) pour mesurer la matière en suspension débute par le prélèvement en un point unique soit sur le bord, soit au milieu au moyen d'un flacon de 1 litre en matière plastique. L'échantillonnage s'effectue lors d'une crue suivant des intervalles de temps variables en fonction du régime de l'oued. Ainsi, en étiage ou lorsque le débit est constant au cours de la journée, il est possible d'effectuer un à deux prélèvements au cours de la journée. En période de crue, le nombre des prélèvements sera augmenté de deux façons:
- un prélèvement est effectué durant la montée des eaux lorsque la montée est lente et toutes les quarts d'heures et demis heures lorsque la montée est rapide,
- en décrue, on prélève un échantillon toutes les heures durant les six premières heures et toutes les deux heures ensuite (Demmak, 1982). L'espacement dans le temps des prélèvements des concentrations accroît au fur et à mesure qu'on s'éloigne du pic de la crue.

Le traitement des matières en suspension prélevées se fait au laboratoire par la décantation, filtrage avec un filtre de type Laurent (Ø = 32 cm), séchage à l'étuve à 110°C durant 30 minutes et la pesée.

7.2.2- Résultats des prélèvements des MES

Les résultats des analyses des MES ont été traitées en vue de comprendre le fonctionnement hydrosédimentaire de chaque cours d'eau et de quantifier les flux de la matière fine. Pour chaque crue considérée, nous avons étudié les relations entre les concentrations mesurées et les débits liquides instantanés et ce afin de combler les lacunes d'observation et par suite l'évaluation des apports solides à différent pas de temps (Fiandino, 2004). Nous avons recherché la meilleure parmi les solutions suivantes:
- linéaire de la forme $y = ax + b$,
- logarithmique de la forme $Ln(y) = a*Ln(x) + b$,

- puissance de la forme $y = ax^b$,
- exponentielle de la forme $y = ae^{bx}$,
- polynomiale de la forme $y = ax^2 + bx + c$.

Cette méthode a ainsi permis de reconstituer, quand nécessaire, des valeurs manquantes. Mais surtout, a permis d'augmenter le nombre des données pour les utiliser au moment de l'application des courbes de transport solide (sediment rating curve). Par ailleurs, il faut signaler que la reconstitution ne permet pas une interpolation sûre entre deux points de mesure car les turbidigrammes résultant de ruissellements localisés sur un bassin donné présenteront des formes et des intensités très variables suivant le secteur concerné par le ruissellement (Demmak, 1982).

Ainsi, les données recueillies sur les cinq oueds étudiés, qui montrent le plus souvent la difficulté d'obtenir des informations exploitables à partir de prélèvements manuels courts dans le temps, peuvent être illustrées dans les figures 45 et 46qui montrent un espacement assez éloigné entre les points prélevés des MES.

Dans l'Oued Ressoul, la corrélation entre les concentrations des MES et les débits liquides est assez bonne à très bonne dont les valeurs du coefficient de corrélation varient entre 0,79 et 0,98 (Annexe 13). Mais en réalité, la valeur de r doit moins à la qualité de la régression qu'à la répartition des points éloignés.Pour l'ensemble des crues analysées, nous constatons que 50% des régressions élaborées sont de la forme de puissance. L'Oued Bouhamdane montre des valeurs du coefficient de corrélation qui oscillent entre 0,85 et 0,98 (Annexe 12). Pour les crues observées dans l'oued, les régressions dominantes sont de la forme de puissance et exponentielle. Quant à l'Oued Mellah, la corrélation est analogue aux deux sus-cités oueds ($0,80 \le r \le 0,98$) avec plus de 50% d'équations de la forme de puissance. En outre, l'Oued Mellah présente un nombre plus élevé des crues dont la relation entre les concentrations et les débits liquides instantanés apparaît en montée de crue et décrue (Annexe 13). Les oueds Saf Saf et Kébir Ouest montrent des corrélations qui varient respectivement entre 0,72 et 0,99, et entre 0,81 et 0,96 (Annexes 9 et 10). En plus, nous disposons de la dominance des formes de puissance, exponentielle et logarithmique dans l'ensemble des crues de l'Oued Saf Saf. La forme exponentielle prédomine, avec 40% des équations, dans l'Oued Kébir Ouest.

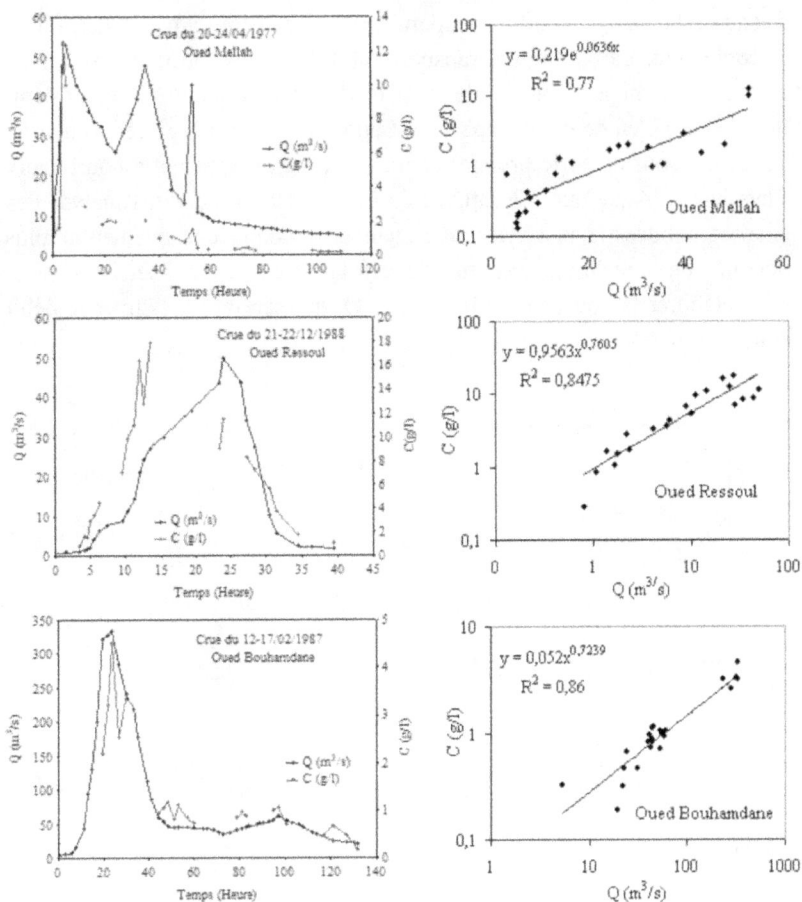

Figure 45. Exemples de l'évolution des concentrations des MES en fonction des débits dans les sous-bassins de la Seybouse.

7.2.3- Courbes de transport solide

En l'absence d'appareils pour faire des prélèvements fréquents, nous étions contraints d'utiliser la technique des courbes de transport solide afin d'estimer la charge solide transportée en suspension à partir des séries d'écoulement. La courbe de transport solide est sous forme de graphe ou équation reliant le débit solide (Qs) ou la concentration (C) et le débit liquide (Q). L'étude par Campbell et Bauder (1940) sur la rivière rouge du Texas est considérée le premier exemple de l'utilisation de la courbe aux Etats Unis d'Amérique. Le rapport de Miller (1951) a décrit l'analyse des charges solides de la rivière San Juan et a donné une évaluation plus détaillée de la technique, en introduisant la nécessité d'utiliser les saisons pour élaborer la courbe de relation C - Q, qui servirait à estimer le débit solide sur une longue période d'écoulement.

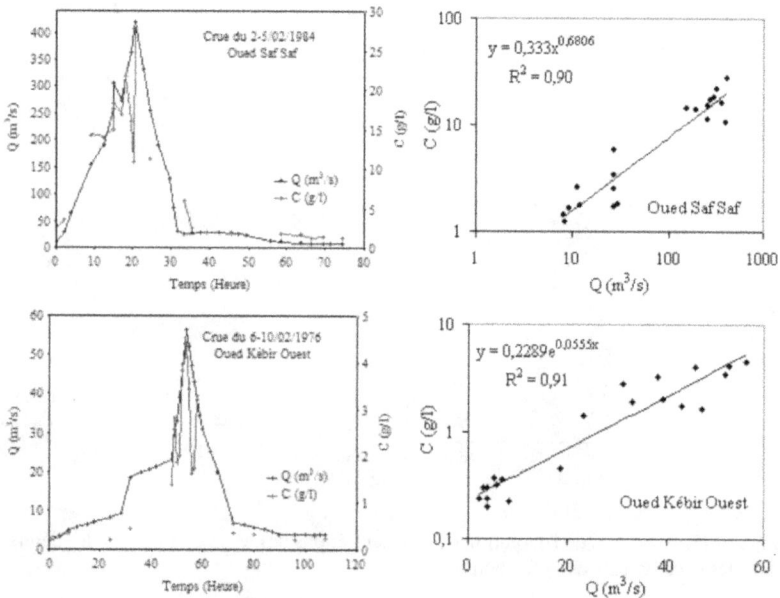

Figure 46. Exemples de l'évolution des concentrations des MES en fonction des débits dans les sous-bassins côtiers constantinois.

Depuis 1970, un grand intérêt est apporté à l'estimation du transport solide en suspension en appliquant la relation de C - Q. Les raisons sont nombreuses et diverses parmi lesquelles nous citons le transport des contaminants, cheminement de la qualité des eaux, envasement des barrages, érosion et pertes des sols (Walling, 1977; Ferguson, 1986; Horowitz et al, 2001).

Dans cette étude, la quantification des transports solides a été abordée de deux manières, l'une d'elle concerne l'estimation de la dégradation spécifique (T/km²/an) à l'échelle des crues enregistrées dans les cinq bassins versants et l'autre se base sur le calcul des transports solides à l'échelle annuelle (1975/76 – 1996/97).

7.2.3.1- Relation concentration – débit liquide

Cette relation est spécialement utilisée dans cette étude pour les différents événements de crues des cinq oueds choisis qui disposent de stations de jaugeage à leurs exutoires. Comme c'est jugé par la figure 47, il n'y a pas une relation simple entre les concentrations et les débits liquides à cause des différences dans le niveau de concentration durant les événements en hautes eaux et des différences dans les relations d'hystérésis de chaque événement (Jansson, 1996).

La concentration des sédiments en suspension et le débit liquide évoluent en général suivant un modèle de puissance $Y = aX^b$ (Etchanchu et al, 1986; Benkhaled et Remini, 2003). Ce modèle peut sous-estimer le débit solide et c'est pour cette raison qu'il est possible d'utiliser un facteur correctif basé sur des considérations statistiques.

La méthode utilisée dans ce travail pour quantifier le transport solide est celle des classes des débits décrite par Verhoff et al, 1980; Walling et Webb, 1981. Ils ont démontré que cette méthode basée sur le calcul des concentrations moyennes et des débits moyens donne un ordre d'amplitude plus correcte de la charge solide. Par la suite, la méthode a été développée par Jansson (1985, 1997) et Khanchoul et Jansson (2008) pour aboutir à des courbes de transport solide plus fiables.

132

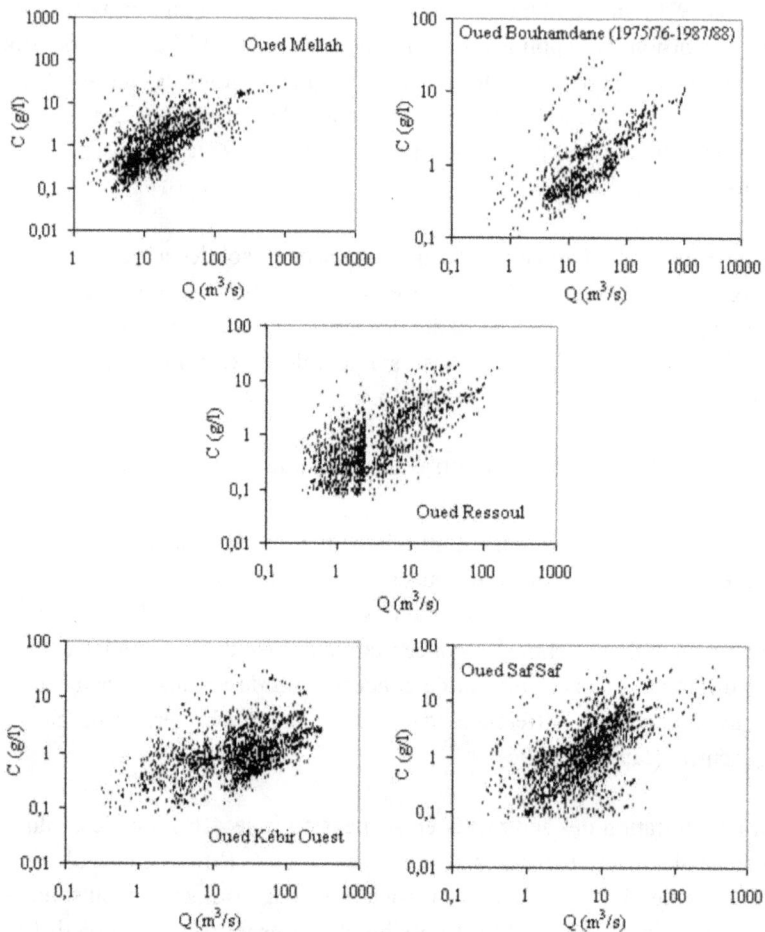

Figure 47. Relation entre les valeurs instantanées des concentrations des MES (C) et des débits (Q) dans les oueds étudiés.

Les individus des concentrations et des débits liquides utilisés pour établir la courbe de transport solide sont au nombre de :
- 1987 mesures des concentrations et débits liquides instantanés appartenant à l'Oued Saf Saf,
- 1806 mesures appartenant à l'Oued Kébir Ouest,
- 1916 mesures de l'Oued Bouhamdane,

- 1571 mesures de l'Oued Ressoul,
- 1692 mesures de l'Oued Mellah.

La procédure débute par classer les individus mesurés et par les regrouper ensuite en classes distinctes des débits liquides (suivant un tri croissant). La définition de l'intervalle de classe dépend de la base de donnée. Pour les débits faibles, l'intervalle de classe peut être étroit et devient progressivement large a fur et à mesure que la base de données contient moins de débits liquides aux valeurs élevées. Les concentrations en suspension et les débits liquides moyens correspondants à chaque classe sont calculés et introduits dans des régressions.

Par définition, une ligne de régression devrait traverser toutes les valeurs moyennes (Yevjevich, 1972, p.233), mais il est difficile d'observer à l'œil nu la direction que la ligne de régression devrait prendre au sein d'un nuage de point dispersé. Pour cela, il est impératif de représenter toutes les concentrations moyennes et les débits moyens dans un même graphe et de représenter la ligne de régression afin de déterminer le changement de direction de cette ligne à travers le nuage de points et de choisir, par-là, le meilleur ajustement possible.

Par ailleurs, une tentative a été faite en subdivisant l'ensemble des individus, concentrations moyennes et débits liquides moyens, pour pouvoir remarquer les deux influences majeures sur la dispersion de la courbe de transport solide, notamment, les effets saisonniers et l'hystérésis reliée à la montée de crue et décrue (Tableau 21). La relation développée sur la totalité des individus est illustrée dans la figure 48 et l'annexe 14. Ces dernières montrent également des concentrations et des débits liquides qui ont été subdivisés en montée de crues et décrue. En outre, les individus ont été regroupés en trois saisons à savoir l'hiver, le printemps et l'été - l'automne (Figure 48, Tableau 21). Le manque de données durant la saison estivale a suscité l'association aussi de la saison automnale.

Après élaboration des différentes régressions appartenant aux différentes catégories (données confondues, montée de crue/décrue et groupement saisonnier), chaque régression des concentrations moyennes et des débits moyens peut être corrigée afin de réduire la sous-estimation du débit solide (Ferguson, 1986; Jansson, 1985, 1997). Miller (1984) avait proposé un facteur correctif défini par la formule suivante:

$$FC = \exp(0{,}5 * \sigma^2); \quad \sigma^2 = 1/N\text{-}1 * \sum [Ln(C_i) - Ln(C_i')]^2$$

σ^2, C_i, C_i' sont la variance, la concentration moyenne respectivement mesurée et estimée.

Finalement, les résultats des débits solides mesurés de l'ensemble des crues enregistrées seront comparés à ceux calculés pour les trois catégories. Les différences entre les valeurs mesurées et celles calculées peuvent être exprimée en pourcentage d'erreur de la forme suivante (Walling, 1977; Horowitz, 2001):

$$Erreur(\%) = (\frac{valeur\ estimée\ du\ débit\ solide}{valeur\ mesurée\ du\ débit\ solide} - 1) x 100$$

Une valeur négative indique une sous-estimation, alors que la valeur positive indique une surestimation relative à la valeur mesurée.

7.2.3.2- Relation débit solide – débit liquide

L'utilisation de la courbe de transport solide débit solide (Qs) – débit liquide (Q) est une méthode utilisée depuis 1940 par les différents auteurs. L'application de cette méthode dans notre cas est élaborée à l'échelle des débits moyens journaliers (série 1975/76-1996/97). Néanmoins, l'utilisation du débit solide comme une variable dépendante a été critiquée car le débit liquide est inclus d'une part dans la variable dépendante et d'autre part dans la variable indépendante de la relation Qs = f (Q); et ainsi, il donne un coefficient de corrélation élevé (Mc Bean et Al-Nassri, 1988).

Tableau 21. Valeurs de a et b des équations utilisées, et les facteurs correctifs et coefficients de corrélation des différentes courbes de transport solide.

		a	b	FC	R²	N
Oued Ressoul	1	0,5192	0,2995	1,007184	0,63	1571
		0,3260	0,8282	-	0,94	
		1,0366	0,4295	1,019107	0,63	
	2	0,5442	0,6303	-	0,91	751
	3	0,4780	0,1815	1,013938	0,35	820
		0,1291	1,1750	1,028740	0,84	
		1,3316	0,3524	-	0,66	
	4	0,4642	0,6883		0,92	841
	5	0,3316	0,5563	1,038266	0,85	566
		0,0609	1,0432	-	0,97	
	6	1,1895	0,5607	1,056252	0,86	164
Oued Mellah	1	0,5705	0,4672	1,024013	0,67	1692
		0,2356	0,6888	1,028418	0,85	
	2	0,5581	0,5507	1,061837	0,82	641
	3	0,3605	0,5567	1,067775	0,78	1051
	4	0,1914	0,8311	1,038173	0,76	761
		0,4605	0,5858	1,054277	0,68	
	5	0,3640	0,2841	-	0,39	775
		0,0239	0,2631	-	0,57	
		1,5672	0,2163	-	0,10	
	6	1,4285	0,4062	1,125839	0,67	156
Oued Bouhamdane (75/76-87/88)	1	0,7517	0,1810	1,005554	0,34	1608
		0,4445	0,3902	-	0,92	
	2	0,7729	0,2647	1,071307	0,52	614
		0,6770	0,3133	-	0,53	
	3	0,7700	0,1449	1,055750	0,18	994
		0,2352	0,4907	1,029766	0,77	
	4	0,3981	0,3770	1,043875	0,67	789
		0,3088	0,4595	1,010854	0,85	
	5	0,4367	0,0299*	1,029380	0,48	601
		0,2914	0,3937	1,010301	0,82	
	6	0,8234	0,895	-	0,81	218
		2,4927	0,2401	1,034966	0,37	
Oued Kébir Ouest	1	0,3714	0,6140	-	0,84	1806
		0,8927	0,1429	1,011728	0,22	
		0,4050	0,3690	1,022851	0,55	
	2	0,3738	0,6381	-	0,89	821
		0,7985	0,2586	1,059188	0,39	
	3	0,5077	0,2328	1,049349	0,28	985
		0,5118	0,2326	1,017170	0,22	
		0,1634	0,5230	1,024422	0,48	
	4	0,4593	0,2276	1,012142	0,70	904
		0,1852	0,4935	1,009010	0,84	
	5	0,6352	0,1407	1,061072	0,11	548
		0,5373	0,2004	1,016615	0,41	
	6	0,3284	1,0664	-	0,87	354
		1,6880	1,6880	1,058467	0,31	
Oued	1	0,5868	0,1591*	1,017321	0,80	1987
		0,3925	0,8276	1,007093	0,85	
		1,3186	0,4610	1,038398	0,64	
	2	0,7607	0,1654*	1,029287	0,77	770
		1,2197	0,4851	1,017786	0,87	

Saf Saf	3	0,5641 1,5679	0,1140* 0,3478	1,033931 1,021553	0,83 0,62	1217
	4	0,3955 0,9389	0,8635 0,9389	- 1,051157	0,95 0,78	1146
	5	0,4065 0,9910	0,1398* 0,4390	1,022198 1,096439	0,88 0,42	619
	6	1,3741 0,8277	0,0702 0,4882	- 1,131161	0,07 0,36	222

1- données confondues ; 2- montée de crue ; 3- décrue ; 4- hiver ; 5- printemps ; 6- été-automne
* fonction exponentielle ;
- classes de débitsinsuffisantes pourutiliser FC ou corrélation très parfaite (FC inutile)

Ces auteurs ont conclu que la corrélation entre la concentration et le débit liquide est correcte et entre le débit solide et le débit liquide est incorrecte. Cette interprétation a été contredite par un nombre d'auteurs (Nordin, 1990; Gilroy et al, 1990; Jansson, 1997). En se basant sur le facteur correctif, ces derniers ont démontré que les deux relations aboutissent à la même évaluation des débits solides où les variances des régressions sur les logarithmes des débits solides et celles des concentrations sont équivalentes.

Pour une station donnée, nous sélectionnons les journées de crues pour lesquelles nous disposons d'un nombre suffisant de prélèvements des concentrations afin d'établir des relations. Compte tenu parfois de la dispersion du nuage de points autour de la droite de régression causée par les variations dans l'approvisionnement en sédiments durant chaque crue et chaque saison, nous avons effectué des regroupements sur les échantillons suivant quatre saisons: hiver, printemps, été et automne (Figure 49 et annexe 15).

A- Courbes de transport solide de l'Oued Mellah

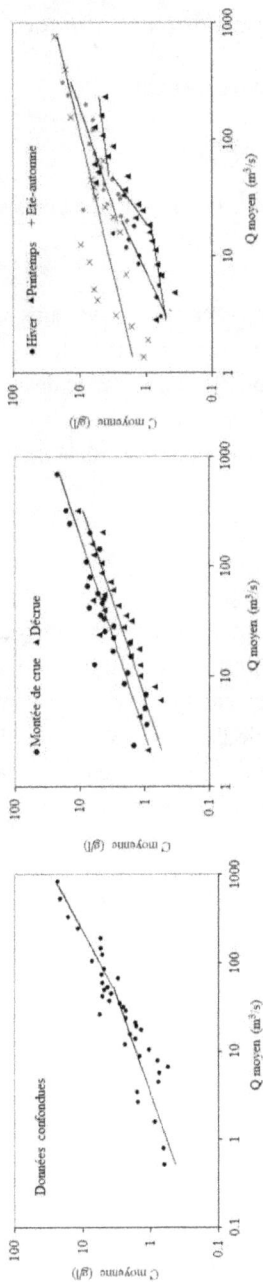

B- Courbes d'étalonnage de l'Oued Saf Saf

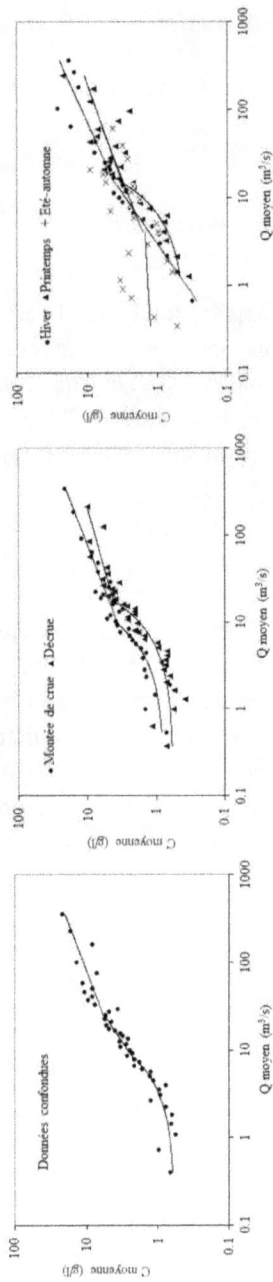

Figure 48. Relation entre les concentrations moyennes des MES et des débits moyens (à l'échelle des crues) en utilisant la méthode des classes des débits pour les données confondues, montée de crue/décrue et les individus moyens saisonniers.

138

7.2.4- Calcul du débit solide et de la dégradation spécifique

Le débit solide (Qs) se calcule par la formule suivante:

$$Qs \ (kg/s) = Q \ (m^3/s) \ x \ C \ (g/l)$$

$$ou\ encore: \quad As \ (tonnes) = \Sigma \frac{Q \ (m^3/s) \ x \ C \quad (g/l) \quad x \ T \quad (secondes)}{1000}$$

As étant l'apport solide et T est le temps entre les valeurs de la concentration, mesurée et estimée. Comme les bassins de surfaces différentes vont être le sujet d'une comparaison, il est nécessaire de calculer la dégradation spécifique en T/km²/an. Pour chaque mois de l'année, les valeurs de l'apport solide sont sommées et divisées par la surface du bassin.

7.3- Discussion des relations obtenues

Les erreurs du tableau 22 montrent que l'apport solide (tonne) calculé suivant les saisons implique généralement une sous-estimation ou une surestimation de -3,6% à +11,90%. L'utilisation des équations de montée de crue et décrue présentent en général une amélioration signifiante de l'estimation, à l'exception des résultats issus de l'estimation à l'Oued Kébir Ouest. Le choix des changements de direction des différentes lignes de régression, souvent subjectif, est probablement la conséquence de cette surestimation considérée tout de même faible.

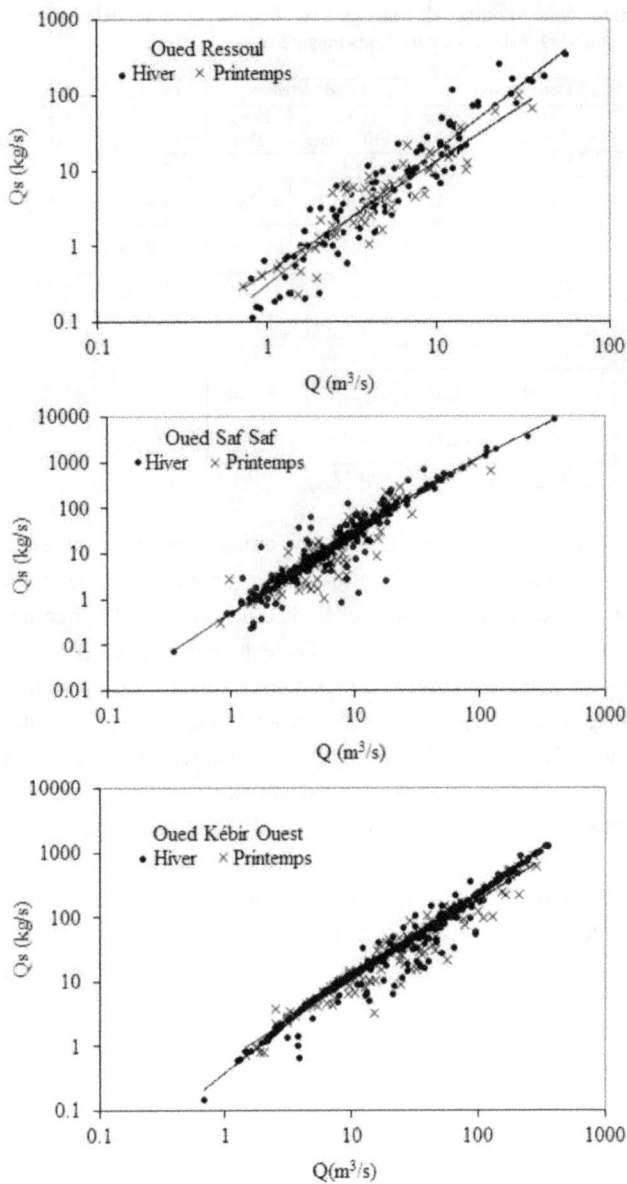

Figure 49. Relation entre les débits solides (Qs) et les débits liquides (Q) moyens journaliers.

Tableau 22. Comparaison des courbes de transports solide des apports annuels estimés avec les apports calculés issus des concentrations mesurées.

Apports solides	Oued Ressoul		Oued Mellah		Oued Bouhamdane	
	As x10³ tonnes	Erreur (%)	As x10³ tonnes	Erreur (%)	As x10³ tonnes	Erreur (%)
Apport mesuré	233,62		2264,70		2655,68	
données confondues (apport estimé)	230,99	- 1,13	2204,02	- 2,68	2630,31	- 0,96
Apport de la montée de crue/décrue	236,43	+ 1,20	2246,88	- 0,79	2625,64	- 1,13
Apport des saisons	261,45	+ 11,91	2196,20	- 3,02	2667,01	+ 0,43

	Oued Kébir Ouest		Oued Saf Saf	
Apport mesuré	1452,41		1002,09	
données confondues (apport estimé)	1454,44	+ 0,14	1123,23	+ 12,09
Apport montée de crue/décrue	1410,33	- 2,89	1003,68	+ 0,16
Apport des saisons	1400,65	- 3,56	1095,02	+ 9,27

Les nuages de points de la relation C – Q des crues démontrent un effet d'hystérésis bien marqué, les concentrations pour un débit donné étant considérablement plus élevé durant la montée de crue que durant la décrue. Cette caractéristique tend à équilibrer l'erreur intervenue lors de l'établissement de la régression introduite par la procédure des moindres carrés car l'hydrogramme de la montée est généralement plus court que celui de la décrue (Walling, 1977).Les relations effectuées sur les débits solides et les débits liquides moyens journaliers ont pu donner de très bonnes corrélations dont 85% des équations sont supérieures au coefficient de corrélation de 0,90 (Tableau 23). Le facteur correctif a été utilisé dans l'ensemble des bassins mais à des degrés différents, où les quatre saisons présentent des débits solides estimés inférieurs à ceux mesurés.

Tableau23. Relation débit solide – débit liquide des oueds étudiés.

Code	Saisons	Equations	FC	r	Qs (T/km²) Mesuré	Qs (T/km²) Estimé	Qs (T/km²) Corrigé	Qs (T/km²) Décision
1	Automne	$Qs = 1,13Q^{1,250}$	1,28939	0,90	213,40	147,51	*190,19*	*190,19*
	Hiver	$Qs = 0,55Q^{1,283}$	-	0,94				
		$Qs = 0,05Q^{1,75}$	1,13181	0,99	7624,11	6852,17	*7135,01*	*7135,01*
	Printemps	$Qs = 0,50Q^{1,226}$	1,02736	0,94	817,10	647,88	*665,60*	*665,60*
	Eté	$Qs = 0,85Q^{1,134}$	-	0,98	5,74	5,68	5,68	5,68
	Total				8660,35	7653,24	7996,48	7996,48
2	Automne	$Qs = 0,51Q^{1,614}$	1,29281	0,89	672,86	663,79	*858,15*	663,79
	Hiver	$Qs = 0,31Q^{1,77}$	1,17976	0,94	2374,56	2158,34	*2529,52*	2158,34
	Printemps	$Qs = 0,445Q^{1,5}$	1,18527	0,90	449,70	441,79	*486,90*	441,79
	Eté	$Qs = 0,32Q^{1,35}$	-	0,94	263,16	278,46	*280,90*	278,46
	Total				3760,28	3542,38	4155,47	3542,38
3	Automne	$Qs = 0,61Q^{1,39}$	1,25568	0,93	1040,66	277,44	*348,37*	*348,37*
	Hiver	$Qs = 0,55Q^{1,46}$	1,10702	0,92				
		$Qs = 0,39Q^{1,61}$	-	0,98	4014,15	3484,11	*3577,68*	*3577,68*
	Printemps	$Qs = 0,56Q^{1,38}$	1,17498	0,89	1337,96	1065,24	*1251,63*	*1251,63*
	Eté	$Qs = 0,49Q^{2,13}$	-	0,98				
		$Qs = 0,64Q^{1,55}$	-	0,97	4,66	4,77	4,77	4,77
	Total				6397,43	4831,56	5182,45	5182,45
4	Automne	$Qs = 1,19Q^{1,40}$	1,25100	0,92	319,06	224,67	*281,06*	*281,06*
	Hiver	$Qs = 0,51Q^{1,74}$	1,24669	0,92				
		$Qs = 2,06Q^{1,39}$	-	0,98	8369,91	7952,10	*8593,31*	7952,10
	Printemps	$Qs = 0,47Q^{1,71}$	-	0,93	1690,65	1756,55	-	1756,55
	Eté	$Qs = 0,91Q^{1,44}$	1,20995	0,93	56,95	27,08	*32,76*	32,76
	Total				10436,6	9960,40	10663,7	10022,5
5	Automne	$Qs = 0,49Q^{1,40}$	1,32205	0,94	712,91	634,05	*835,25*	634,05
	Hiver	$Qs = 0,38Q^{1,53}$	1,05586	0,91				
		$Qs = 0,68Q^{1,21}$	1,07671	0,92				
		$Qs = 0,16Q^{1,54}$	1,01979	0,91	2653,73	2582,85	*2674,76*	2582,85
	Printemps	$Qs = 0,60Q^{1,24}$	1,07985	0,96	1067,84	964,84	*967,20*	*967,20*
	Eté	$Qs = 0,36Q^{1,70}$	-	0,99	1,20	1,20	1,20	1,20
	Total				4435,68	4182,94	4478,41	4185,30

Chiffres en italique: valeurs corrigées de Qs; Qs: débit solide; FC: facteur de correction; r: coefficient de corrélation; 1- Oued Bouhamdane; 2- Oued Ressoul; 3- Oued Mellah; 4- Oued Saf Saf; 5- Oued Kébir Ouest.

7.3.1- Variabilité interannuelle des apports solides

7.3.1.1- Variations à l'échelle des crues

Les variations interannuelles des apports solides de la période 1975/76-1996/97 montrent une grande irrégularité pour les différents bassins, liées aux différentes conditions géomorphologiques telles que les précipitations, la lithologie et l'occupation du sol.

a- Sous-bassins de la Seybouse

Pour l'Oued Mellah, la dégradation spécifique moyenne annuelle est égale à 374,62 T/km²/an suivant la méthode des données confondues et 374,21 T/km²/an suivant la méthode de la montée de crue/décrue. Ceci correspond à une précipitation moyenne annuelle de 414,92 mm et un écoulement moyen de 97,27 mm (Tableau 24). Les charges solides les plus élevées qui transitent à la station de Bouchegouf représentent 32% des valeurs supérieures à la moyenne annuelle. Les charges solides de 1976/77, 1983/84 et 1984/85 ont pu fournir 50% de l'apport solide total de la période de 22 années (Figure 50). Ces années présentent des coefficients d'écoulement qui varient entre 61% (1976/77) et 38% (1983/84). L'apport solide le plus élevé correspond à l'année hydrologique 1984/85 avec un total de $1004,90x10^3$ tonnes (1827,08 T/km²), suivant la méthode de montée de crue/décrue (Figure 50). La crue enregistrée du 29/12/1984 – 03/01/1985 a fourni $845,67x10^3$ tonnes (1537,58 T/km²) pour un coefficient d'écoulement de 84%, avec une précipitation de 149 mm. Par ailleurs, cette crue a produit 85% de l'apport solide total de l'année 1984/85.

A l'Oued Ressoul, la dégradation spécifique moyenne annuelle est estimée à 209,55 T/km²/an (données confondues). Les précipitations et le ruissellement moyens annuels correspondent respectivement à 252,71 mm et 81,86 mm. Nous remarquons que l'ensemble des apports solides de la période présente 41% des valeurs supérieures à la moyenne. Ce sont les mêmes sus-citées 3 années qui ont fourni les apports les plus élevés avec 38,43% de l'apport global annuel (Figure 50). Les coefficients d'écoulement varient entre 33% (1976/77) et 50,50% (1983/84). Contrairement à l'Oued Mellah, c'est l'année 1983/84 qui présente relativement le plus fort apport, égal à 770,32 T/km² (Figure 50). Cet apport est principalement représenté par la crue du 2 – 6/02/1984 qui a produit $46,88x10^3$ tonnes (455,20 T/km²), soit 59% de l'apport solide de l'année 1983/84. Cette crue montre un coefficient d'écoulement supérieur à 100%, pour un ruissellement de 88 mm> précipitation de 69 mm. C'est une situation qui implique probablement des journées de pluie lacunaires ou une recharge excessive de l'Oued Ressoul par les nappes souterraines et sources avoisinantes.

L'Oued Bouhamdane qui comporte un barrage en amont, à environ 3 km de la station de jaugeage, peut–il maintenir le même transport de sa matière en suspension jusqu'à l'exutoire? Afin de répondre à cette question, nous avons préféré séparer les données des concentrations et des débits en deux groupes, un premier groupe concernerait le calcul des apports solides antérieur à la fermeture de la digue du barrage, 1975/76-1987/88, et un second groupe juste après le remplissage de la retenue par des eaux de l'Oued Bouhamdane (1988/89-1996/97).L'analyse des données de 1975/76 à 1987/88 a permis de déduire une dégradation spécifique moyenne annuelle de 256,79 T/km²/an (données confondues) ou 255,44 T/km²/an (montée de crue/décrue), avec une précipitation et un ruissellement moyens annuels de 303,46 mm et 73,19 mm.

Tableau 24. Valeurs annuelles moyennes des précipitations, apports solides et liquides des oueds étudiés.

	Ressoul	Mellah	Bouhamdane	Saf Saf	Kébir Ouest
1- Echelle des crues					
Précipitations moyennes (mm)	252,71	414,92	303,46 **265,02**	340,23	394,12
Ecoulement moyen (mm)	79,89	97,27	73,19 **29,88**	62,90	103,26
Concentration moyenne (g/l)	2,57	3,93	3,51 **2,03**	7,33	2,46
Apports solides (1) (T/km²/an)	209,55	374,62	256,79 **60,64**	466,37	236,42
Apports solides (2) (T/km²/an)	214,10	374,21	255,44 **61,13**	437,89	235,92
2- Echelle annuelle					
Précipitations moyennes (mm)	542,76	687,47	587,60 **551,26**	616,69	639,52
Ecoulement moyen (mm)	120,27	184,14	80,11 **48,68**	135,57	130,45
Concentration moyenne (g/l)	1,75	2,88	3,28 **2,44**	3,93	2,24
Apports solides (T/km²/an)	210,23 *	529,91	262,77 **117,50**	532,57	292,40

Colonne 4: valeur normale : période 1975/76-1987/88; valeur en gras : période 1988/89-1996/97
* valeur non corrigée (apport solide estimé > apport solide mesuré); (1) : données confondues; (2): montée/décrue.

L'Oued Bouhamdane se caractérise par 31% des valeurs des apports solides supérieures à leur moyenne dont la charge solide la plus importante est observée durant l'année hydrologique de 1984/85 avec $1385,22x10^3$ tonnes (1253,59 T/km²), soit 38% de l'apport solide global des 13 années (Fig. 50). Cette quantité est fortement représentée par les deux crues de 29/12/1984–02/01/1985 et 6–10/03/1985 qui ont donné respectivement $1175,76x10^3$ tonnes et $138,09x10^3$ tonnes pour des coefficients d'écoulement de 91% et 61% (précipitations variant entre 180mm et 69,80 mm). Entre autres, ces deux crues ont transporté 95% de l'apport solide total de l'année 1984/85 et presque 36% du total annuel des 22 années. Nous signalons également que cette année avec celles de 1983/84 et 1986/87 ont produit une quantité considérable estimée à $2771,98x10^3$ tonnes (2508,57 T/km²), ce qui représente 75% de l'apport global des 22 années.

Après septembre 1988 jusqu'à août 1997, l'apport solide a chuté de plus de 60% avec seulement une dégradation spécifique moyenne de 61 T/km²/an pour un coefficient d'écoulement faible de 11,27%. Ceci montre clairement une sous-estimation des flux sédimentaires prélevés à la station de jaugeage. Les arguments qui peuvent être avancés pour expliquer ce résultat sont les suivants:

1- Une rétention d'une importante part des sédiments à l'entrée de la retenue où le contrecourant associé aux pentes faibles ralentit l'avancée du matériel vers l'intérieur de la retenue. En plus, une quantité du matériel entrant dans la retenue est déposée sur les rebords (couleur jaune au marron de la figure 51). L'utilisation de la bathymétrie à l'aide d'image satellite (GPS), établie par l'Agence Nationale des Barrages durant l'année 2004, montre une couleur bleue - verdâtre du fond de la cuvette située à une profondeur de 60 m. Cette couleur, comparée avec la profondeur initiale de la cuvette en 1988/89, démontre qu'il n'y pas du tout un envasement signifiant entre 1988/89 et 2004.

2- Un manque de prélèvement de la concentration à la station de jaugeage durant les moyennes et hautes eaux.

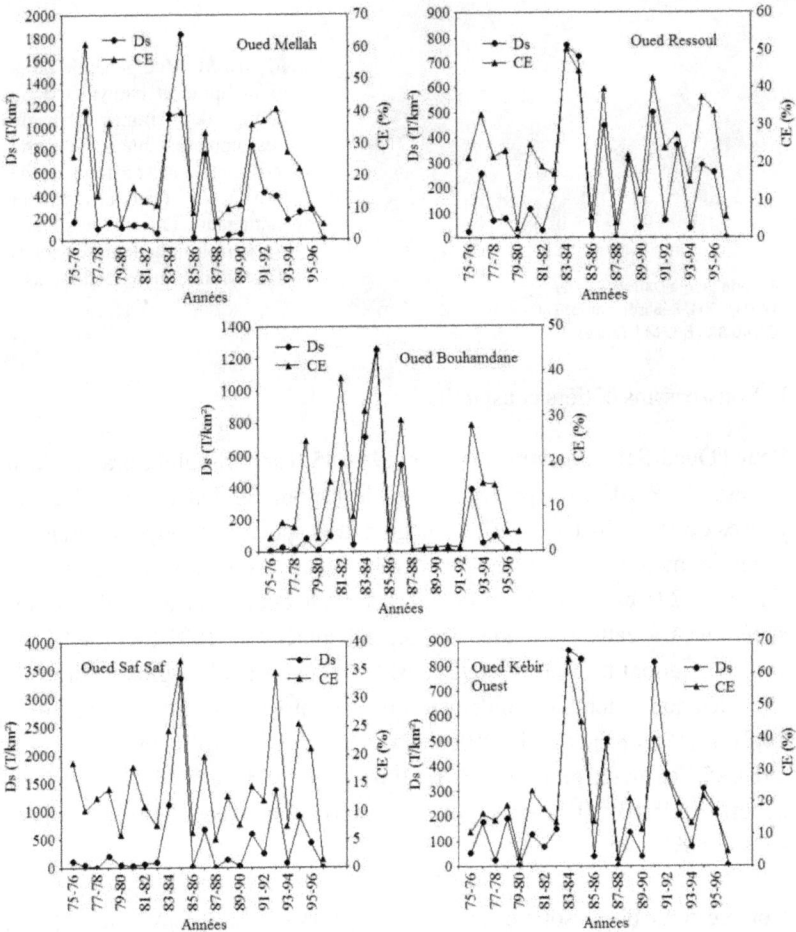

Figure 50. Evolution annuelle des transports solides et des coefficients d'écoulement à l'échelle des crues.

3- Les mesures des débits liquides correspondent à des lâchers continus du barrage, surtout pendant les moyennes et hautes eaux. Ces débits vont certainement être moins chargés en matière en suspension à cause de la décantation d'une grande partie de la matière fine lors de son entrée dans la retenue.

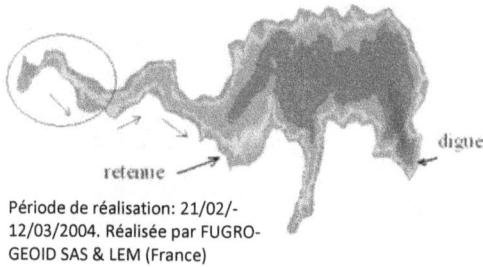

Figure 51. Vue générale de la topographie et bathymétrie du barrage de Hammam Debagh. Les couleurs bleue et verte indiquent une profondeur de l'eau à 60m (sans envasement inquiétant). Les couleurs jaune au marron indiquent des zones d'accumulation des sédiments.

retenue

digue

Période de réalisation: 21/02/- 12/03/2004. Réalisée par FUGRO-GEOID SAS & LEM (France)

b- Sous-bassins côtiers constantinois

Pour l'Oued Saf Saf, durant l'année 1984/85, l'apport solide drainé par le barrage de Zardézas représente 35% de l'apport global enregistré en 22 années de 1975/76 à 1996/97. La dégradation spécifique moyenne annuelle selon la méthode de montée de crue/décrue (la mieux adéquate, voir Tableau 24) est estimée à 437,89 T/km²/an dont 32% des valeurs sont supérieures à cette moyenne. Ce sont les années de 1983/84, 1984/85 et 1992/93 qui ont transporté presque 61% de l'apport solide global (Fig. 50), avec des coefficients d'écoulement qui varient entre 24,50% (1983/84) et 36,81% (1984/85). Sur les $1088,37 \times 10^3$ tonnes de sédiments de l'année 1984/85, les deux crues de 29/12/1984-03/01/1985 et 7–10/03/1985 ont apporté $1028,83 \times 10^3$ tonnes, pour des coefficients d'écoulement élevés de 47% et 80%.

Compte tenu de la sous-estimation de l'apport solide dans l'Oued Kébir Ouest en utilisant les courbes de transport solide de montée de crue/décrue, nous avons opté pour celles des données confondues (Tableau 22). Sur la période de 22 années, l'Oued Kébir Ouest, par rapport aux autres bassins, montre relativement une plus faible valeur de la dégradation spécifique moyenne, si on ne considère pas les 9 années (1988/89-1996/97) à l'Oued Bouhamdane. Ce flux sédimentaire moyen correspond à une valeur de 236,42 T/km²/an, avec 27% des valeurs de l'apport solide supérieures à la moyenne annuelle. Les années de 1983/84, 1984/85 et 1990/91 ont produit des quantités de sédiments qui varient entre 811,60 T/km² (1990/91) et

863,27 T/km² (1983/84) et des coefficients d'écoulement qui oscillent respectivement entre 40% et 64% (Figure 50). Par leur importance dans la production de la matière fine, ces trois années ont enregistré une contribution de 48% de l'apport solide global.

Les plus importantes crues ayant fourni de grandes quantités de sédiments dans ce bassin sont celles de 28/12/1984, 15-18/11/1990. Elles ont pu transporter respectivement $537,87 \times 10^3$ tonnes et $311,29 \times 10^3$ tonnes pour des coefficients d'écoulement élevés équivalents à 61% et 53%. Le plus fort débit a été atteint durant la première crue avec un débit moyen de 213,26 m³/s et une plus forte concentration en suspension, avec une valeur moyenne de 13,13 g/l, a été enregistrée durant la seconde crue. Chacune de ces deux crues représentent 57% et 34% de l'apport solide des années hydrologiques de 1984/85 et 1990/91.

7.3.1.2- Variations à l'échelle annuelle

Les transports en suspension des bassins présentent également des variations spatiales dues essentiellement aux contraintes physico-géographiques. Le tableau 23 résume les caractéristiques annuelles moyennes de l'écoulement et des apports solides après correction. Les oueds de Saf Saf et Mellah ont évacué des quantités énormes de matériaux solides en suspension, leurs apports sont largement supérieurs à ceux de Kébir Ouest, Ressoul et Bouhamdane, avec des coefficients d'écoulement plus au moins analogues. A travers ces tonnages considérables, nous remarquons que les deux années communes de 1983/84 et 1984/85, ainsi que l'année 1992/93 (à Oued Saf Saf) et l'année 1995/96 (à Oued Mellah), apparaissent les principaux fournisseurs en transports solides en suspension dans ces deux oueds (Figure 52). Elles ont transporté 7123,47 T/km² à l'Oued Saf Saf et 5254,55 T/km² à l'Oued Mellah, soit une représentation de 61% et 45% de leurs apports globaux annuels.

En comparant les valeurs de la dégradation spécifiques moyenne annuelle issues des débits journaliers (à l'échelle annuelle) des cinq bassins avec celles à l'échelle des crues, nous constatons que la différence est plus significative dans les oueds de Saf Saf et Mellah. Elle est respectivement de

92,13 T/km²/an et 154,69 T/km²/an. Ce qui implique un manque de crues non enregistrées, comme c'est le cas de l'année 1995/96 à l'Oued Mellah qui était très pluvieuse et qui a engendré de fortes crues. Ces dernières, par leur violence, ont détruit une partie de l'installation de la station de jaugeage de Bouchegouf (limnigraphe et échelle des hauteurs), ce qui a empêché le prélèvement des débits liquides et des concentrations pendant cette période de crues. L'analyse à l'échelle annuelle et à l'échelle des crues nous a fait ressortir également un décalage dans les périodes communes d'apports solides les plus forts dans les oueds de Mellah, Bouhamdane et Ressoul (Figures 50 et 52).

Si maintenant nous essayons de comparer ces résultats avec ceux calculés par le biais des formules empiriques (Tableau 20), nous constatons que les valeurs de la dégradation spécifique calculées, dans quatre bassins, par la formule de fournier sont plus au moins très proches de celles basées sur la relation Qs – Q. Certes, la surestimation ou la sous-estimation de la dégradation spécifique en utilisant les formules empiriques n'est pas aussi élevée; cependant, le recours aux mesures des concentrations reste le moyen le plus sûr pour évaluer avec une grande certitude l'érosion hydrique du bassin versant. Mais Il apparaît dès l'abord que certains éléments qui interviennent de façon décisive dans la combinaison des processus morphogénétiques, sont hors de portée d'une évaluation chiffrée assez précise car ces formules ne prennent en compte que d'une infime partie des conditions géomorphologiques du milieu physique.

7.3.2- Variations mensuelles des apports solides

Les valeurs des dégradations spécifiques moyennes mensuelles des crues analysées dans les cinq bassins sont généralement élevées en hiver et printemps. En effet, la somme des apports solides mensuels de janvier à mars dans les bassins représentent entre 67% (à l'Oued Mellah) et 86% (à l'Oued Bouhamdane) des valeurs moyennes annuelles correspondantes.

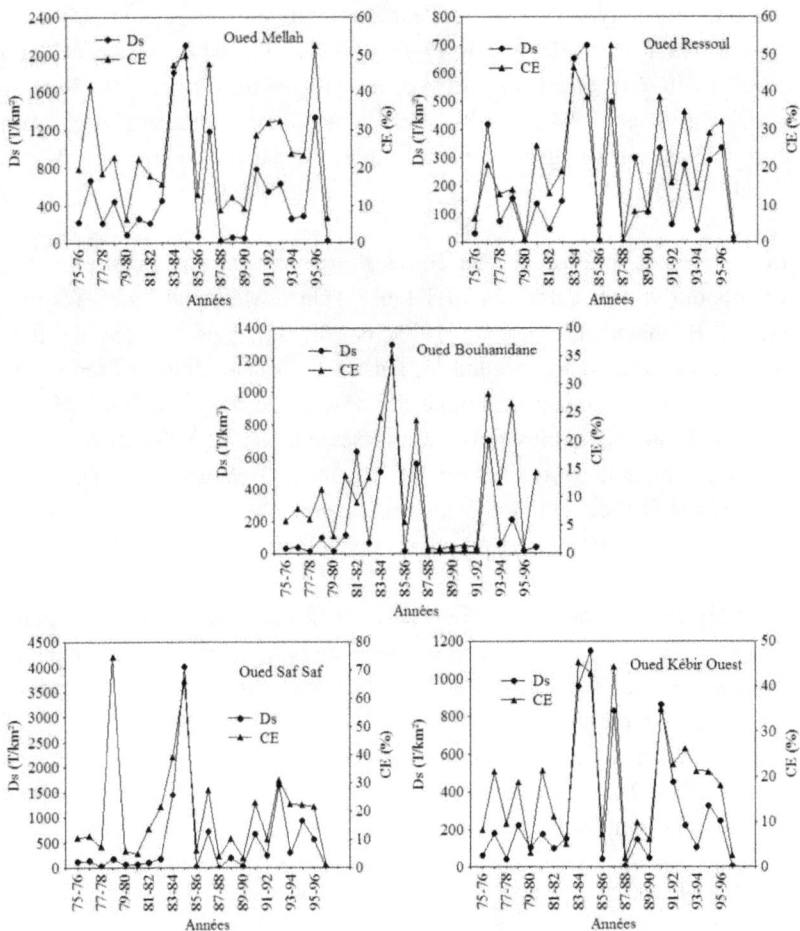

Figure 52. Evolution annuelle des transports solides et des coefficients d'écoulement à l'échelle annuelle.

7.3.2.1- Automne

Cette saison se caractérise par des pluies de type orageux, généralement de courte durée avec fortes intensités. Ces averses sont dans la plupart du temps localisées dans l'espace et se produisent sur des sols secs. Les débits de pointe de ce type de crue peuvent être importants, dépassant 100 m³/s, comme c'est le cas de la crue du 17-19/11/1979 à l'Oued Ressoul et celle du 17-20/11/1976 à l'Oued Mellah, avec des valeurs maximales des débits de 106,66 m³/s et 1054,37 m³/s. Les lames d'eau ruisselées des crues enregistrées restent généralement faibles, dépassant rarement 10 mm (Tableau 25).

Les transports solides les plus élevés s'observent en novembre avec des valeurs qui varient entre 124,14 T/km² à l'Oued Mellah et 73,25 T/km² à l'Oued Bouhamdane (période 1975/76-1987/88). Les averses de type orageux de cette saison produisent ainsi des concentrations en sédiments considérables atteignant en pointe des valeurs de 51 g/l. L'Oued Mellah présente le nombre le plus élevé des averses supérieures à 29 mm/24 heures en novembre, soit 23 averses sur les 22 années. Dépourvus de végétation permanente sur de grandes étendues, les versants marneux et argileux réagissent brutalement à ces premières précipitations.

Dans les bassins des oueds Mellah, Kébir Ouest et Ressoul,, les apports solides de la saison automnale oscillent entre 13% et 15% des apports moyens annuels (Tableaux 25 et 26). Les bassins des oueds Bouhamdane et Saf Saf ne représentent que 4% et 2%.
A l'échelle annuelle, nous ne retrouvons que les transports solides des oueds Kébir Ouest et Ressoul qui ont pu contribuer à 17% et 16% des apports solides moyens annuels. Le reste des oueds ne dépassent pas 6%.

7.3.2.2- Hiver

Les pluies de la saison hivernale couvrent souvent des régions plus larges et continues avec des intensités modérées à fortes (supérieures à 29 mm/24 heures). Elles produisent plus d'écoulement que les pluies de la saison automnale. En effet, la période de l'hiver est caractérisée par des coefficients d'écoulement moyens mensuels généralement supérieurs à 20% et peuvent atteindre 50% en février à l'Oued Ressoul et 39% à l'Oued Kébir Ouest (Tableaux 25 et 26).

A l'échelle annuelle, les oueds étudiés, à l'exception de l'Oued Bouhamdane, possèdent des valeurs du coefficient d'écoulement qui varient entre 37% et 53% et ce durant le mois de février. Ces écoulements qui commencent à devenir progressivement importants à partir de décembre se produisent sur des sols saturés et imperméables. En effet, dans ces conditions, le ruissellement se fait simultanément sur les deux branches de la crue et se traduit par des crues violentes et dangereuses présentant des hydrogrammes à très fort débit de pointe.

L'analyse des transports solides a révélé que cette saison a fourni les plus forts flux en sédiments en suspension dont ils représentent 60% à 86% des apports solides moyens annuels. Les apports sont donc élevés dans les oueds de Saf Saf et Mellah avec respectivement 7633,87 T/km² et 4939,01 T/km². Les charges en matières en suspension à l'échelle annuelle atteignent 9277,44 T/km² et 7930,65 T/km² dans les sus-cités deux oueds, avec des contributions de 79% et 68%.

En se basant sur les crues enregistrées, nous constatons que les mois de janvier et février fournissent les plus forts débits solides dont les concentrations en suspension moyennes mensuelles dépassent 3,50 g/l dans les oueds Mellah, Saf Saf et Bouhamdane. Le tableau 26 montre, par ailleurs, que l'Oued Saf Saf se distingue par les plus importants flux de la matière en suspension qui englobent des valeurs moyennes mensuelles de 16,61 g/l en janvier et 6,24 g/l en février. Ceci témoigne de l'agressivité de l'érosion et de la mobilité de la matière fine dans ce bassin. Contrairement aux crues, les séries montrent des dégradations spécifiques généralement élevées en décembre et février. La raison se résume dans la forte charge d'un grand nombre de crues de 24 heures en concentration en décembre. Cette charge importante devient moins visible au niveau des crues de plus de 24 heures car elle est souvent additionnée à des valeurs modérées à faibles.

Tableau 25. Variations mensuelles des précipitations, coefficients d'écoulement, concentrations et des apports solides dans les sous-bassins de la Seybouse.

Oued Mellah

	S	O	N	D	J	F	M	A	M	J	J	A
1	6,41	22,58	31,90	49,03	58,78	87,88	81,27	50,46	19,53	4,34	-	2,74
	27,83	**58,41**	**84,12**	**81,93**	**81,94**	**85,57**	**98,04**	**78,19**	**60,95**	**19,06**	**2,60**	**8,85**
2	4,92	7,48	15,21	23,91	32,99	24,74	21,10	28,00	54,00	48,39	48,85	3,65
	3,92	**4,18**	**9,94**	**22,84**	**37,53**	**52,93**	**29,52**	**35,31**	**21,44**	**15,42**		**11,41**
3	2,13	3,35	10,34	1,67	6,44	3,57	2,75	2,52	2,34	1,10	0,48	2,65
	0,58	**0,94**	**3,46**	**6,29**	**2,66**	**3,32**	**1,79**	**2,22**	**1,69**	**0,57**		**0,20**
4	10,77	124,61	1124,14	483,42	2746,4	1709,18	1033,24	781,66	208,27	5,17	13,52	5,83
	13,77	**50,49**	**636,88**	**2589,90**	**1799,57**	**3541,28**	**1136,53**	**1349,70**	**485,15**	**36,80**		**4,44**

Oued Ressoul

	S	O	N	D	J	F	M	A	M	J	J	A
1	-	11,63	30,71	43,95	52,41	38,51	43,65	20,66	10,27	0,91	-	-
	27,52	**61,67**	**75,80**	**84,75**	**85,86**	**66,03**	**66,93**	**60,50**	**39,70**	**14,25**	**2,76**	**6,42**
2	-	11,26	13,61	29,69	35,32	49,85	22,80	41,00	14,45	7,69	4,35	1,56
	0,33	**2,45**	**12,06**	**19,43**	**28,15**	**37,19**	**32,45**	**25,74**	**13,00**	**5,40**		
3	-	2,63	3,35	3,94	2,18	2,84	1,69	1,34	1,28	0,88	-	-
	0,19	**1,98**	**3,25**	**2,80**	**1,45**	**1,95**	**1,12**	**1,14**	**1,23**	**0,32**	**0,22**	**0,17**
4	-	76,19	577,22	1131,10	887,41	1235,45	406,00	249,11	46,36	1,28	-	-
	0,37	**65,78**	**652,88**	**1016,29**	**770,23**	**1054,19**	**527,39**	**391,67**	**139,95**	**5,41**	**0,59**	**0,38**

Oued Bouhamdane (1975/76-1987/88)

	S	O	N	D	J	F	M	A	M	J	J	A
1	6,03	9,79	35,24	55,48	44,50	52,19	43,15	29,82	20,29	6,96	-	-
	28,77	**53,28**	**83,26**	**73,57**	**72,13**	**74,59**	**71,52**	**57,89**	**44,20**	**17,45**	**3,14**	**7,79**
2	2,49	2,76	5,30	30,21	21,48	53,42	20,51	25,25	1,53	0,14	-	-
	2,19	**0,98**	**2,63**	**14,14**	**12,12**	**16,38**	**9,00**	**10,43**	**2,81**	**2,35**	**5,73**	**2,05**
3	2,01	8,90	3,01	3,20	4,73	3,74	1,94	1,30	1,14	0,75	-	-
	3,96	**2,28**	**2,06**	**5,60**	**1,89**	**4,66**	**1,89**	**1,22**	**2,95**	**0,75**	**0,62**	**0,57**
4	0,75	45,58	73,25	228,00	1265,67	1376,68	214,02	129,58	4,58	0,14	-	-
	32,23	**24,70**	**94,39**	**1223,41**	**347,41**	**1195,89**	**255,64**	**154,96**	**76,58**	**6,46**	**2,37**	**1,95**

1988/89-1996/97

	S	O	N	D	J	F	M	A	M	J	J	A
1	- / **18,23**	5,83 / **27,61**	35,09 / **33,35**	39,31 / **62,33**	74,31 / **58,00**	40,73 / **47,02**	32,94 / **41,10**	22,07 / **43,09**	14,18 / **29,56**	0,17 / **11,40**	- / **3,36**	- / **5,00**
2	**5,87**	0,17 / **5,40**	2,05 / **6,78**	2,24 / **9,23**	27,74 / **27,69**	8,81 / **14,31**	8,62 / **14,19**	4,53 / **10,49**	0,78 / **3,38**	70,59 / **8,86**	**32,44**	**35,58**
3	**2,43**	0,60 / **2,29**	1,11 / **2,15**	1,13 / **3,73**	2,45 / **3,48**	1,08 / **1,30**	1,08 / **3,30**	1,04 / **1,03**	0,87 / **1,20**	1,08 / **1,54**	**1,74**	**1,38**
4	**14,11**	0,04 / **21,31**	7,25 / **34,58**	8,28 / **175,72**	456,44 / **486,50**	34,62 / **74,51**	27,80 / **171,04**	9,35 / **40,81**	0,89 / **6,36**	1,13 / **7,93**	**9,29**	**15,36**

Tableau 26. Variations mensuelles des précipitations, coefficients d'écoulement, concentrations et des apports solides dans les sous-bassins côtiers constantinois.

Oued Saf Saf

	S	O	N	D	J	F	M	A	M	J	J	A
1	- / **23,98**	17,95 / **53,27**	33,52 / **74,09**	70,22 / **94,91**	66,82 / **88,95**	58,06 / **77,80**	54,26 / **71,83**	29,20 / **61,47**	9,57 / **40,95**	- / **17,23**	- / **4,21**	0,63 / **8,02**
2	**6,09**	2,29 / **4,94**	6,61 / **9,15**	20,33 / **24,75**	21,67 / **32,04**	22,29 / **38,34**	20,97 / **30,90**	19,49 / **26,63**	10,68 / **8,20**	- / **26,46**	- / **39,43**	4,10 / **17,83**
3	**0,06**	3,09 / **2,42**	4,10 / **2,06**	1,90 / **8,17**	16,61 / **3,73**	6,24 / **4,08**	4,18 / **2,73**	4,84 / **1,63**	4,16 / **1,30**	0,05 / **0,05**	- / **0,03**	1,01 / **0,04**
4	**1,80**	27,96 / **145,06**	200,39 / **307,24**	597,73 / **4362,73**	5259,54 / **2415,41**	1776,60 / **2499,30**	1046,28 / **1379,40**	630,87 / **499,05**	93,70 / **99,17**	- / **5,06**	- / **1,15**	0,57 / **1,17**

Oued Kébir Ouest

	S	O	N	D	J	F	M	A	M	J	J	A
1	2,20 / **24,56**	28,48 / **59,98**	38,55 / **86,03**	84,80 / **103,74**	77,37 / **96,55**	66,58 / **83,30**	61,16 / **73,57**	25,51 / **57,87**	8,41 / **34,12**	1,06 / **11,62**	- / **3,19**	- / **4,99**
2	6,71 / **0,98**	6,00 / **3,15**	17,98 / **8,17**	18,87 / **18,98**	29,46 / **29,90**	38,79 / **40,43**	30,81 / **28,07**	37,35 / **21,76**	17,49 / **9,38**	0,94 / **4,73**	- / **4,70**	- / **0,80**
3	1,39 / **1,05**	2,20 / **9,60**	4,06 / **4,20**	2,54 / **2,53**	2,19 / **1,90**	2,53 / **2,01**	1,68 / **1,78**	2,35 / **2,31**	2,78 / **1,53**	0,51 / **0,49**	- / **0,48**	- / **0,85**
4	4,50 / **5,58**	82,66 / **412,05**	617,60 / **649,53**	894,40 / **1132,25**	1096,44 / **1249,29**	1245,13 / **1389,72**	684,77 / **835,26**	493,56 / **639,66**	82,10 / **111,08**	0,12 / **5,97**	- / **1,60**	- / **0,71**

En se basant sur les crues enregistrées, nous constatons que les mois de janvier et février fournissent les plus forts débits solides dont les concentrations en suspension moyennes mensuelles dépassent 3,50 g/l dans les oueds Mellah, Saf Saf et Bouhamdane. Le tableau 26 montre, par ailleurs, que l'Oued Saf Saf se distingue par les plus importants flux de la matière en suspension qui englobent des valeurs moyennes mensuelles de 16,61 g/l en janvier et 6,24 g/l en février. Ceci témoigne de l'agressivité de l'érosion et de la mobilité de la matière fine dans ce bassin. Contrairement aux crues, les séries montrent des dégradations spécifiques généralement élevées en décembre et février. La raison se résume dans la forte charge d'un grand nombre de crues de 24 heures en concentration en décembre. Cette charge importante devient moins visible au niveau des crues de plus de 24 heures car elle est souvent additionnée à des valeurs modérées à faibles.

Dans l'ensemble des oueds, ce sont les crues de fin décembre-début janvier et début février des années hydrologiques de 1984/85 et 1983/84 qui ont transporté les plus forts apports solides et liquides. Nous pouvons déduire du tableau 27 que les concentrations correspondant à ces deux crues restent élevées, ce qui pourrait s'expliquer par la conjugaison de diverses conditions favorables telles que:
- la présence d'une couverture végétale protectrice non suffisante,
- la puissance de l'écoulement a engendré un CE > 44%, et ce malgré la saturation du sol, un décapage des surfaces érodables et des sapements de berge. Cette situation tend à accélérer le développement des mouvements de masse en bordure des cours d'eau.

7.3.2.3- Printemps

Cette saison se distingue par des écoulements encore assez importants, surtout en mars et avril dont les valeurs du coefficient d'écoulement dépassent 20%. Cependant, nous remarquons une baisse de plus de 50% des apports solides en suspension. En relation avec les crues analysées, ce sont les oueds de Mellah et Saf Saf qui présentent les tonnages les plus élevés, estimés respectivement à 2023,17 T/km² et 1770,85 T/km². L'utilisation des séries ont donné pour les mêmes mois les valeurs de

2971,38 T/km² et 1977,62 T/km². Les oueds Ressoul et Bouhamdane possèdent des valeurs relativement faibles des apports solides (Tableau 25). La dégradation spécifique atteint son maximum en mars dont elle représente des valeurs supérieures à 50% de l'apport solide de la saison alors que le minimum est observé en mai.

La crue la plus représentative dans la majorité des bassins étudiés est celle de mars 1985 (Tableau 27). Cette crue possède les valeurs les plus élevées de l'écoulement et des transports solides dans les oueds Bouhamdane, Kébir Ouest et Saf Saf, avec des coefficients d'écoulement supérieurs à 60%.

Bien que la concentration en suspension reste relativement élevée surtout dans l'Oued Saf Saf et l'Oued Mellah, nous assistons dans l'ensemble à une diminution de cette matière fine à partir du mois de février. Cette réduction des transports solides est essentiellement liée à la couverture herbacée et les cultures qui réduisent considérablement la mobilisation des matériaux fins sur les versants. Nous pouvons ajouter aussi la réduction des pluies à forte intensité comparée à la saison hivernale.

Tableau 27. Représentation de quelques crues importantes dans les oueds étudiés.

Date de la crue	Oued	Q (m³/s)	Qp (m³/s)	C (g/l)	Cp (g/l)	E (mm)	P (mm)	Ds (T/km²)
17-20/11/1976	Mellah	110,66	1054,37	17,48	28,08	15,96	13,10	1076,14
29-12/84/-3/01/1985		133,63	337,85	12,29	20,51	125,08	149,00	797,27
6-13/03/1985		16,00	113,59	2,69	6,31	20,06	69,20	53,87
17-19/11/1976	Ressoul	32,67	106,46	4,84	8,84	65,40	111,90	211,21
28/12/84-5/01/1985		18,64	77,53	4,23	6,84	130,92	192,50	553,20
7-9/03/1985		9,71	68,78	2,29	5,19	19,63	54,50	44,95
29/12/84-2/01/1985	Bouhamdane	427,75	1060,93	6,53	11,00	163,05	180,00	1064,04
6-10/03/1985		119,05	322,36	2,96	6,50	42,28	69,80	124,97
28/12/84-5/01/1985	Kébir Ouest	312,26	374,87	3,21	3,69	145,73	164,68	475,99
7-10/03/1985		195,72	314,77	1,50	2,75	57,99	65,53	86,80
29/12/84-3/01/1985	Saf Saf	113,82	556,00	18,66	25,23	167,97	361,00	3229,96
7-10/03/1985		71,09	345,33	4,81	39,62	76,30	95,50	366,98

Q: débit moyen; Qp: débit de pointe; C: concentration moyenne; Cp: concentration de pointe;E: lame d'eau écoulée; P: précipitation; Ds: dégradation spécifique.

7.3.2.4- Eté

Les mois d'été de juin à août sont secs et l'évapotranspiration est élevée. De ce fait, cette saison montre les plus faibles valeurs des débits solides même si le coefficient d'écoulement est souvent élevé.

Grâce à deux crues modérées enregistrées en août 1990 et 1997, l'Oued Mellah a pu transporter 5,83 T/km². La quantité de pluie durant ces deux crues correspond respectivement à 21.2 mm et 36,15 mm pour des coefficients d'écoulement faibles, 6% et 2%.

7.3.3- Envasement du barrage de Zardézas

L'accumulation des sédiments dans la retenue fournit une occasion d'étudier l'importance de l'érosion dans le bassin versant. Comme précédemment mentionnée, l'Oued Saf Saf traverse le barrage de Zardézas. Ce barrage construit en 1945, a subi, dès lors, l'accumulation substantielle de sédiments. Par conséquent, le volume de l'eau initial de 15 Mm^3 a été réduit.

Les rapports disponibles de l'Agence Nationale des Barrages montrent que pendant les premières 13 années d'existence (1945 - 1958), la sédimentation a atteint 4,97 Mm^3. Le volume accumulé a augmenté à 10,36 Mm^3 dans 1982 et 13,30 Mm^3 en 1992. Pendant la période de 1982 à 1992, 2,94 Mm^3 de sédiments ont été accumulés dans la retenue de Zardézas. Avec une densité en sec de 0,8 g/cm^3, la masse du matériel accumulé dans la retenue pendant cette période a été calculée et a approximativement atteint 2.35x 10^6 tonnes.

La charge solide en suspension transportée par les crues vers la station hydrométrique pendant cette période est de 2,07x10^6 tonnes. Une charge de fond de 10% de la charge en suspension donnerait 0,21x10^6 tonnes de sédiments. En additionnant la charge solide de fond et celle en suspension, nous estimons que la charge solide globale qui a atteint la station hydrométrique de Khemakhem entre 1982 et 1992 est égale à 2,28x10^6 tonnes. En comparant le flux des sédiments transportés durant les crues (période de 1982 à 1992) avec le matériel accumulé dans la retenue (égal à $2,35 \times 10^6$ tonnes), nous constatons que la charge solide en suspension calculée dans l'Oued Saf Saf est considérée de même ordre de magnitude. Une petite partie du matériel fin entrant dans la retenue a pu sortir pendant les lâchers hors du barrage.

Les statistiques relatives aux débits solides indiquent des valeurs très élevées dans les bassins versants de l'Oued Mellah et l'Oued Saf Saf, alors que les valeurs des autres bassins le sont beaucoup moins. Les teneurs en suspension sont relativement importantes à l'échelle annuelle et le deviennent encore plus à l'échelle des crues. Souvent les transports solides les plus importants sont ceux qui résultent lors des débits très élevés, et surtout lors des crues violentes. Cependant, les conséquences sont grandes notamment quand il s'agit de secteurs où prédominent les affleurements vulnérables, comme c'est le cas des deux bassins.

Par ailleurs, nous constatons que dans les basses vallées de l'Oued Kébir Ouest et l'Oued Bouhamdane, les valeurs de la dégradation spécifique ont tendance à décroître, en dehors des périodes pluvieuses. Ainsi, la faiblesse, voire la nullité des pentes qui décélèrent le phénomène de l'érosion, vont être décisives en favorisant la décantation des sédiments.

L'examen des crues instantanées et celles journalières nous informe sur le fait que les quantités de transports solides plus importantes sont évacuées pendant les saisons hivernale et printanière, plus particulièrement entre décembre et avril dans les bassins des oueds Saf Saf et Bouhamdane. Les apports solides durant le mois de novembre sont également à considérer car ils sont plus accrus que ceux du mois de mai et peuvent même dépasser ceux d'avril dans les oueds Kébir Ouest, Ressoul et Mellah.

CHAPITRE 8 :   Analyse morphométrique

Introduction

Avant les années 50, la plupart des réseaux hydrographiques ont été hydrologiquement décrits d'une façon qualitative, comme bien drainés et pauvrement drainé ou en se basant sur le cycle d'érosion de W.M.Davis (1899) en jeunesse, maturité et vieillesse. Le mécanisme de la formation et développement du cours d'eau était vaguement entrepris et assimilé par les géologues et les hydrologues. C'est à partir de la période d'Horton (1945) que des approches plus mathématiques ont été introduites dans l'analyse des cours d'eau dont il a décrit le bassin hydrologique en fonction des lois statistiques donnant naissance à la géomorphologie quantitative et à l'hydrologie également.

La disposition du réseau hydrographique est souvent le miroir de certains traits de l'évolution des phénomènes structuraux. Il fournit une première approximation de la sensibilité lithologique vis à vis de l'érosion. Les réseaux hydrographiques des bassins ont été réalisés à la base des cartes au 1/50.000, actualisés à l'aide des images satellites récentes (USGS, 2001), modèle numérique de terrain et générés ensuite à partir du WMS (Watershed Modelling System).

8.1- Installation du réseau hydrographique

La mise en place du réseau hydrographique des bassins du Tell Oriental algérien s'est faite à partir d'une topographie qui existait au Pliocène. A la fin du Pliocène, des mouvements tectoniques donnèrent au Tell son volume montagneux (Marre, 1992). Ces mouvements sont à l'origine de la reprise de creusement des cours d'eau qui ont pu inciser de profondes vallées et des gorges. Par ailleurs, des constatations peuvent être faite sur l'adaptation du réseau hydrographique à la structure d'un nombre de cours d'eau du Tell Nord Constantinois et Guelmien. Cependant, d'autres sections de ces cours sont inadaptées à la structure. C'est le cas de l'Oued Khemakhem qui coule en gorge dans les calcaires en détaillant la dépression des roches tendres, tout comme l'Oued Saf Saf à sa traversée de la chaîne numidique (gorge de Zardézas), ainsi que la sortie de l'Oued Seybouse du bassin de Guelma (gorge de la station de Nador).

Ces mouvements tectoniques tels que les accidents E-W et N-W-S-E, ayant fonctionné de la fin du Miocène jusqu'après le Pliocène sur la ligne Djebel Hahouner-Djebel Debagh jusqu'à Djebel Houara, ont contribué à l'installation du réseau hydrographique qui, en fonction de l'orogenèse, s'est enfoncé sur place sur la dernière surface. Il est donc à la fois surimposé à partir d'une vielle topographie dont l'achèvement date du Mio-Pliocène et il est antécédent par rapport aux derniers mouvements orogéniques fini-pliocènes (Marre, 1992). Les exemples de cette surimposition peuvent être illustrés dans l'Oued Khemakhem qui s'est surimposé à partir d'une topographie d'âge fini-Tertiaire.

Le tracé du réseau hydrographique qui traverse le bassin d'Azzaba fait penser à une surimposition dont à partir d'une topographie aplanie des grès qui entourent le bassin sous forme de sommets réduits et dispersés que le réseau hydrographique s'est surimposé. Nous avons également Djebel Abiod (473 m), appartenant au sous-bassin de l'Oued El Hammam, qui se distingue par un mont aplani (anticlinal couché) dont l'Oued Zeer le franchit par surimposition.

8.2- Analyse des paramètres physiques

Les paramètres morphométriques qui régissent le régime hydrologique des cours d'eau sont regroupés en deux types de relations morphométriques: relations de surface (surface, densité de drainage, fréquence des talwegs et indice de compacité), relations de relief (intégrale hypsométrique, coefficient orographique). Un autre paramètre est utilisé dans cette analyse, il s'agit de l'indice lithologique. Ce dernier, exprimé en pourcentage, est représenté par le rapport des roches érodables (argiles, marnes et marno-calcaires) et de la surface du sous-bassin (ou du bassin).

8.2.1- Relations de surface

Les composantes de surface utilisées ici appartiennent à une morphométrie qui peut être statistiquement traitée, puisque le dimensionnement de la surface est simplement le produit des facteurs linéaires. L'unité fondamentale des éléments de surface est la surface contenue au sein du bassin de quelconque ordre donné (A_0). La surface est très signifiante dans la géomorphologie du bassin.

8.2.1.1- Densité de drainage

La densité de drainage est définie par:

$$Dd = \Sigma L / A$$

où   Dd : densité de drainage (km^{-1})

       ΣL : longueur de tous les talwegs du sous-bassin (km)

       A : surface du sous-bassin

La densité de drainage présente un grand intérêt car elle est directement contrôlée par l'interaction de la géologie et du climat (Ritter, 1984). En général, les surfaces à substrat résistant ou celles caractérisées par des capacités d'infiltration élevées ont des cours d'eau espacés et donc des densités de drainage faibles. Quand la résistance ou la perméabilité de la surface décroît, le ruissellement devient plus important donnant des cours d'eau plus serrés et la densité de drainage tend à devenir plus élevée. A cela, s'ajoute l'abondance des précipitations, responsables de la pérennité ou l'intermittence des cours d'eau.

Les valeurs de densité de drainage obtenues des sous-bassins sont comprises entre 2,09 et 4,90 km^{-1} (Annexe 15). Ce sont les sous-bassins de l'Oued Mellah et l'Oued Saf Saf qui montrent les valeurs les plus élevées, avec des moyennes égales respectivement à 4,13 km^{-1} et 3,60 km^{-1}. Ceci

162

ressort également dans ces bassins qui atteignent des valeurs les plus élevées (Tableau 30). Une grande partie des autres sous-bassins appartenant aux bassins de l'Oued Kébir Ouest et l'Oued Bouhamdane montrent un meilleur drainage surtout au niveau des grès fracturées et des plaines, avec une moyenne de 2,86 et 2,78 km^{-1}.

8.2.1.2- Fréquence des talwegs

C'est le quotient du nombre de talwegs d'ordre 1 par la surface du sous-bassin (ou du bassin). C'est évidemment un paramètre qui rend compte d'un effet de densité en nombre, certainement comparable à l'effet de densité en longueur que représente Dd. Les valeurs de la fréquence des talwegs (F) varient entre 3,00 et 8,85. Les moyennes calculées montrent que les sous-bassins de l'Oued Ressoul et ceux de l'Oued Saf Saf ont des valeurs supérieures à 6,00 alors que les sous-bassins de l'Oued Mellah et l'Oued Kébir Ouest présentent des moyennes de 5,68 et 5,80. La permutation des oueds Ressoul et Mellah sur la base des valeurs de la densité de drainage et la fréquence des talwegs mettent en évidence l'existence d'un nombre plus important de talwegs, souvent plus courts (Figure 53, Tableau 30), des ordres inférieurs, qui évoluent sur les surfaces érodables argilo-gréseuses et marno-calcaires du bassin de l'Oued Ressoul. Les cours d'eau de l'Oued Mellah, par contre, ont tendance à se développer plus par érosion latérale d'où l'augmentation de la sinuosité et la longueur. Les plus faibles valeurs de la fréquence des talwegs sont observées dans les sous-bassins de l'Oued Zenati et l'Oued Sabath qui font partie du bassin de l'Oued Bouhamdane (Figure 53, Annexe 15).

Sans tenir compte des moyennes utilisées, nous constatons que, d'une façon générale, les oueds de Mellah, Saf Saf et Ressoul possèdent les plus fortes valeurs de la densité de drainage et la fréquence des talwegs (Tableau 30, Figures 53-54).

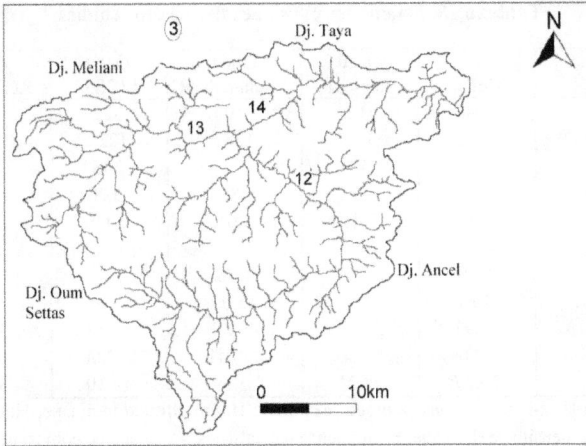

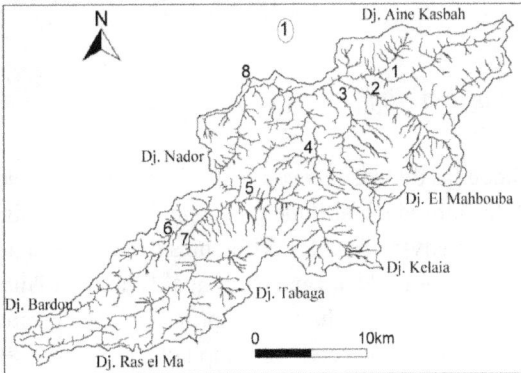

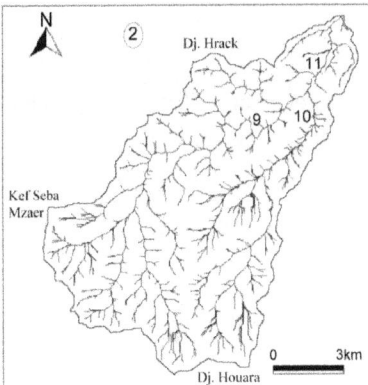

Figure 53. Réseaux hydrographiques des bassins versants de l'Oued Mellah (1), l'Oued Ressoul (2) et l'Oued Bouhamdane (3). 1- Oued Bouredine; 2- Oued Meza; 3- Oued Aouissia; 4- Oued Cheham; 5- Oued Rirane; 6- Oued Hammam; 7- Oued R'biba; 8- Oued Mellah, 9- Oued Guis; 10- Oued Bouala; 11- Oued Ressoul; 12- Oued Zenati; 13- Oued Sabath; 14- Oued Bouhamdane.

Tableau 28. Paramètres physiques des bassins étudiés.

Paramètres	Oued Mellah	Oued Ressoul	Oued Bouhamdane	Oued Saf Saf	Oued Kébir Ouest
S (km²)	550	103	1105	322	1130
Hmax (m)	1317	939	1281	1220	1220
Hmin (m)	96	58	270	206	25
Hmoy (m)	620	314	787	628	278
Dd (km⁻¹)	4,53	3,41	2,61	3,60	2,60
F (km⁻²)	6,07	6,84	4,30	5,90	5,28
C	1,45	1,25	1,76	1,27	1,14
Tc (heures)	9,18	5,50	15,00	5,00	17,00
HI (%)	42,93	29,06	49,50	41,62	21,17
CO	590,69	780,43	350,41	823,00	62,24
IL (%)	20,27	34,21	23,89	16,10	32,51

S: surface du sous-bassin; Hmax: altitude maximale; Hmin: altitude minimale; Hmoy: altitude moyenne; Dd: densité de drainage; F: fréquence des talwegs; C: indice de compacité; Tc: temps de concentration; HI: intégrale hypsométrique; CO: coefficient orographique; IL: indice lithologique.

8.2.2- Relations de relief

Ce groupe indique les dimensions verticales du bassin; il inclut les facteurs du gradient et de l'altitude. L'altitude moyenne des sous-bassins n'a pas été systématiquement analysée dans les différentes liaisons de la morphométrie du relief car il s'agit plus d'une caractéristique d'état dont l'influence ne se fait guère sentir qu'au niveau du climat (pluviosité, température). Elle est mieux représentée par le coefficient orographique et l'hypsométrie.

8.2.2.1- Coefficient orographique

Ce coefficient exprime le rapport de la différence entre l'altitude moyenne et minimale à la superficie totale du bassin de la façon suivante:

$$Co = Hmoy \times tg\alpha \qquad \text{d'où} \qquad tg\,\alpha = \frac{Hmoy - Hmin}{A}$$

avec   Hmoy : altitude moyenne (m); H min : altitude minimale (m)

A : surface du sous-bassin (km²)

Ce coefficient reflète l'énergie d'une morphométrie favorable ou défavorable à l'érosion. Il est donc un indicateur de l'intensité des processus de l'érosion opérant sur les versants dont il mesure la raideur générale du bassin. Ce coefficient est vraisemblablement analogue au relief ratio proposé par Melton (1957). Les valeurs du coefficient orographique oscillent entre 91,74 et 15.707 (Annexe 15). En tenant compte des moyennes calculées de ce coefficient, nous constatons que l'Oued Saf Saf et l'Oued Mellah présentent les plus fortes valeurs, ce qui implique une énergie élevée d'une morphométrie favorable à l'érosion. Mais si le coefficient est recalculé par la formule pour les cinq bassins, nous remarquons que ce sont les oueds de Saf Saf et Ressoul qui viennent en premier, suivi de l'Oued Mellah (Tableau 30). Ce sont les tronçons non considérés dans les calculs qui font changer le classement des bassins ou parfois c'est l'étendue qui influe sur le résultat, comme c'est le cas de l'Oued Mellah qui possède une dénivelée plus importante que l'Oued Ressoul mais une surface moins réduite.

8.2.2.2- Hypsométrie

Soumis aux processus géomorphologiques, la forme d'un bassin change avec le temps. Selon l'analyse classique de Davis (1899, 1905), le relief, la pente des versants, gradient des cours d'eau et la densité de drainage augmentent rapidement durant le stade de jeunesse pour arriver vers leur maximum en début de maturité, avant de décroître ensuite lentement (Schumm, 1956). Davis suggère que les bassins sont développés après un soulèvement tectonique brusque suivi de l'érosion du relief.

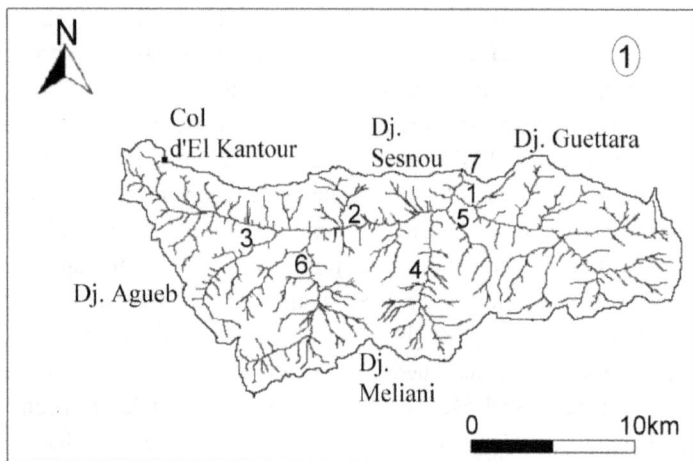

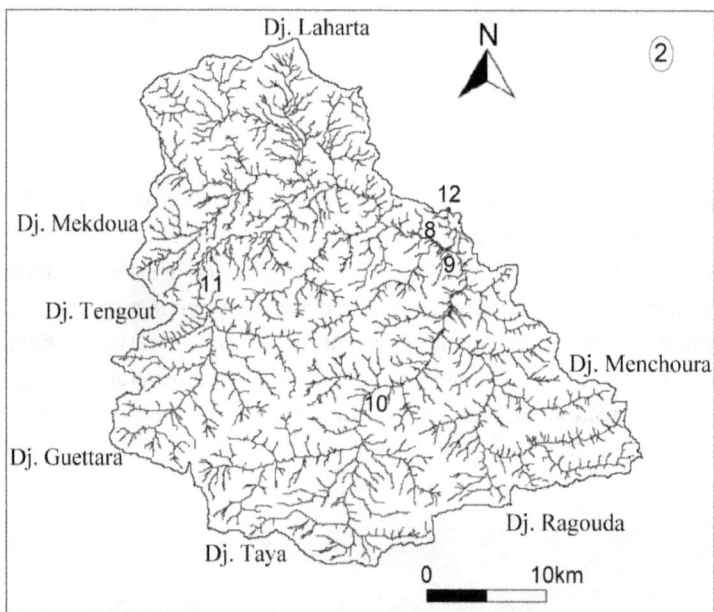

Fig. 54. Réseaux hydrographiques des bassins versants de l'Oued Saf Saf (1) et l'Oued Kébir Ouest (2). 1- Oued Khemakhem; 2- Oued Bou Adjeb; 3- Oued Beni Brahim; 4- Oued Khorfan; 5- Oued M'ta Rhumel; 6-Oued Rararef; 7- Oued Saf Saf; 8- Oued Emchekel; 9- Oued El Hammam; 10- Oued Mouger; 11- Oued Fendek; 12- Oued Kébir Ouest.

Scheidegger (1987) contredit cette hypothèse en affirmant que le soulèvement est un processus continu et qu'à travers l'histoire du bassin, il y a une tendance d'un équilibre entre les deux forces opposées, la tectonique et la dégradation par l'érosion. Ainsi, le stade de jeunesse correspondrait à une activité forte de ces deux processus antagonistes. Le stade de maturité correspondrait à une activité moyenne et donc à l'équilibre dynamique.

L'analyse des différents stades de l'évolution du relief est déterminée à partir de la courbe hypsométrique, données recueillies des cartes altimétriques - Annexe 16, de l'intégrale hypsométrique (HI). Cette dernière permet de calculer la masse actuelle du relief qui n'est pas encore consommée par l'érosion. L'intégrale hypsométrique est donc définie à partir de la formule de Pike et Wilson (1971):

$$HI = \frac{Hmoy - Hmin}{Hmax - Hmin} \times 100$$

Hmoy, Hmax, Hmin sont respectivement l'altitude moyenne, l'altitude maximale et l'altitude minimale. Une courbe hypsométrique ayant une forme concaco-convexe avec une intégrale hypsométrique entre 35 et 60% montre un stade de maturité où l'état d'équilibre du développement du bassin est atteint. Une courbe fortement concave et une intégrale hypsométrique inférieure à 35% donne un stade de fin-maturité dominé essentiellement par des collines et des buttes résiduelles. C'est la phase monadnock (Strahler, 1952). Les valeurs de l'intégrale hypsométriques varient entre 24,91% et 56,38% dont 25% des valeurs sont inférieures à 35%.

Les sous-bassins de l'Oued Kébir Ouest, l'Oued Ressoul et le sous-bassin de l'Oued Beni Brahim (bassin de l'Oued Saf Saf) correspondent à un stade de fin-maturité avancé, qui aboutit à une courbe hypsométrique concave plus allongée vers le bas (Figure 55). Ces sous-bassins ont atteint la phase monadnock où ces derniers sont caractérisées par une prédominance de collines dispersées, généralement moyennes à basses, aux sommets souvent arrondis. Ceci est bien visible dans ces sous-bassins où la proportion de zones basses reposant sur des roches sensibles augmente progressivement aux dépens d'une topographie plus vive formée de roches résistantes. Selon Strahler, cette situation est transitoire et lorsqu'elle sera terminée, cela aboutira à la restructuration d'une courbe ayant la forme normale de l'état d'équilibre (Rafael, 1990). Ceci n'est possible que lorsque les roches dures seront exposées, laissant un certain contraste entre la topographie des parties érodables et celles plus résistantes du bassin. Ce résultat ressort également dans les bassins de l'Oued Kébir Ouest et l'Oued Ressoul (Tableau 30).

Parmi les sous-bassins qui sont en état d'équilibre dynamique (stade de mi-maturité), nous remarquons que l'Oued Aouassia et l'Oued Bouhamdane présentent les valeurs de l'intégrale hypsométrique les plus extrêmes, avec respectivement 56,38% et 37,35% (Annexe 15). Par conséquent, l'Oued Aouassia présente une courbe moins concave dont la condition de "sub-maturité" peut être expliquée par un temps insuffisant qui s'est écoulé pour pouvoir atteindre la mi-maturité complète. Le relief, développé dans les conglomérats et les grès numidiens fracturés, semble accentué et la densité de drainage est assez élevée.

Dans l'ensemble, les bassins de l'Oued Bouhamdane, l'Oued Saf Saf et l'Oued Mellah montrent un stade de mi-maturité où plus de 50% du relief initial a été consommé par l'érosion. Ce sont actuellement des bassins en équilibre, donc l'atteinte de l'état régulier dans les processus de l'érosion et du transport au sein du système fluvial et les pentes qui y contribuent. Dans ce stade, le système comprend des vallées développées, adaptées à la réduction du volume montagneux avec des forces érosives suffisantes pour contrer les forces résistantes, à savoir la cohésion maintenue par le substrat dur, le sol et le couvert végétal (Strahler, 1952).

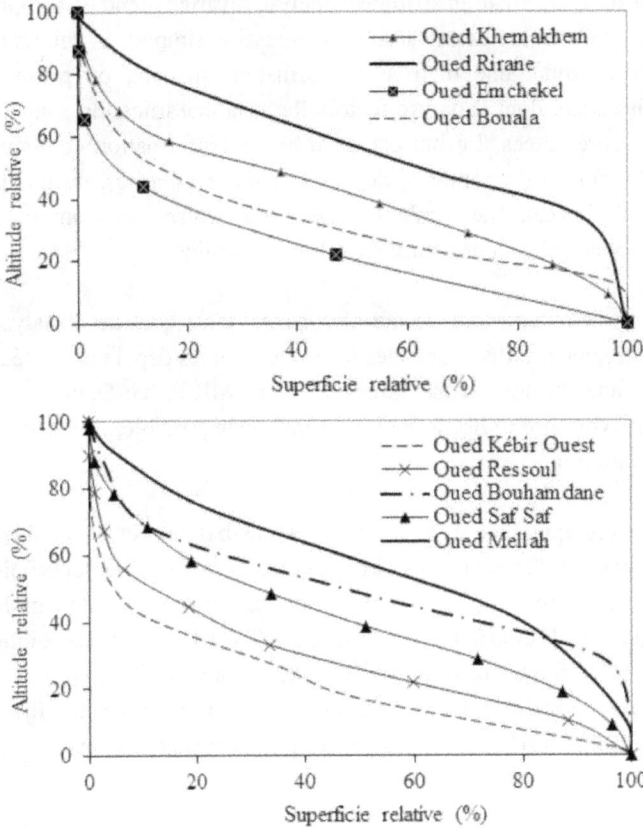

Figure 55. Courbes hypsométriques des sous-bassins et bassins.

8.3- Analyse en composante principale des paramètres physiques

Nous avons soumis quelques paramètres physiques à cette analyse pour les sous-bassins de la Seybouse et des côtiers constantinois afin de déterminer les affinités entre les sous-bassins et déduire en conséquence les paramètres les plus caractéristiques vis à vis de l'érosion.

Dans une matrice d'information spatiale, l'analyse bivariée prend en compte deux colonnes, c'est-à-dire deux variables (régression simple). Si l'on tente de tirer parti de toute une matrice d'information spatiale, on passe à l'analyse multivariée, dont l'analyse factorielle et la classification sont les deux formes représentées. Le but est de résumer l'information contenue dans un vaste tableau de nombres, de dégager des régularités, de mieux comprendre l'écheveau des relations existant entre les variables, donc réduire les données pour mettre en valeur l'essentiel.

L'analyse factorielle est une forme désormais classique de l'analyse multivariée, largement utilisée dans les sciences sociales depuis les années 60. Dans cette analyse nous avons utilisé le logiciel MICROGÉO, qui a été conçu pour pouvoir être utilisé aussi simplement que possible, de façon le plus souvent intuitive.

La méthode a été appliquée à 20 individus (sous-bassins) et 6 variables pouvant contribuer à l'érosion. Les variables retenues sont : la superficie (S), la densité de drainage (Dd), la fréquence des talwegs (F), l'intégrale hypsométrique (HI), le coefficient orographique (CO), l'indice lithologique (IL). Le paramètre forme du sous-bassin a été éliminé de l'analyse car il présente une très faible dispersion, un coefficient de variation égal à 0,10, ce qui le rend moins corrélatif avec les autres paramètres physiques.

8.3.1- Analyse des variables

L'analyse de la matrice des corrélations (corrélations de Spearman), illustrée dans le tableau 31, montre que la densité de drainage (Dd) est modérément et négativement corrélée à la surface (S) et positivement corrélée au coefficient orographique (CO). La surface est bien négativement corrélée au coefficient orographique. Ce dernier est également positivement corrélé à l'intégrale hypsométrique, qui elle-même est négativement liée à l'indice lithologique.

Les tableaux synthétiques des saturations des variables (Tableau 32) montrent que les trois premiers axes des facteurs permettent de représenter le maximum d'informations. Ces trois axes expriment plus de 80% de l'inertie totale dont le premier axe comprend 42%, le second axe 27% et le troisième axe 12% (6 variables).

Tableau 29. Matrice des corrélations entre les variables.

	Dd	A	F	HI	Co	IL
Dd	1,00					
A	-0,50	1,00				
F	0,38	-0,19	1,00			
HI	0,18	-0,11	-0,44	1,00		
Co	0,55	-0,78	0,15	0,57	1,00	
IL	0,00	0,09	0,25	-0,60	-0,40	1,00

La matrice des corrélations et le tableau synthétique des saturations des variables montrent que l'Axe I est très bien corrélé négativement à la surface et bien corrélé positivement à la densité de drainage et au coefficient orographique. L'Axe II montre une bonne corrélation négative à l'intégrale hypsométrique et positive à l'indice lithologique et à la fréquence des talwegs. L'Axe III montre une corrélation positive à la fréquence des talwegs et négative à l'indice lithologique.

Tableau 30. Tableaux synthétiques complets des saturations des variables.

Facteurs / Variables	I	II	III	IV	V	VI
1- densité de drainage	0,71	0,34	-0,39	-0,36	0,30	-0,10
2- surface	-0,85	-0,05	0,05	0,21	0,47	-0,07
3- fréquence des talwegs	0,41	0,70	0,52	0,02	0,14	0,22
4- intégrale hypsométrique	0,57	-0,70	-0,19	0,19	0,16	0,31
5- coefficient orographique	0,82	0,06	0,05	0,50	0,01	-0,26
6- indice lithologique	-0,32	0,72	-0,51	0,30	-0,09	0,15
Part de l'inertie	**42%**	**27%**	**12%**	**9%**	**6%**	**4%**

Le cercle des corrélations des variables montre que les axes I–II représentent 69% d'inertie (Tableau 33). En outre, l'axe I détermine surtout le relief car sa contribution ou la qualité de représentation dans cet axe est plus élevée par rapport aux autres variables et l'axe II exprime plutôt la lithologie. En outre, le cercle des corrélations, relié aux axes I-III avec 54% d'inertie, montre que l'Axe III est contrôlé par la fréquence des talwegs et l'Axe I est analogue au précédent.

La projection des variables sur l'axe I montre que le paramètre de l'érosion (densité de drainage) et celui de relief (coefficient orographique) s'opposent à la surface (Figure 56). L'axe II regroupe dans le sens positif la fréquence des talwegs et l'indice lithologique qui s'oppose à l'intégrale hypsométrique. Par contre, sur les axes I-III, la fréquence des talwegs s'oppose dans le sens négatif à la lithologie. De l'autre côté, la surface est négativement reliée à la densité de drainage et au coefficient orographique.

Tableau 31. Tableau analytique des saturations des variables.

Variables	Axe I (42%)			Axe II (27%)			Axe III (12%)		
	Sat.	Qual.	Contr.	Sat.	Qual.	Contr.	Sat.	Qual.	Contr.
Dd	0,71	50,50	20,20	0,34	11,30	7,00	-0,39	15,30	21,00
S	-0,85	72,50	29,00	-0,05	0,30	0,20	0,05	0,20	0,30
F	0,41	17,50	6,90	0,70	48,40	30,20	0,52	27,40	37,80
HI	0,57	32,10	12,90	-0,70	48,40	30,20	-0,19	3,50	4,80
CO	0,82	67,00	26,80	0,06	0,40	0,30	0,05	0,30	0,40
IL	-0,32	10,40	4,20	0,72	51,40	32,10	-0,51	25,80	35,60

Sat.: coordonnée d'une variable sur un axe ou coefficient de corrélation d'une variable avec un axe ; Qual. : qualité de représentation d'une variable par un axe en % ; Contr.: contribution d'une variable à l'axe en %.

La tendance à la liaison des paramètres de la densité de drainage et du relief à l'étendue, sur l'axe I, semble pouvoir exprimer l'actif de la morphologie des terrains sous diverses natures lithologiques (Figure 56). Une valeur élevée du coefficient orographique et de la densité de drainage caractérise les sous-bassins à faibles étendues. L'étendue croit à des valeurs fortes lorsque la proportion du sous-bassin au relief bas augmente et l'intensité de l'érosion décroît.

Afin d'interpréter cette relation sur la base de nos données, il est impératif de préciser que tous les sous-bassins analysés sont dans un stade de maturité, ce qui implique qu'ils se distinguent par des reliefs plus aérés avec des plaines alluviales bien développées ou des micro-plaines. Ainsi, les sous-bassins qui possèdent des reliefs assez forts à forts sont caractérisés par des densités de drainage élevées car la raideur des pentes contribue énormément au ravinement intense. Seulement, l'érosion continue par la hiérarchisation du réseau hydrographique contribue à l'élargissement de la vallée et la réduction du relief. L'expansion des parties amonts du système de drainage entraîne la consommation de la plupart des surfaces non disséquées et conduit, par conséquent, à l'allongement du bassin (Miller et al, 1990). Avec la réduction du relief, l'intensité du ravinement décroît progressivement car la pente du bassin devient moins favorable aux écoulements forts. En plus, l'existence des plaines favorise l'infiltration des eaux ruisselée dans le sol et le développement du système des méandres.

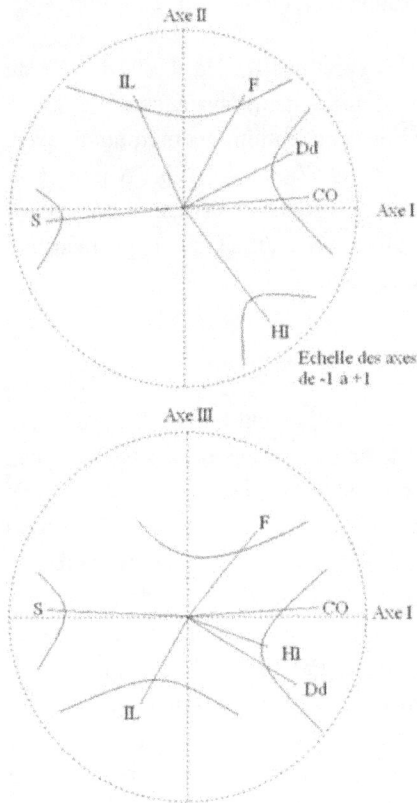

Figure 56. Plans de corrélations des variables.

Sur les axes I-III, l'incision par les talwegs des ordres inférieurs devient plus agressive sur les roches moins résistantes. Ce cas est particulièrement observé dans les oueds de Cheham, El Hammam et Bouhamdane (Annexe 15). A l'inverse, une diminution dans la répartition des roches érodables conduira en principe à une réduction de l'érosion par ravinement, surtout lorsque la topographie générale du bassin est moins élevée. Sur l'axe I, nous remarquons que l'intégrale hypsométrique est associée aux deux variables de la densité de drainage et du coefficient orographique. Ce paramètre montre, en effet, qu'il devient plus représentatif sur l'axe I, en décrivant un relief encore élevé du groupe d'individus qu'il représente.

D'une façon générale, l'association des variables IL, Dd, F et HI a été du moins énormément sollicitée par plusieurs auteurs ayant travaillé sur le principe de ces liaisons pour aboutir à des explications géomorphologiques, hiérarchie du chevelu et évolution du relief (Zavoianu, 1985, Miller et al, 1990). Selon, Strahler, les paramètres de l'érosion, résistance des roches montrent souvent une relation négative avec l'intégrale hypsométrique durant le stade jeunesse et à partir de la maturité.

8.3.2- Analyse des individus

Sur la base de la qualité de représentation et la contribution de chacun des individus sur les axes et, en relation avec des cercles des corrélations des variables que la projection factoriel des individus (axes I-II) nous a permis de voir la répartition des individus avec les six variables. Les sous-bassins ont été subdivisés en 4 groupes (axes I-II). Sur l'axe I, le premier groupe, défini par les oueds Hammam, Rirane, M'ta Rhumel et Khorfan, montrent une érosion encore forte et une orographie importante mais des surfaces plus réduites, inférieures à leur moyenne. Par contre, le second groupe, représenté par l'Oued Zenati, l'Oued Emchekel et El Hammam, présente une plus grande surface de leurs sous-bassins et une érosion et orographie faibles (Figure 57). Ils présentent une dominance des roches érodables qui caractérisent pour la majorité le stade de mi-maturité à fin-maturité.

L'Oued Sabath se distingue également par sa surface élevée mais sa position un peu éloignée sur l'axe I nous pousse à déduire de l'existence d'une autre contrainte, peut-être la dominance des roches résistantes, qui l'a fait écarter du groupe.

Le troisième groupe qui englobe les sous-bassins de l'Oued Guis, Oued Bouala, Oued Bouhamdane, Oued Cheham et Oued Beni Brahim se distingue par des valeurs élevées de la fréquence des talwegs et de l'indice lithologique. La qualité de contribution de l'oued Beni Brahim vis à vis de cette relation est assez faible (33%) car il présente une moins importante répartition des roches érodables. A l'opposé, les oueds Meza, R'biba, Aouassia, Rararef, Sabath et Bouredine montrent plutôt des valeurs élevées de l'intégrale hypsométrique (supérieure à 44%). L'opposition de l'un ou de l'autre des deux variables (IL, F) est pour la plupart nette car si l'intégrale hypsométrique est faible dans les sous-bassins du troisième groupe, les valeurs de la fréquence et l"indice lithologique sont faibles dans le quatrième groupe (Figure 57). Par ailleurs, ce groupe montre des sous-bassins dans le stade de mi-maturité avec un relief évolué et un substrat à l'affleurement plus résistant; d'où l'apparition d'un chevelu plus lâche que le troisième groupe se distinguant par un réseau hydrographique bien hiérarchisé, qui recoupe des roches plus érodables et une topographie modeste.

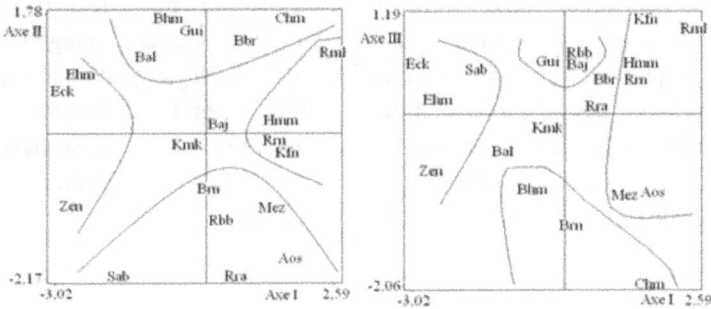

Figure 57. Plans factoriels des individus.

Sur les axes I-III, les mêmes sous-bassins du premier groupe (axe I), plus l'Oued Meza et l'Oued Aoussia, s'opposent par leur érosion et topographie au second groupe qui comporte les oueds Emchekel, El Hammam, Sabath et Zenati (Figure57). Ce dernier groupe est bien représenté par les grandes étendues des sous-bassins, les faibles valeurs de la densité de drainage et la topographie généralement modeste à faible. Sur l'axe III, les individus se trouvant dans la partie positive de l'axe se distinguent par une forte érosion linéaire due principalement, d'une part à la nature vulnérable de la roche (ex. Oued Guis) et d'autre part à sa structure perturbée (fractures, failles) comme à l'Oued R'biba, ce qui rend le tracé de quelques cours d'eau inadapté à la structure. Quant au groupe opposé, l'intensité du ravinement dépend plus de la vulnérabilité des roches de nature argileuse, marneuse et marno-calcareuse.

Cette analyse nous a permis de déceler un nombre de sous-bassins qui sont susceptibles de fournir d'importantes quantités de matières en suspension vers les cours d'eau. Ainsi, en tenant compte des paramètres de l'érosion, nous détectons surtout le sous-bassin de l'Oued Guis, 50% des sous-bassins de l'Oued Saf Saf et 100% des sous-bassins de l'Oued Mellah sont touchés par le ravinement et l'érosion latérale. Il en ressort donc, que ce sont les bassins versants de l'Oued Mellah et l'Oued Saf Saf les plus affectés par les processus d'érosion. Ces effets ont tendance à s'accroître et se généraliser comme l'explique le dynamisme actuel de ces oueds.

Nous avons marqué dans notre investigation que nous manquons d'informations en ce qui concerne la distinction des différentes intégrales hypsométriques et des systèmes de drainage modifiés par les perturbations tectoniques qui ont rejoué durant le Mio-Pliocène et les changements climatiques pendant le Quaternaire. D'autres études sur le sujet pourraient contribuer à mieux comprendre l'interaction des paramètres morphométriques et la géologie dans les sous-bassins.

CHAPITRE 9 : Identification des zones sensibles à l'érosion hydrique sur les versants

Introduction

Les processus de fragmentation et de météorisation fournissent des débris de taille variée qui peuvent être mobilisés et déplacés. Les processus de transport sont l'eau et le vent. L'eau liquide est un agent de transport azonal, qui agit sous tous les climats selon les modalités spécifiques en fonction du contexte climatique qui justifie d'inégales quantités d'eau disponibles et des couverts végétaux (Mietton et al., 1998, chap. 2). La topographie, les roches, les formations superficielles et les sols jouent aussi un rôle considérable.

Le ruissellement à l'échelle du versant est divers dans ses origines, ses modalités et les formes d'érosion associées. Du ruissellement diffus il est possible de passer au ruissellement concentré dans les griffures, des rigoles et des ravines qui peuvent par la suite alimenter l'écoulement des oueds. Les ruissellements sont susceptibles de conduire à des glissements de terrain sous l'effet de la déstabilisation de la pente du versant (par sapement de berge).

Déterminer les terrains les plus exposés aux problèmes de l'érosion hydrique relève de la précision des risques potentiels d'érosion. Il s'agit tout d'abord d'identifier les différentes formes de l'érosion, puis cartographier les zones potentiellement érodables. La démarche peut s'appuyer sur :

- l'application de modèles (Viguier, 1990; Conesa Garcia, 1990),
- l'analyse d'images satellitaires (Alary, 1998; Mathieu et al., 1993),
- ou la connaissance des phénomènes acquise sur le terrain, ainsi sur l'examen approfondi de certains documents.

9.1- Les principaux facteurs de l'érosion

Afin de réaliser une cartographie des zones potentiellement productrices de matériel sédimentaire, il convient de fournir un aperçu sur les facteurs qui conditionnent les modalités et les rythmes de l'érosion: l'agressivité des pluies, l'érodibilité des sols et des roches, la topographie et le couvert végétal.

L'érosion des sols se développe lorsque les eaux de pluie, ne pouvant pas s'infiltrer dans le sol, ruissellent sur les versants en entraînant les particules de terre. Le refus du sol d'absorber les eaux en excédent apparaît soit lorsque l'intensité des pluies est supérieure à la capacité d'infiltration de la surface du sol, soit lorsque la pluie touche une surface partiellement ou totalement saturée par une nappe. Ces deux types de ruissellement apparaissent généralement dans des milieux différents pour donner d'une part une érosion aréolaire par ruissellement diffus et/ou en rigoles et, d'autre part, une érosion linéaire par ruissellement concentré.

9.1.1- Agressivité des pluies

L'érosivité du climat dépend essentiellement des caractéristiques des précipitations, car elles conditionnent les modalités de l'érosion: saisonnalité des pluies, fréquence et intensité des orages. En effet, les pluies déclenchent les phénomènes de destruction des agrégats du sol nu sur les versants et le ruissellement assure le transport des particules détachées (Ellison, 1945). Ainsi, les précipitations jouent manifestement un rôle important dans le déclenchement des processus géomorphologiques relevant de l'érosion hydrique en deux façons:

- au point de contact avec le sol, les gouttes de pluie contribuent au rejaillissement de particules de terre, surtout lorsque l'intensité de pluie est plus forte. En revanche, l'impact des gouttes de pluie modifie l'état de surface du sol, entraînant la formation du phénomène de battance qui réduit la perméabilité du sol en surface,
- l'intensité des pluies conditionne le déclenchement du ruissellement superficiel par la saturation momentanée des pores du sol.

179

Mais l'intensité n'est pas tout et il arrive qu'un épisode pluvieux, s'il se produit à la suite de précipitations prolongées et/ou répétées, constitue fréquemment un facteur d'agressivité potentielle du milieu et confère une rythmicité saisonnière à certaines manifestations de la dynamique érosive.

Les recherches sur l'érosion ont abouti à la mise au point de différents indices d'érosivité du climat dont nous distinguons:
- l'indice C de Fournier qui montre qu'au niveau des grands bassins versants, il existe une bonne corrélation entre les transports solides et l'indice de la forme:

$$C_F = p^2/P$$

où p : précipitation moyenne du mois le plus humide (mm),
   P: précipitation moyenne annuelle (mm).
- la F.A.O. (1977) a modifié l'indice de Fournier, en introduisant le calcul de la somme des douze indices mensuels:

$$C = \Sigma p_i^2/P$$

où p : précipitations moyennes de chaque mois (mm),
   P: précipitations moyennes annuelles (mm).
- l'indice d'agressivité climatique R (Wischmeier, 1959), qui présente un grand intérêt du point de vue scientifique. Il reflète les relations entre les pertes en terre sur parcelles expérimentales et les caractéristiques des pluies. Il est de la forme:

$$R = (Ecg \times I_{30} \times 12,9)/1000$$

où Ecg: énergie cinétique globale d'une pluie unitaire (kgm/m²),
   I_{30}: intensité maximale en 30 min (mm/h).
 Ecg est la somme des énergies cinétiques (Ec) calculées pour chacune des phases de l'averse et Ec correspond au produit de l'énergie unitaire par la hauteur d'eau précipitée (kgm/m²/mm):

$$Ec = (1,214 + 0,89 \log_{10}I) \times H$$

où I: intensité de la phase pluviométrique (mm/h),

H: hauteur d'eau de la tranche de la phase pluviométrique considérée (mm).

9.1.2- Vulnérabilité des roches et érodibilité des sols

Nous opposerons, en première approche, les roches des formations meubles et les roches cohérentes. Les premières seront directement érodables, dès lors que les conditions favorables seront réunies (couvert végétal absent ou clairsemé, entrée en action d'un agent d'érosion, topographie,……..). Les marnes et les argiles seront livrées à l'érosion hydrique. A l'inverse, les calcaires ou les affleurements de grès ne pourront être érodés que si le matériel est préparé par l'altération à travers les fissures et les diaclases.

La notion d'état de surface nous renvoie directement vers la notion d'érodibilité, ce qui signifie la sensibilité d'un sol nu à l'érosion pluviale qui dépend de ses qualités intrinsèques: texture, structure, teneur en matière organique, la perméabilité,… (Lageat, 2004). Wischmeier a proposé d'étudier l'érodibilité du sol au champ, dans des conditions standards qui servent de référence en tous points du globe. Il a utilisé pour cela l'indice d'érodibilité du sol (K), qui est de la forme:

$$K = \frac{E}{R \times 2,24}$$

où E : érosion en t/ha/an

R : indice d'agressivité climatique

A partir des différentes observations, le groupe de Wischmeier (1971) a établi un nomographe qui permet de calculer directement l'érodibilité du sol en fonction des sus-citées qualités intrinsèques, à l'exception de la matière organique.

9.1.3- Topographie

La topographie influence l'énergie du ruissellement superficiel et le développement de l'érosion, du moins lorsque le sol est nu ou peu couvert par la végétation. Les terrains montagneux avec une altitude et un relief excessifs sont connu comme étant des régions pouvant produire anormalement des quantités élevées de transports solides, particulièrement là où les roches sont vulnérables (Corbel, 1959; Hadley et Schumm, 1961; Ahnert, 1970) ou récemment affectées par une perturbation tectonique (Li, 1976).

Les principaux éléments topographiques qui interviennent dans les phénomènes de l'érosion sont l'inclinaison et la longueur de la pente. L'inclinaison de la pente favorise le déplacement des particules détachées par le splash vers l'aval et également le ruissellement et le transport des particules, surtout sur sol nu. Lorsque la pente du versant augmente, l'énergie du ruissellement peut dépasser celle de la pluie et devenir ainsi abrasif (Fiandino, 2004). Sur des versants fortement inclinés, le ruissellement se concentre et peut devenir la cause principale de l'érosion, surtout en zone méditerranéenne (Heusch, 1970). L'exemple fourni par Roose (1977) en Afrique Occidentale à propos des effets du ruissellement est, à cet égard, très démonstratif. Le passage d'une pente de 1,25% à 2% se traduit par un doublement du coefficient de ruissellement (qui passe de 16 à 30%) et de l'érosion moyenne (qui passe de 5 à 12 t/ha/an).

Zingg (1940) a utilisé à partir d'un nombre d'expériences élaborées aux USA l'équation qui définit l'érosion avec:

$$Xc = 0,065 \ S^{1,49}$$

où   Xc: perte en sol

S: pente en %

Il a trouvé qu'en doublant la valeur de la pente, la perte en terre augmente de 2,8 fois. Par ailleurs, Martin (1986) estime que les pertes en terre croissent de façon exponentielle avec la pente. La relation est de la forme:

$$E = k \times S^b$$

où E: érosion en t/ha/an,

k: constante correspondant aux conditions locales (type de sol, couvert végétal, dimensions de la parcelle, conditions climatiques particulières),

S : pente en %.

b: exposant qui varie entre 1,2 et 2,2

En ce qui concerne la longueur des versants, plus le versant est long, plus le ruissellement superficiel peut s'accumuler, se concentrer et atteindre une vitesse d'écoulement suffisante pour transporter des matériaux du sol. Toutefois, la longueur de la pente n'est pas tout à fait indépendante du couvert végétal, des techniques culturales et des conditions climatiques. Wischmeier et Smith (1960) ont proposé un abaque qui traduit les influences de la longueur et de la pente selon la formule suivante:

$$SL = \frac{\sqrt{L}}{100} \times (0,76 + 0,93\ S + 0,076\ S^2)$$

où L : longueur de la pente exprimée en pieds (1 pied = 0,3048 m)

S : pente en %

En fonction de la pente et la longueur, Zingg a remarqué qu'en doublant la longueur de la pente, l'érosion a augmenté de 3,03 fois avec :

$$Xc = 0,0025\ L^{1,53.}$$

où Xc : perte en terre

L : longueur de la pente (pied)

9.1.4- Occupation du sol

Le couvert végétal est d'autant plus efficace contre l'érosion qu'il absorbe l'énergie cinétique des gouttes de pluie, diminue l'effet de battance et contribue à réduire la vitesse du ruissellement à la surface du sol. La végétation peut intervenir contre l'érosion hydrique de surface de deux manières: d'une part, elle peut empêcher l'ablation du substrat, d'autre part, elle peut favoriser la sédimentation, en retenant les sédiments érodés plus à l'amont (Rey et al., 2004).

Au sol, la végétation permet de lutter contre le ruissellement, en augmentant l'infiltration de l'eau (Cerdà, 1998). Elle constitue ainsi un écran à la surface du sol, barrant le cheminement des filets d'eau. De plus, la végétation améliore les propriétés physico-chimiques des sols. Zordia (1977) précise que la pédogenèse sous forêt est plus importante que sous n'importe quelle autre formation végétale à cause de la biomasse et l'activité biologique importante et l'enracinement.

Concernant la régularisation hydrologique jouée par la végétation, Richard et Marthys (1999) ont fait une comparaison entre un bassin versant dénudé et un bassin versant végétalisé. Ils ont observé une augmentation du seuil minimal de pluie pour obtenir un ruissellement d'où la réduction de la fréquence des crues. La forêt est capable de réduire d'au moins 80% la pointe de crue et d'au moins 50% le volume ruisselé rapidement (Combe et al., 1995). Cependant, des études ont montré que l'érosion augmente avec le pâturage, responsable d'une disparition partielle de la couverture végétale protectrice, surtout lorsqu'il s'agit d'un pâturage intensif (Roose et al., 2002).

La végétation peut également exercer un effet positif sur la sédimentation des particules, grâce à des processus de piégeage et de rétention d'une partie des sédiments érodés dans le bassin versant. En conséquence, de grandes quantités de sédiments sont piégées et ne rejoignent pas l'exutoire des bassins.

De bonnes techniques culturales peuvent contribuer à l'augmentation du couvert végétal, à l'amélioration de la stabilité structurale du sol et à l'accroissement de sa perméabilité. L'utilisation du facteur C (Wischmeier et Smith, 1960) est susceptible d'aider à la définition des techniques culturales les mieux adaptées à chaque culture. Il est le rapport entre l'érosion mesurée sous une culture bien précise et sur une jachère nue de référence. Il varie de 0,001 (forêt dense) à 0,9 pour un couvert végétal beaucoup moins dense; il est égal à 1 sur un sol nu.

D'une façon générale, la densité de la couverture végétale permet de déterminer l'existence d'un ruissellement. Jusqu'à 70% de couverture végétale, l'eau ruisselle en grande partie (ruissellement diffus ou concentré); au-delà, l'eau percole et ne ruisselle plus, sauf s'il y a saturation des sols (Rey et al., 2004).

9.2- Formes de l'érosion

La gamme des processus de l'érosion est très variée et inégalement dispersée dans l'espace. L'évolution des formes est souvent rapide et s'accompagne par une instabilité de certains versants. Ravinements et mouvements de masses se développent et prennent des dimensions variées, parfois très grandes dans certaines conditions précises, comme le montrent les exemples suivants.

9.2.1- Ruissellement diffus

Les versants exposés au nord où se développe un couvert végétal consistant sous forme de forêt ou de maquis, même sur des pentes assez fortes (> 17%), se distinguent par un ruissellement diffus embryonnaire n'empêchant pas la pédogenèse. C'est le cas de l'Oued Bouala qui présente des formations quaternaires aux pentes inférieures à 15%. Ce type de ruissellement est observé également sur les versants marno-calcaires (Figure 58), occupés par les céréalicultures et des lambeaux de maquis. Dans le bassin de l'Oued Mellah, ce ruissellement est élémentaire sur les surfaces à substrat gréseux, dominées par la forêt et les maquis denses.

L'exposition vers le sud des versants les privent d'une humidité importante et les exposent à l'ensoleillement et au dessèchement. Cette situation ne favorise pas l'altération et par conséquent empêche le développement du sol, qui joue le rôle de tampon. De ce fait, les versants évoluent par décapage qui peuvent atteindre des stades plus avancés de l'érosion linéaire. Ce type de ruissellement est observé un peu partout dans les bassins étudiés. Dans le bassin de l'Oued Ressoul, et plus particulièrement sur les versants aux pentes supérieures à 15%, ce ruissellement diffus par décapage se développe là où affleurent les marno-calcaires et les grès argilo-schisteux et argilo-calcareux (sous maquis clairsemé).

Ce ruissellement évolue au niveau des formations lithologiques vulnérables et même résistantes lorsqu'elles sont peu végétalisées, sur les versants des djebels appartenant au bassin de l'Oued Mellah, tels que les djebels Zouara, Safiet el Aouied et Koutz (Figue 58). Les assises gréseuses et les dépôts travertineux du sous-bassin de l'Oued Zenati et les surfaces argileuses et marneuses du sous-bassin de l'Oued Bouhamdane (pentes modérées) sont aussi concernés par ce processus.

De même, le ruissellement diffus intervient sur n'importe quelle surface inclinée des bassins de l'Oued Saf Saf et l'Oued Kébir Ouest. Il attaque essentiellement les terrains nus ou peu végétalisés, en roches non cohérentes, telles que les marnes, argiles du Miocène (Oued Saf Saf) et du sous-numidien (Oued Kébir Ouest) et les flyschs de tout genre. Les surfaces gréseuses et conglomératiques sont également touchées par ce processus. Il s'agit surtout de la partie médiane du bassin de l'Oued Kébir Ouest (région de Roknia-Bouati Mahmoud), Beni Medjaled (partie amont de l'Oued Khemakhem) et de Beni Oufline (versants draines par les oueds Rararef et Kranga).

L'action principale de ce phénomène consiste en un transport plus ou moins durable des particules fines, essentiellement des argiles, des limons mais aussi des graviers. Par endroits, ce ruissellement est annihilé par les obstacles que lui opposent les gros blocs ou fragments des grès numidiens ou des conglomérats disséminés sur les versants. Ceci provoque la diffluence du ruissellement et la création de filets anastomosés. Il est nécessaire que ces formes soient effacées par certaines pratiques agricoles et les maquis dégradés revégétalisés. Dans le cas contraire, les chenaux vont se transformer, pendant les averses, en des chenaux plus profonds, lesquels vont creuser davantage pour devenir un ruissellement concentré.

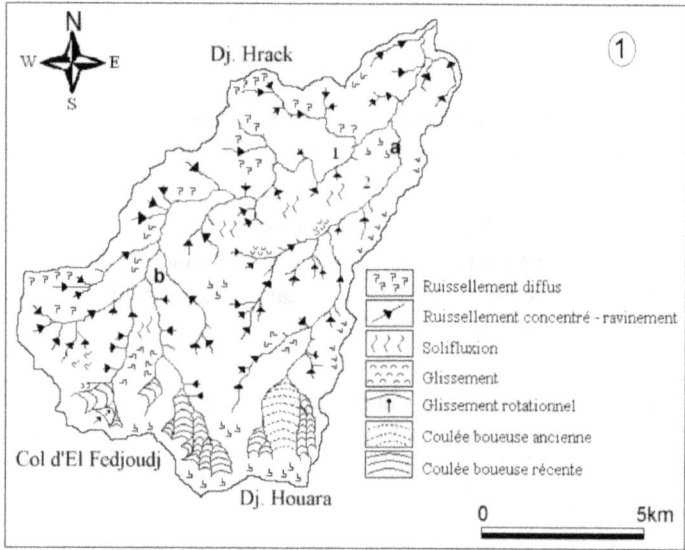

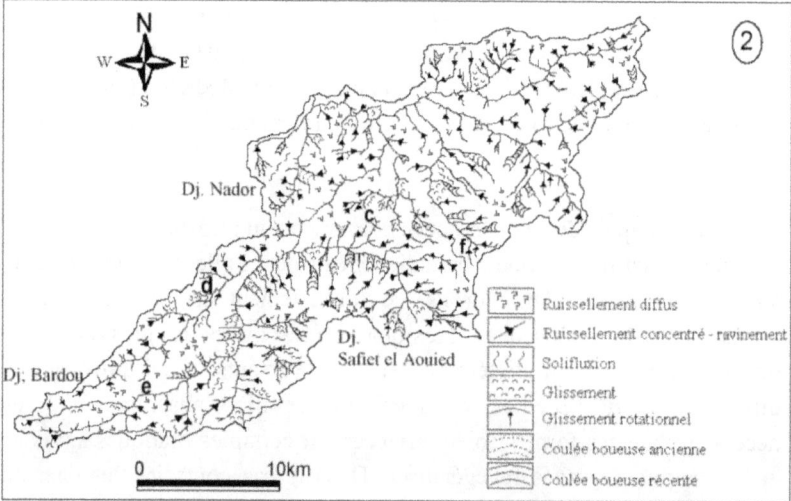

a:Ain Berda;**b**: Nechmeya;**c**: OuedCheham; **d**: Hammam N'Bails; **e**: Djebel Zouara; **f**: Mechroha.

Figure 58. Formes de l'érosion dans les bassins versants de : 1- Oued Ressoul; 2- Oued Mellah.

9.2.2- Erosion linéaire

9.2.2.1- Ruissellement concentré

Le ravinement élémentaire intervient par une dégradation superficielle et est conditionné par certaines conditions géomorphologiques (lithologie et topographie). Il apparaît sur les formations érodables à pente moyenne (5-15%), à la suite de pluie violente. Ces formes commencent en rigoles peu profondes (10-15 cm), se développant surtout sur les champs labourés dans le sens de la pente. Il peut se transformer en ravinement concentré, proprement dit, à mi-pente pour donner les talwegs d'ordre 1 et à des ravins en bas de pente.

Le ruissellement concentré est omniprésent sur tous les versants drainés par les chaâbets. En effet, les chaâbets se développent dans les zones moins armées où les pentes sont assez élevées. En se référant au nombre des talwegs des ordres inférieurs, nous constatons que:

- les surfaces marno-calcaires du bassin de l'Oued Ressoul montrent la plus importante répartition du ruissellement concentré (Figure 58 et Photo 1),
- dans le bassin de l'Oued Mellah, ce sont surtout les formations calcaro-marneuses et argilo-gypseuses du Trias qui favorisent ce type de processus (Figures 8, 58), à savoir, les affluents de l'Oued Rirane, l'Oued Cheham et l'Oued Hammam,
- malgré sa surface réduite, le sous-bassin de l'Oued Bouhamdane montre la plus grande densité du ruissellement concentré qui se manifeste sur les surfaces tendres (argiles et marnes).

En l'absence des terres fertiles (cas de l'Oued Ressoul et l'Oued Mellah) et/ou par manque de maîtrise des pratiques culturales liée à la céréaliculture (Oued bouhamdane), la population a été poussée à exploiter les versants fragiles à la limite de leur équilibre.

Pour les deux autres bassins, c'est toujours dans les régions de Roknia et Sebt que ce processus est fréquent, surtout lorsqu'il s'agit de sols souvent profonds (type vertisols et marrons). A l'Oued Saf Saf, les rigoles sont observées généralement au nord sur les versants des djebels Bou Aded, Kantour, Teffaha et Guettara (Figure 59). Elles sont également présentes sur les versants de l'Oued Rararef.

Photo 1. Photos montrant le ravinement dans les marno-calcaires au Col d'El Fedjoudj.

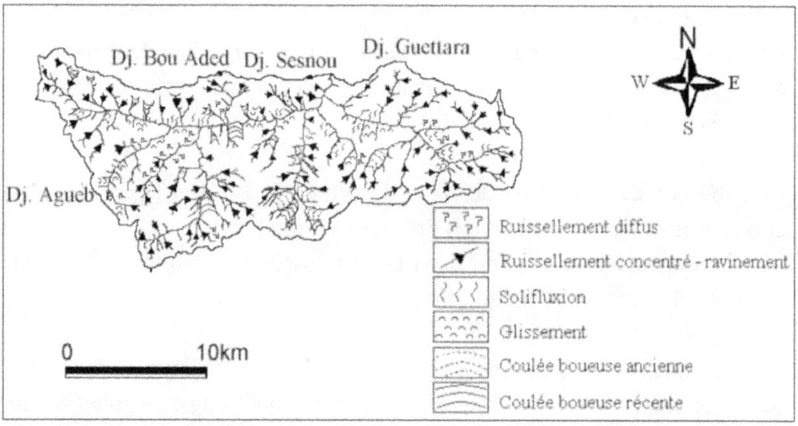

Figure 59. Formes de l'érosion dans le bassin versant de l'Oued Saf Saf.

189

9.2.2.2- Ravins

Les ravins prennent différents aspects et deviennent particulièrement redoutables dans certains terrains à forte pente et quand les précipitations se prolongent et sont de forte intensité. Ce sont essentiellement dans les formations homogènes et constituées de roches tendres et moyennement résistantes qu'on les observe aisément. C'est ainsi que dans les zones vulnérables que s'étend tout un réseau d'entailles assez profondes, généralement rectilignes et ponctuées de temps en temps par des chaâbets comme le souligne les exemples de l'Oued Guis (avec un substrat marno-calcaire et flysch à caractère argileux), les principaux affluents de l'Oued Rarem (sur roches de type calcaires et marnes, roches tendres du Trias) et l'Oued Bouhamdane (argiles et marnes).

En revanche, dans les formations exclusivement ou à dominance marneuse et argileuse, telles que celles situées entre El Aria et Ain Abid (marno-calcaires), à l'est du village de Oued Zenati (marnes), à Medjez Sfa (formations du Trias), sur le versant sud de Djebel Zouara (argiles gréseuses du Miocène) et sur le versant nord de Djebel El Arous (calcaires et marnes), prédominent des formes variées dont le stade ultime est celui des badlands (Figures 58, 59); paysage exclusif des deux bassins de l'Oued Bouhamdane et l'Oued Mellah. En se réduisant considérablement, les interfluves deviennent ainsi de simples arêtes et sont de plus en plus étroits et découpés.

Ce sont les oueds de Fendek et Mouger qui montrent le ravinement le plus agressif du bassin de l'Oued Kébir Ouest. Ainsi, les oueds Smara et Kouhiel (sous affluents de l'Oued Fendek) dont l'un traverse la vallée de Sidi Bou Fernana et l'autre qui draine les versants dénudés de Koudiet Kabbous, sont très encaissés et charrient énormément de matériaux vers l'Oued Emchekel. Par ailleurs, l'encaissement des ravins est plus visible dans l'Oued Mouger et l'Oued El Hammam. En effet, le ravinement au niveau de l'Oued Roknia et ses affluents, entaillant une partie des argiles sous-numidiennes partiellement boisée, et l'Oued Djarta qui recoupe les grès micacés, se soldent par une grande ablation de terrains et des quantités considérables de sédiments sont entraînées vers l'Oued Mouger pour être ensuite acheminés vers l'Oued Kébir Ouest.

Egalement, l'Oued El Hammam qui représente le cours d'eau principal du barrage de Zit Emba et son affluent Oued Mendjel qui draine un versant non boisé sur les marno-calcaires, sont intensément incisées et disséqués. Ce dernier est caractéristique d'un paysage sur dégradé qui tend à donner des badlands.

Dans les zones de flyschs et des conglomérats par endroits, les ravins sont bien entaillés, assez profonds à profonds; comme le montre Chaâbet M'ta Rhumel, Oued Ain Mira, Oued Greer, Oued Khorfan et Oued Beni Brahim (Figu.re59). Ces ravins transportent des blocs, des galets, et des matériaux fins qui sont entreposés à la confluence des oueds Khemakhem et Bou Adjeb (Photo 2). Pendant les averses, l'écoulement des différents ravins devient violent, le creusement et le sapement latéral des berges deviennent actifs, surtout sur les pentes fortes.

Ceci peut être décelé le long de la route menant de Zardézas à Oued Habeba, où de grands fossés sont creusés par les eaux, donnant par la suite des ravins bien développés. Dans d'autres secteurs, comme à Koudiet Erneb, Bled Teffaha, Mta el Kef, El Maamria et Ain el Kelb, le ravinement devient généralisé. Ces versants en pentes assez fortes à fortes (15-25%) ont subi d'importants défrichements. Dans les secteurs où les grès et les conglomérats constituent la quasi-totalité des deux formations, les ravinements sont considérables avec des versants bien façonnés (Amirèche, 1984).

Photo 2. Photos du matériel grossier transporté dans l'Oued Saf Saf et son affluent.

191

9.2.3- Mouvements de masse

Les mouvements de masse marquent souvent une évolution très avancée, voire irréversible. En effet, ils sont particulièrement fréquents dans les secteurs marneux et argileux très humides. Ils trouvent dans les versants modelés par la solifluxion, souvent ancienne, un terrain de prédilection. Ce sont des accidents de tailles variées, de quelques mètres à quelques kilomètres parfois. Les versants atteints par ces mouvements de masse présentent un paysage chaotique. C'est une succession de replats, d'abrupts et de contre-pentes isolant des dépressions fermées (Sari, 1977). Ils affectent à la fois les sols et les formations détritiques.

9.2.3.1- Solifluxion

Il s'agit d'une lente descente d'une pellicule superficielle du versant (solifluxion pelliculaire) ou de loupes de solifluxion souvent de taille métrique à quelque fois décamétrique. Ce phénomène affecte, en général, des versants constitués de marnes et d'argiles très plastiques et ayant des pentes supérieures à 10°.

La solifluxion pelliculaire est la plus répandue dans les 3 sous-bassins de la Seybouse. Elle se traduit par des bossellements qui sont essentiellement présents dans les bassins de l'Oued Bouhamdane et l'Oued Mellah (Figure 58). Elle affecte les versants en particulier calcaro-marneux et argileux du Miocène de l'Oued R'biba et les versants marneux et argileux de l'Oued Zenati et l'Oued Bouhamdane. Ce processus se localise également sur les versants gréso-micacés de l'Oued Guis.

Cette forme d'érosion est très répandue dans le bassin de l'Oued Saf Saf (Figure 59). Nous pouvons observer de telles formes sur les argiles gypseuses, les grès argileux et à un degré moindre sur les grès numidiens.

De plus, cette solifluxion qui confère aux versants d'une topographie moutonnée, se distingue surtout sur les versants argileux du sous-bassin de l'Oued El Hammam (région de Roknia).

192

Les loupes de solifluxion sont moins fréquentes, elles deviennent effectives quand les solifluxions pelliculaires passent à des déchirures semi-circulaires avec migration du matériel en aval. Les plus représentatives formes sont observées dans les oueds de Bouhamdane et Saf Saf. Elles sont situées dans le premier bassin au nord-est de Bordj Sabath et à l'ouest de la localité de Taya, et dans le second sur le versant sud de Djebel Teffaha.

9.2.3.2- Glissements

Les glissements en planche sont liés à un sapement de l'Oued à la base des versants aux roches tendres. Dans le bassin de l'Oued Bouhamdane, ces glissements se répartissent près de la confluence de l'Oued Bouhraoua, à Chaâbet Beni Sekfal, Chaâbet Ain Radif (sous affluents de l'Oued Bouhamdane), à Chaâbet Ain Resfa (sous affluent de l'Oued Zenati) et au pied de Koudiet Bou ed Dis où affleurent les marnes (à la confluence de Oued Zenati et l'Oued Bou Skoum). Nous remarquons également l'existence de glissements en masse qui se traduisent par l'ouverture d'une niche d'arrachement à l'amont du versant. Ces glissements sont nombreux à l'ouest de la localité de Taya (route reliant Taya à Bordj Sabath), à l'aval de l'Oued Zenati et à Chaâbet Bou Said (sortie de Oued Zenati en direction vers Guelma; photo3), ainsi qu'aux alentours de Chaâbet Abd ed Dida à l'extrémité nord-est du bassin (Aiche, 1996).

En ce qui concerne les glissements rotationnels, il n'existe qu'une seule forme visible sur le versant exposé au nord de l'Oued Bouhamdane (route Taya-Bordj Sabath). Il s'effectue sur une formation argileuse qui joue le rôle de soubassement. La masse glissée présente un replat et une contre-pente derrière laquelle peut s'installer une mare.

Les glissements dans le bassin de l'Oued Ressoul sont moins fréquents, il ne s'agit que des petits glissements en masse le long de la route Ain Berda-Nechmeya (Figure 58). Quelques autres sont visibles au pied du Col d'El Fedjoudj.

Photo 3. Photos montrant les glissements en masse sur le versant de Chaâbet Bou Said.

Le plus important nombre de glissements se trouve dans les sous-bassins des oueds Hammam, R'biba et Rirane appartenant à l'Oued Mellah (Figure 58). La plupart de ces glissements sont soit des glissements en planche, soit des glissements en masse (Photo 4). Parmi ces derniers, il existe des formes héritées qui ont été plus au moins réactivées durant des années humides. D'autres glissements de moindre importance se localisent sur versants de l'Oued Zarin, Chaâbet Hallig et l'Oued Aouassia. Par ailleurs, nous décelons qu'un seul glissement rotationnel, situé sur la rive droite de l'Oued R'biba dont le soubassement est principalement marneux.

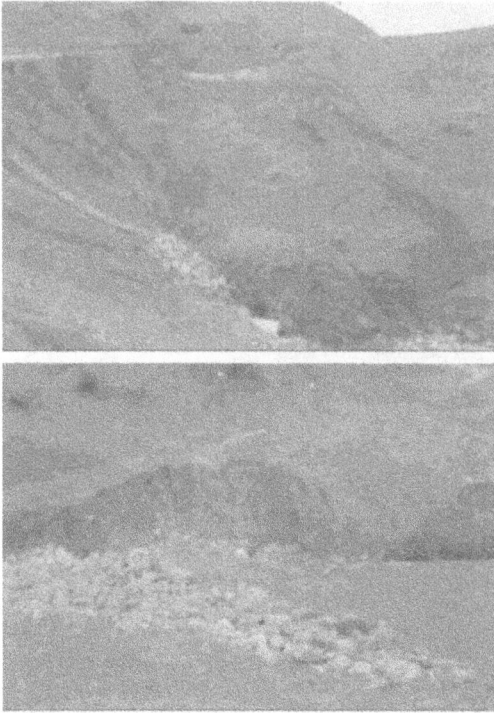

Photo 4. Photos montrant les glissements de terrain dans la région de Medjez Sfa.

Les formes de glissement sont également bien répandues dans le bassin de l'Oued Saf Saf. Ils sont remarquables dans les formations argilo-gypseuses et les flyschs (Figure 59). Les glissements sont plus souvent en planche ou en masse et c'est cas des oueds Beni Brahim, Bou Adjeb et Khemakhem qui présentent le mieux ces formes d'érosion (Photo 5). Dans ces séries sédimentaires, les plans de stratifications et de glissements sont parallèles aux versants, ce qui favorise ce type de glissement. Parfois, une partie de la basse terrasse est emportée soulignant le rôle du sapement de berge à provoquer le déséquilibre du versant. Même sur les formations gréseuses, des glissements peuvent intervenir, où le soubassement est plutôt argileux et c'est le matériel superficiel meuble qui se déplace. Cette situation est observée en amont de l'Oued Kranga, qui forme l'union avec l'Oued Beni Brahim.

Photo 5. Photo montrant un glissement de terrain sur le versant de la rive gauche de l'Oued Bou Adjeb (juste avant sa confluence avec l'Oued Khemakhem).

A l'état de dégradation des banquettes de DRS, localisées sur la rive gauche de l'Oued M'ta Rhumel, des glissements et des coulées boueuses apparaissent. Ce phénomène se développe sur des versants restaurés, à pente forte. Lors des averses, nous assistons à un débordement de l'eau qui peut initier la formation de rigoles et des ravines.

Dans le bassin de l'Oued Kébir Ouest, le phénomène de glissement se rencontre aisément dans de nombreux secteurs, et principalement dans le sous-bassin de l'Oued El Hammam. C'est donc en amont de l'Oued Roknia, entre Djebel Debagh à l'est et Djebel Mermaura à l'ouest, que nous pouvons observer des glissements en planche près des affluents de l'Oued Roknia qui descendent des versants argileux (ex. Oued Douakha et Oued Ragouba). C'est également dans la région de Roknia et exactement au Douar Meziet qu'un ensemble de glissements mineurs est développé sur les rives de l'Oued Meziet et l'Oued Roknia, sous affluents de l'Oued Mouger (Photo 6). Toujours au sud, des glissements sont remarqués entre Djebel Grar et Djebel Taya, où dominent les marnes et les argiles sous-numidiennes.

A l'extrême sud-ouest, dans les douars de Bou Tayeb et Ghezala, des glissements apparaissent à la suite des sapements par un nombre d'oueds.

196

Les versants ravinés dans les grès micacés très altérés ont ainsi joué le rôle de plan de glissement au matériel meuble sus-jacent. D'autre part, le sous-bassin de l'Oued Emchekel a aussi subi des glissements, surtout dans la région de Sebt. Ainsi à l'est et à l'ouest du village, les versants (pentes 10-25%) longeant respectivement les oueds Meksen et Kouhiel ont été affectés de part et d'autre par ce phénomène dont il arrive jusqu'à la route.

Photo. 6. Photos montrant des glissements de terrain dans la région de Roknia.

9.2.3.3- Coulées boueuses

Ces formes sont des écoulements de matériel ayant franchi la limite de liquidité et dont la vitesse dépend de la viscosité. Elles profitent des talwegs lorsqu'il y en a, mais peuvent aussi cheminer au beau milieu d'une pente, formant une saillie. Dans ce cas, elles perdent leur eau qui suinte sur leur bord, ce qui freine le mouvement dans la zone marginale. Souvent, ces phénomènes trouvent dans les versants modelés par la solifluxion ancienne ou même récente, un terrain de prédilection. C'est ainsi que nous assistons non seulement à une réanimation, mais aussi à une intensification des actions antérieures, en fonction toujours du rythme saisonnier des précipitations.

Si les coulées à blocs de grès sont héritées d'une période froide et pluvieuse, les coulées boueuses sont récentes et actives. Elles contiennent un pourcentage de matrice fine beaucoup plus grand et une rareté assez prononcée des blocs due à l'effet du climat actuel.

C'est dans la vallée de l'Oued Bouhamdane et l'Oued el Aria que les plus belles coulées boueuses existent dont elles peuvent atteindre une longueur de 250 m et une largeur de 100m. D'autres formes de moindre importance sont visibles sur la rive droite de l'Oued Zenati (Chaabet Bou Said et Chaabet Ain Tesfa) et à Ras el Akba. A l'Oued Mellah, ces coulées sont fréquentes le long des oueds Rirane, et Hammam, ainsi que dans d'autres localités, telles que les influents de l'Oued Zarin et Chaabet Hallig (Figure 58). Aux pieds des formations gréseuses, de nombreuses coulées héritées des périodes plus humides du Quaternaire jalonnent les versants. Ces coulées à bloc nourrissent des sources qui naissent en contact des grès numidiens et des argiles imperméables. Une grande partie de ces coulées sont actuellement inactives mais peuvent repartir si le milieu devient de moins en moins protégé par la végétation forestière.

Les coulées boueuses de l'Oued Ressoul sont situées au Sud du bassin (Figure 58). La grande coulée est ancienne et elle est formée essentiellement de blocs anguleux, de galets, de sables et de matériaux fins sur une longue distance. De point de vue dynamique, cette coulée a pu garder sa stabilité malgré qu'elle soit perchée par rapport au niveau de base local et le soutirage exercé sur le versant du flanc nord de Djebel Houara. De nombreuses coulées boueuses actuelles se trouvent soit au voisinage de la coulée ancienne, soit isolées aux pieds de Djebel Houara et Col d'El Fedjoudj.

Dans la zone d'étude de l'Oued Saf Saf, ce processus reste encore un agent de déstabilisation des versants. Les coulées anciennes apparaissent surtout sur les versants de Bou Adjeb, Khorfane et Oum Torba, dans les argiles gypseuses du Miocène (Figure 59). Sur le versant sud de Djebel Sesnou, une très large coulée descend depuis Ain Bargouga et se termine au-dessus de l'Oued Bou Adjeb. Longue de 1,50 km, cette coulée semble stabilisée aujourd'hui et sur son flanc est, un oued né au pied des glissements la ravine profondément (Marre, 1992). Il est à remarquer que la topographie de la coulée reste bosselée avec des contre-pentes parfois remplie de mares. D'autres coulées boueuses actuellement actives se localisent au sud sur les marno-calcaires. Plus à l'est, au sud de Kef Hahouner et à l'ouest, au sud des djebels Kantour et Bou Aded, des coulées favorisées par la néotectonique post-Pliocène sont observées sur ces versants (Amirèche, 1984).

Quant à l'Oued Kébir Ouest, les coulées boueuses sont très peu répandues. Au pied du Djebel Mekdoua, une coulée à blocs gréseux tapisse la surface. Tout à fait au sud, des coulées mineures sont développées sur les marnes à l'ouest de Djebel Taya et sur les marnes et argiles à Djebel Debagh. Dans la région de Roknia, quelques coulées sont visibles entre autres sur les vertisols.

9.3- Spatialisation de la sensibilité des terrains à l'érosion

Dans le présent travail, les facteurs de l'érosion pris en considération pour la cartographie des zones sensibles concernent les caractères physiques des cinq bassins: topographie, lithologie et occupation du sol. Les connaissances sur les formes de l'érosion sont indispensables pour la réalisation des cartes surtout lorsque les zones de contact entre les cartes fournissent des interprétations contradictoires.

En fonction des informations recueillies, trois classes en relation avec l'érosion sont sélectionnées et déterminent des niveaux croissants de sensibilité des terrains à l'érosion. Pour chaque facteur de l'érosion est réalisée une carte de sensibilité potentielle.

Pour le facteur topographique, nous avons distingué trois classes de sensibilité:
- sensibilité réduite: pentes de 0 à 3%,
- sensibilité moyenne: pentes de 3 à 10%,
- grande sensibilité: pentes supérieures à 10%.

Les seuils de sensibilité ont été choisis à la lumière des données bibliographiques sur l'érosion de l'extrême nord-est algérien. Egalement les classes de sensibilité à l'érosion en fonction de la lithologie ont été retenues:
- sensibilité réduite : calcaires et grès,
- sensibilité moyenne: intercalations de calcaire et marnes, différents types de flyschs, grès micacés, conglomérats argileux pour la plupart, schistes et phyllades,
- grande sensibilité : argiles, marnes, marno-calcaires et les formations quaternaires (alluvions et colluvions).

A partir de la carte de l'occupation du sol, les classes de sensibilité retenues sont les suivantes:
- sensibilité réduite : forêt et maquis denses, parcours denses, roches nues et le tissu urbain,
- sensibilité moyenne : maquis dégradés et les parcours clairsemés
- grande sensibilité : zones de cultures et les sols nus.

9.3.1- Cartographie des zones sensibles à l'érosion

La méthode utilisée permet de réaliser un croisement entre les cartes thématiques sous forme de combinaisons les plus logiques possibles. A chaque combinaison particulière entre les paramètres est affectée un degré relatif de sensibilité des terrains à l'érosion mécanique (Tableau 34). Il s'agit donc d'une approche qualitative.

Un premier croisement est effectué entre la carte de sensibilité potentielle en fonction de l'occupation du sol et celle en fonction des pentes. En effet, les zones en pente forte sont couvertes de forêts et maquis, alors que les versants en pente inférieures à 10% se distinguent par des espaces agricoles. Au résultat de ce premier croisement, nous superposons également la carte lithologique. La lithologie est généralement prise en compte à travers ses conséquences sur les formations superficielles. Elle n'a d'influence directe sur l'érosion que lorsque le substrat est affleurant.

A ce niveau de la cartographie, nous avons rencontré un problème dans la détermination du degré de sensibilité pour un certain type de terrain. Ainsi, nous avons considéré comme peu sensibles (sensibilité réduite) les zones de cultures en fonction de l'occupation du sol. Or, suivant le croisement des trois cartes, ces terrains en pente faible et développés sur des formations quaternaires épaisses ou recouvrant un substrat gréseux devraient être classés comme moyennement sensibles (Tableau 34). Basée sur la connaissance des phénomènes érosifs, ces zones ne présentent pas de sensibilité inquiétante à l'érosion.

Tableau 32. Croisement entre les l'occupation du sol, les pentes et la lithologie.

Occupation du sol	Pentes	Lithologie	Résultats	Exemples
SR	GS-SM	SR-SM	SR	Les zones forestières, quelle que soit la pente.
GS	SM-GS	GS	GS	Les zones de cultures sur des pentes > 3%; sols peu évolués; morphogenèse active sur les versants de l'Oued Saf Saf.
GS	SR	GS	SR	Les zones de cultures sur des pentes faibles; sans dynamique érosive visible; plaine d'Azzaba.
GS	SM	GS	SM	Les zones de cultures sur des pentes modérées (3-10%); dynamique érosive moins intense sur les marnes et les argiles; région de Oued Zenati.
SM	GS-SM	GS	GS	Dominance des banquettes et parcours clairsemés sur des marno-calcaires; pentes > 10%; forte dynamique; bassin de l'Oued Ressoul.

SR : sensibilité réduite; SM : sensibilité moyenne; GS : grande sensibilité.

La combinaison des principales couches d'information permet de définir la sensibilité des cinq bassins à l'érosion. Pour ces bassins, de 42 à 77% des surfaces sont moyennement sensibles à grande sensibilité (Tableau 35). Il s'agit d'une façon générale:
- des zones agricoles, quels que soient la pente et le type de sol,

- des zones à couverture végétale clairsemée, en particulier sur pente forte, surtout lorsque les sols sont profonds et peu caillouteux (région de Roknia),
- des zones très pentues et sur substrat très fragile sur lesquelles des ravines se forment très rapidement sans protection végétale efficace (versants de l'Oued Bou Adjeb).

Les zones à sensibilité réduite occupent de 23 à 58% des bassins (Tableau 35). Ces zones correspondent aux zones de végétation naturelles couvrantes, quelle que soit la pente, et souvent sur un sol peu évolué. Dans ce cas, les ravines sont quasi inexistantes et toujours peu profonds sur des roches dures.

Tableau 33. Part des classes de sensibilité pour chaque bassin versant.

Degré de sensibilité Bassins versants	Grande sensibilité (%)	Sensibilité moyenne (%)	Sensibilité réduite (%)
Oued Saf Saf	57,24	19,96	22,80
Oued Ressoul	41,35	30,96	27,69
Oued Mellah	29,45	35,64	34,91
Oued Bouhamdane	23,26	36,16	40,58
Oued Kébir Ouest	1,05	41,37	57,58

9.3.2- Description des zones sensibles à l'érosion

Les bassins de l'Oued Saf Saf et l'Oued Ressoul semblent présenter une plus grande sensibilité des terrains à l'érosion que les trois autres bassins (Figure 60). Le bassin de l'Oued Kébir Ouest se montre le moins affecté par l'érosion (Figure 61).

Les milieux à grande sensibilité sont caractérisés par une dynamique appréciable affectant et modifiant leurs surfaces topologiques. Cette dynamique peut être rapide et isolée dans le temps et dans l'espace, ou fréquente et généralisée. Ces mileux représentent les zones d'apport en sédiments de différente granulométrie. Le développement de la couverture végétale en est gêné. Les sols sont souvent des niveaux bruts ou des sols peu évolués. Le bilan est largement dominé par la morphogenèse (Tricart et Kilian, 1979).

Les unités morphologiques de l'Oued Saf Saf appartenant à ces milieux sont essentiellement les argiles gypseuses du Miocène, les grès argilo-calcareux du Crétacé et les marno-calcaires du Sénonien (Figure 60). Les conglomérats présentent également une dynamique érosive, par mouvement de masse, surtout dans la partie ouest où prédominent les sols bruns assez épais et les pentes inférieures à 10%. Les unités de l'Oued Ressoul sont principalement les marno-calcaires et les tabliers d'éboulis. Elles sont caractérisées par des pentes assez raides à raides (supérieures à 10%), des formations superficielles minces ou quasi inexistantes sur des surfaces sujettes à des ravinements et épaisses dans les milieux évoluant par mouvement de masse. L'instabilité du milieu de l'Oued Mellah est fortement représentée par les calcaires et marnes qui comportent des sols peu évolués et des sols bruns calcaires fortement ravinés et par les formations conglomératiques recouvertes par des formations quaternaires suffisamment épaisses pour provoquer des glissements et des coulées boueuses, sous des conditions édaphiques favorables et une humidité élevée. Dans l'ensemble, cette dynamique est largement guidée par une topographie élevée du milieu.

Les milieux à sensibilité moyenne forment un milieu intergrade situé entre les milieux à sensibilité réduite et ceux à grande sensibilité. Ils se caractérisent par une interférence de la pédogenèse-morphogenèse sans que l'un ou l'autre l'emportent trop fortement. Ce sont surtout les bassins de l'Oued Bouhamdane et l'Oued Mellah et l'Oued Ressoul qui présentent la plus importante répartition des terrains appartenant à ce milieu (Figure 60).

Classée sous les milieux à sensibilité moyenne, nous trouvons l'unité des marnes et argiles qui prédominent dans la région de Oued Zenati et les glacis d'encroûtement qui subissent actuellement un décapage intense et donc un démantèlement de la surface (Figure 61). Cette zone risque de perdre ses formations superficielles qui la recouvre et tend vers une stabilité par stérilité. Entre autres, les glacis polygéniques d'El Aria et Ras el Akba sont caractérisés par une évolution lente et une couverture détritique peu épaisse. Cette situation se traduit par un remaniement des formations détritiques vers le pied du glacis. Ainsi, la dynamique actuelle se caractérise essentiellement par un ruissellement diffus qui arrive à se concentrer en ravines dans les zones faiblement recouvertes par les formations superficielles. Les basses terrasses de la région de Oued Zenati quant à elles, sont soumises à des sapements à chaque fois que l'intensité de la crue est grande.

Dans le bassin de l'Oued Mellah, ce milieu correspond aux régions qui évoluent essentiellement par des solifluxions qui affectent surtout les formations calcaro-marneuses du Sud-Ouest du bassin. La réactivation de ces formes d'érosion est étroitement liée dans la conjoncture actuelle aux actions anthropiques. Les secteurs également menacés par les mouvements de masse et ravinements se situent à Douar Nador (pied de Dj. Nador) et dans les régions de Oued Cheham et Mechroha, dominées par les formations triasiques et les tabliers d'éboulis, sur des pentes supérieures à 3%. Concernant le bassin de l'Oued Ressoul, les unités morphologiques appartenant au milieu moyennement sensible à l'érosion englobe principalement l'unité gréso-argilo-schisteuse et argilo-calcareuse, l'unité des grès micacés et les marnes du Lutetien. Elles sont caractérisées par des pentes supérieures à 10%, à l'exception de la zone des grès micacés qui montrent des pentes variant entre 3 et 7%.

Les processus d'érosion actuels les plus fréquents sont le décapage avec ramification et les quelques solifluxions qui ont évolué récemment en glissements le long de la route nationale Ain Berda-Nechmeya.

Les milieux à sensibilité réduite se caractérisent par des systèmes morphogéniques comportant peu de processus mécaniques et des formes du modelé évoluant lentement, souvent difficilement perceptibles. Ces milieux sont stables soit par biostasie, soit par stérilité. Les pentes faibles qui s'observent dans les zones de plaines peuvent être insérées dans ces milieux. Ces derniers sont bien représentés dans les deux bassins de l'Oued Kébir Ouest et l'Oued Bouhamdane (Figure 61).

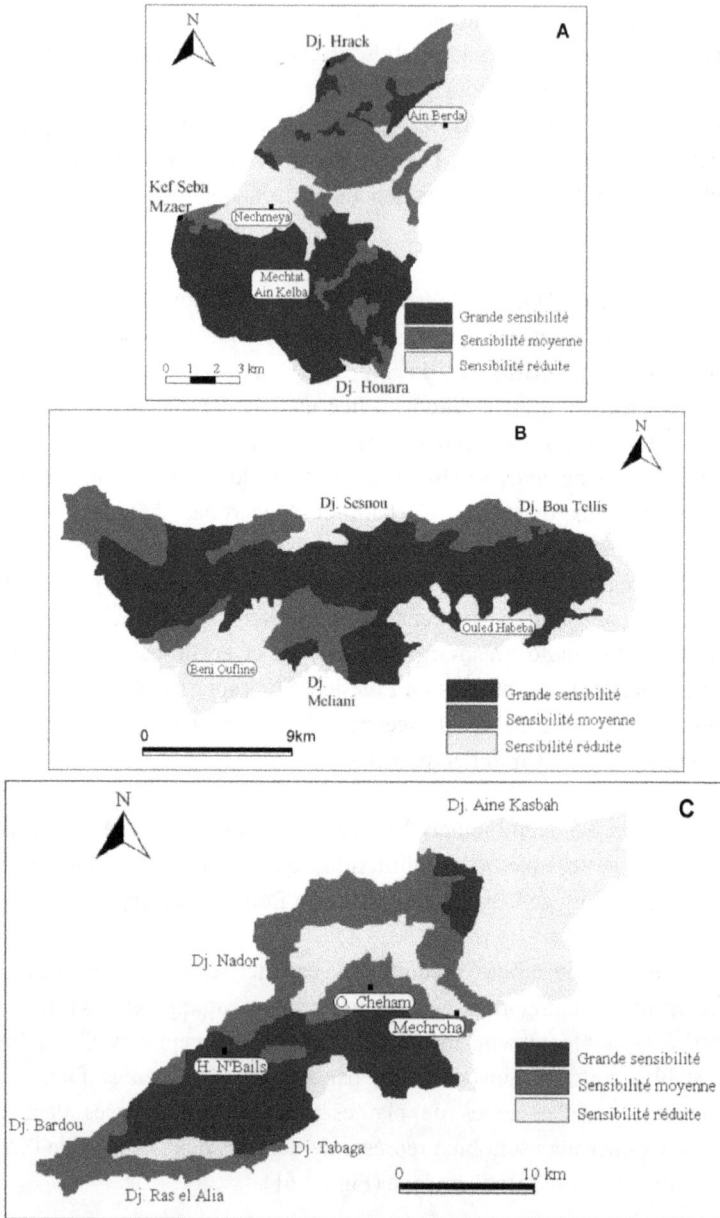

Figure 60. Cartes de sensibilité à l'érosion des bassins versants de l'Oued Ressoul (A), Oued Saf Saf (B) et Oued Mellah (C).

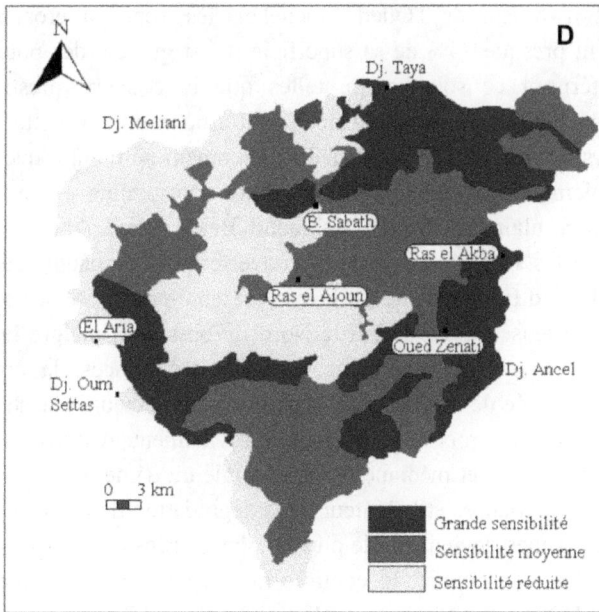

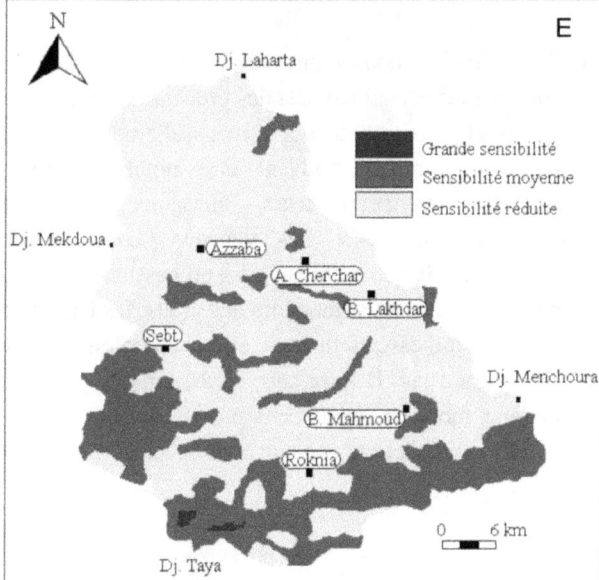

Figure 61. Cartes de sensibilité à l'érosion dans les bassins versants de l'Oued Bouhamdane (D) et l'Oued Kébir Ouest (E).

Pour le sous-bassin de l'Oued Emchekel, les zones à érosion faible représentent presque 74% de sa superficie. C'est grâce à des potentialités qui caractérisent ce sous-bassin, telles que le couvert forestier et la topographie faible (plaine de Azzaba) qu'il a pu maintenir cette stabilité. Par ailleurs, le sous-bassin de l'Oued El Hammam ne montre que 34% de zones faiblement sensibles à l'érosion. Elles sont situées essentiellement dans les micro-plaines de Bouati Mahmoud, Bekkouche Lakhdar et Roknia, et englobent les surfaces gréseuses recouvertes par les maquis denses. Le bassin de l'Oued Bouhamdane est bien représenté par l'unité des structures tabulaires gréseuses. Dans la partie Nord du bassin, et malgré les pentes fortes (> 10%) et les formations superficielles minces, la couverture végétale composée de forêt et maquis assure à ces secteurs une stabilité en favorisant l'infiltration et en empêchant le ravinement. A l'inverse, dans la partie septentrionale et médiane, la perte totale ou d'une grande partie des formations quaternaires et la lenteur de la dégradation de la roche en place font que ces zones deviennent de plus en plus stériles ou occupées par des pâturages. Par conséquent, le contrôle du surpâturage est indispensable pour éviter le basculement de ces milieux vers l'instabilité.

Tout au long de ce chapitre, nous avons montré que la violence de l'érosion est bien expliquée par les enchaînements des processus tels que le sapement latéral et ses effets et la recrudescence du ruissellement. Au contact des versants, d'autres phénomènes peuvent être notés régulièrement ou périodiquement. Suivant les secteurs, glissements et ravinements s'accompagnent d'une instabilité des versants. Donc, abondamment alimentés par les matériaux que mobilisent les processus de l'érosion sur les versants, animés d'une forte puissance lors des crues, les bassins de l'Oued Saf Saf et l'Oued Ressoul, essentiellement, exercent violemment de grandes actions sur leurs cours d'eau. D'autre part, les bassins de l'Oued Mellah et l'Oued bouhamdane montrent également une sensibilité à l'érosion qui s'accompagne à la longue d'effets engendrés et décelés aisément le long de leurs oueds.

Conclusion de la deuxième partie

Les transports solides en suspension reflètent dans une certaine mesure, l'importance de la dégradation dans un bassin donné. Les mesures effectuées dans les bassins versants étudiés sont très discontinues, ceci nous a mené à utiliser des relations entre la concentration et le débit liquide pour chaque crue afin de combler le manque de données des matières en suspension.

L'estimation des débits solides a été élaborée à deux échelles, l'une est basée sur le calcul à l'échelle des crues et l'autre à l'échelle annuelle sur 22 ans d'observation. Dans le premier cas, l'estimation des débits solides a été effectuée sur la base de regroupement en classes des débits liquides pour en déduire la moyenne de la concentration et du débit correspondant à chaque classe et d'en faire une analyse de régression. Le second cas correspond à une régression entre le débit solide et le débit liquide moyens journaliers.

Sur la période de mesure des transports en suspension, les bassins de l'Oued Saf Saf et l'Oued Mellah ont été vraisemblablement soumis aux conditions hydro-climatiques les plus intenses et une géologie fortement vulnérable. L'Oued Mellah, issu directement du versant nord de l'Atlas Tellien, reçoit du fait de l'exposition de son bassin, des précipitations relativement abondantes et nettement supérieures à celles des autres bassins versants. De plus, les pentes sont fortes dans le secteur sud favorisant une érosion active. L'Oued Saf Saf, par contre, détient son érosion des versants fortement pentus et de sa lithologie en dominance tendre d'où la mobilité de quantités remarquables de sédiments fins et même des éléments grossiers (galets et blocs).

A ces variations spatiales des transports solides, s'ajoutent des variations temporelles. En l'occurrence, les transports en suspension varient d'une année et l'autre. Ils mettent en évidence l'irrégularité des précipitations et de l'écoulement. De même, les transports solides, et entre autres les matières en suspension, connaissent une oscillation saisonnière importante. La dégradation spécifique est maximale en hiver et au printemps lors des hautes eaux.

L'étude des principaux paramètres physiques nous a amené à mieux connaître le comportement intrinsèque des bassins versants et sous-bassins et leurs interactions. Quelques résultats de notre analyse peuvent néanmoins être rappelés, à savoir la nette indépendance de la densité de drainage dans certaines relations telle que la lithologie et sa tendance à une contribution plus significative dans d'autres relations reliées à l'étendue et la topographie.

La densité de drainage et la fréquence des talwegs semblent constituer deux indices très significatifs de la puissance de l'écoulement. Elles offrent les meilleures conditions pour le ruissellement de surface dans les bassins versants de l'Oued Mellah, Oued Saf Saf et Oued Ressoul.

L'analyse en composante principale nous a permis de confirmer que le façonnement, voire l'évolution du relief, est étroitement lié dans le sens négatif aux formations géologiques et à l'agressivité du ravinement. Les sous-bassins soumis à l'influence d'un substrat à l'affleurement vulnérable vont subir un façonnement continu de leurs reliefs. Cette érosion entraîne l'évolution des reliefs d'un stade jeune à un autre plus avancé (fin maturité).

L'approche cartographique proposée de localiser et d'évaluer l'étendue des surfaces particulièrement sensibles à l'érosion mécanique pour les cinq bassins étudiés. Ces derniers, s'inscrivent dans une lithologie complexe caractérisée par une succession d'affleurement de roches tendres et de roches dures. Les pentes des versants peuvent être fortes sur de vastes étendues. C'est donc dans les bassins de l'Oued Mellah, Oued Ressoul et l'Oued Saf Saf que les zones sensibles à l'érosion occupent plus de 65% de leurs superficies respectives. La partie ouest du bassin de l'Oued Mellah, la moitié sud et les versants ouest du bassin de l'Oued Ressoul et les surfaces longeant les oueds de Bou Adjeb, Khemakhem et Khorfan du bassin de l'Oued Saf Saf regroupent les conditions les plus favorables à l'érosion :

- pentes fortes,
- extension des parcours souvent clairsemés, des maquis dégradés ou des banquettes mal entretenues et des cultures,
- substrats à base argileuse et marneuse,

- sols peu évolués à caractère argileux par endroit, empêchant l'infiltration des eaux ruisselées,
- agressivité climatique

Ces conditions favorables à l'érosion sont susceptibles de livrer des quantités considérables de sédiments et de débits liquides vers l'exutoire.

Dans le bassin versant de l'Oued Bouhamdane, la situation est différente. Le bassin s'inscrit dans des roches moins fragiles. Les pentes sont moins fortes que pour les trois sus-cités bassins. Les secteurs sensibles à l'érosion sont moins étendus: ils n'occupent que 59% du bassin. Les zones susceptibles de fournir des matériaux sont en réelle jonction avec les roches érodables et les cours d'eau qui les incisent (ex. Oued Zenati).

Le bassin de l'Oued Kébir Ouest présente une troisième situation. Il s'inscrit dans une lithologie de roches plus fragiles, des versants aux pentes moins fortes, des espaces forestiers plus étendus. Les zones sensibles à l'érosion conservent une plus petite extension, avec 42% de ce bassin. Les conditions de fourniture et de transport de matériel sont donc moins propices, mais elles semblent activées par une agressivité de l'érosion sur les berges des oueds.

En d'autre terme, nous remarquons de l'analyse des différents aspects de l'érosion que les bassins versants de l'Oued Saf Saf et l'Oued Mellah ressortent à chaque fois comme les bassins les plus touchés par l'érosion. Ceci montre une expression de la rupture de l'équilibre et l'accélération de l'érosion qui se traduit par des effets divers dans les deux bassins cités.

PARTIE 3
LOIS DE FONCTIONNEMENT ET MODELES HYDROSEDIMENTAIRES

Introduction de la troisième partie

Dans cette troisième partie de notre étude, nous allons tenter de synthétiser les différents résultats obtenus par des modèles d'érosion en vue, d'une part, de donner une meilleure compréhension de la relation des transports solides et des paramètres physiques et hydro-climatiques, et d'autre part de mettre au point un outil de prévision des apports solides annuels lorsque les données des concentrations en suspension sont lacunaires. Donc, nous avons :

- utilisé un modèle de type concentration en suspension (C) – débit liquide (Q) à l'échelle des crues en vue de quantifier les apports solides durant la période 1975/76-1996/97. Un autre modèle en fonction du rapport des débits solides et débits liquides moyens journaliers a été élaboré pour estimer la dégradation spécifique à l'échelle annuelle,
- étudié les paramètres physiques qui contrôlent le façonnement du relief des sous-bassins et d'en déduire leur contribution dans la production des transports solides,
- discuté enfin les facteurs et les formes d'érosion susceptibles de traduire l'érodibilité du milieu et la cartographie de la sensibilité des zones à l'érosion.

Dans cette dernière partie, nous allons fournir des explications sur la relation qui peut exister entre le transport solide et les différents paramètres physico-climatiques et hydrologiques qui sera traitée dans le chapitre 10, et de comprendre le comportement des variables écoulement – débit solide et écoulement – concentration en suspension durant les différents événements de crues. Ces derniers modèles d'érosion seront analysés dans les chapitres 11 et 12.

CHAPITRE 10 :   Modèle d'érosion en fonction des apports solides spécifiques, des paramètres physiques et hydro-climatiques

Introduction

Le travail présenté dans ce chapitre, situé aux confins de l'hydrologie et de la géomorphologie, tente d'utiliser d'une part, des modèles reliant les paramètres de l'hydrologie dans son contexte générale et la morphométrie et d'autre part des modèles en fonction du transport solide et de l'écoulement. Le milieu hydrologique dépend de différents facteurs physico-géographiques et la morphométrie. A partir des indices morphométriques, nous espérons mettre en évidence l'influence de chacun des éléments de la morphométrie sur certains aspects du régime hydrologique et du transport solide.

L'approche méthodologique adoptée dans ce chapitre, en ce qui concerne le modèle d'érosion débit solide/écoulement/pluie consiste à suivre l'évolution dans le temps de ces éléments et d'en déduire les anomalies qui sont susceptibles d'expliquer le phénomène du transport solide.

10.1- Relations entre la dégradation spécifique et autres paramètres physiques

L'interprétation des données et la mise au point des relations est basée en premier lieu sur la méthode d'analyse en régression simple à deux variables. La variable à expliquer étant le transport solide spécifique à l'échelle des crues et à l'échelle annuelle. La matrice de corrélation obtenue en utilisant la mesure non paramétrique du coefficient de corrélation de Spearman a donné différentes liaisons entre la variable dépendante (débit solide) et la variable indépendante (paramètres physico-climatiques et hydrologiques).

Vu le nombre réduit des individus dans chaque échantillon, pouvons-nous affirmer que tel ou tel coefficient de corrélation est statistiquement significatif ? Ou encore quelle est la probabilité que la valeur de r est le résultat d'une association due à la chance ? Ceci nous oblige donc à déterminer un seuil auquel ce coefficient de corrélation fournira une relation acceptable. Pour cela, le coefficient de Spearman peut être testé en utilisant la table de t Student et en déduire le t* (critique). La valeur de t test est calculée de la façon suivante:

$$t = r \sqrt{\frac{n-2}{1-r^2}}$$

Avant tout calcul, nous devons formuler l'hypothèse Ho qu'il existe une relation significative entre les variables à analyser. Si t > t*, nous acceptons l'hypothèse Ho; mais si t < t*, Ho est rejeté. Avec un degré de liberté de n - 2 (df = 5 − 2 = 3), un seuil de signification de 5% et un coefficient de corrélation de 0,85 (Tableau 36), nous constatons que t calculé est égal à 2,78 et t*, obtenu de la table de t Student, est équivalent à 3,18.

Tableau 34. Coefficients de corrélation de la dégradation spécifique en fonction des paramètres physiques, pluviométrie et écoulement.

Paramètres	Dégradation spécifique	
	annuelle	Crues
Dégradation spécifique (T/km²/an)	1,00	1,00
Indice lithologique (%)	**-0,85**	**-0,89**
Fréquence des talwegs (km⁻²)	0,16	0,11
Densité de drainage (km⁻¹)	0,72	0,62
Surface du bassin (km²)	-0,24	-0,29
Ecoulement moyen annuel (mm)	0,72	-0,35
Précipitation moy. Annuelle (mm)	0,67	0,76
Intégrale hypsométrique (%)	0,40	0,50
Coefficient orographique	0,37	0,48
Dénivelée spécifique (m)	0,75	0,62

De ce fait, nous sommes contraints de rejeter l'hypothèse car t calculé < t* et conclure qu'il n'y a pas de relation significative entre la dégradation spécifique (échelle annuelle) et l'indice lithologique. Cependant, cette relation devient plus significative en tenant compte des crues avec un r égal à -0,89. Ceci est valable car t calculé (égal à 3,36) devient supérieur à t*, d'où l'acceptation de Ho.

En changeant le seuil de signification à 10%, le t* va correspondre à 2,35. Avec ce nouveau seuil, la relation devient significative à partir d'un coefficient de corrélation égal ou supérieur à 0,81. A partir de cette condition, nous ne retrouvons de la matrice de corrélation que deux variables qui sont retenues; il s'agit de la dégradation spécifique à l'échelle annuelle et l'indice lithologique (Tableau 36). Cette relation montre que la dégradation spécifique est inversement reliée à l'indice lithologique, ce qui signifie que la répartition élevée des roches fortement érodables (argiles, marnes et marno-calcaires) n'expriment pas nécessairement un transport important de la matière en suspension.

Certes, l'érodibilité du milieu peut être considérable, mais d'autres facteurs physico-géographiques peuvent jouer le rôle de contrainte à ce transport dont l'accumulation a lieu, là où les moyens de transport ne sont plus capables d'assurer leur fonction d'évacuation; cela peut avoir lieu sur les versants, à leurs pieds et dans le lit de l'oued.

10.2- Relations pluie/transport solide/écoulement

Suite à cette analyse annuelle de la dégradation dans les bassins versants étudiés, il serait intéressant d'essayer de comprendre le fonctionnement hydrologique conditionné par les facteurs de l'érosion en recherchant une relation entre l'effet de l'érosion: les transports solides et un des facteurs essentiels: la pluviométrie et l'écoulement, qui est déduit des débits liquides mesurés. Les résultats obtenus se résument comme suit:

- La valeur du coefficient de corrélation entre les pluies et les transports solides spécifiques interannuelles, à l'échelle des crues et à l'échelle annuelle, varie entre 0,61 et 0,95 dans les cinq oueds analysés (Figures 62 et 63). Ces relations bonnes et significatives avec un risque d'erreur de 5% (test de corrélation de Spearman) montrent que les points se disposent le long de la courbe à forte pente dans le cas des séries en particulier, indiquant un très rapide accroissement des transports solides au delà d'un seuil pluviométrique qui varie entre 500 mm aux oueds de Kébir Ouest et Ressoul, et 540 mm aux oueds de Bouhamdane et Saf Saf. On voit également apparaître la différence de l'aspect pluvio-érosif dans l'Oued Mellah dont les valeurs s'ordonnent selon une progression moins rapide, mais qui semble présenter un seuil d'accélération de l'érosion à partir de 500 mm. Dans cet oued, quelques valeurs se dispersent largement en dehors de l'intervalle de confiance défini par 0,95. En effet, il montre un coefficient de corrélation égal à 0,61.

- Les cinq bassins versants présentent, en général, une évolution plus complexe de l'érosion en fonction de la pluviométrie. Une grande partie des valeurs de la concentration se dispersent au delà de la droite de régression dont le coefficient de corrélation ne dépasse pas 0,64, à l'exception de l'Oued Kébir Ouest dont il atteint 0,77 (échelle des crues). La relation de l'écoulement et de la concentration montre également des valeurs faiblement significatives du coefficient de corrélation dont la valeur maximale ne dépasse pas 0,52, sauf à l'Oued Mellah qui présente une valeur de 0,82 (échelle annuelle). Cette distorsion reflète probablement une oscillation dans les conditions de l'écoulement et du transport des débris qui verrait alterner des périodes de transports massifs et des périodes d'écoulement plus clair car la charge disponible est insuffisante. De ce fait, le seul facteur de la pluviométrie reste insuffisant pour expliquer les variations des flux sédimentaires.

- La valeur du coefficient de corrélation entre l'écoulement et les transports solides dans l'ensemble des oueds est très élevée (r > 0,90) et significatif à 5% de risque d'erreur (Figures 62 et 63). Les relations entre ces deux variables reflètent fortement l'agressivité dans le temps des processus érosifs. Le régime d'écoulement est caractérisé par une période excédentaire et humide associée à une période active pour une dynamique érosive et par une période d'étiage à faible érosion et à approvisionnement insuffisant en matière fine.

215

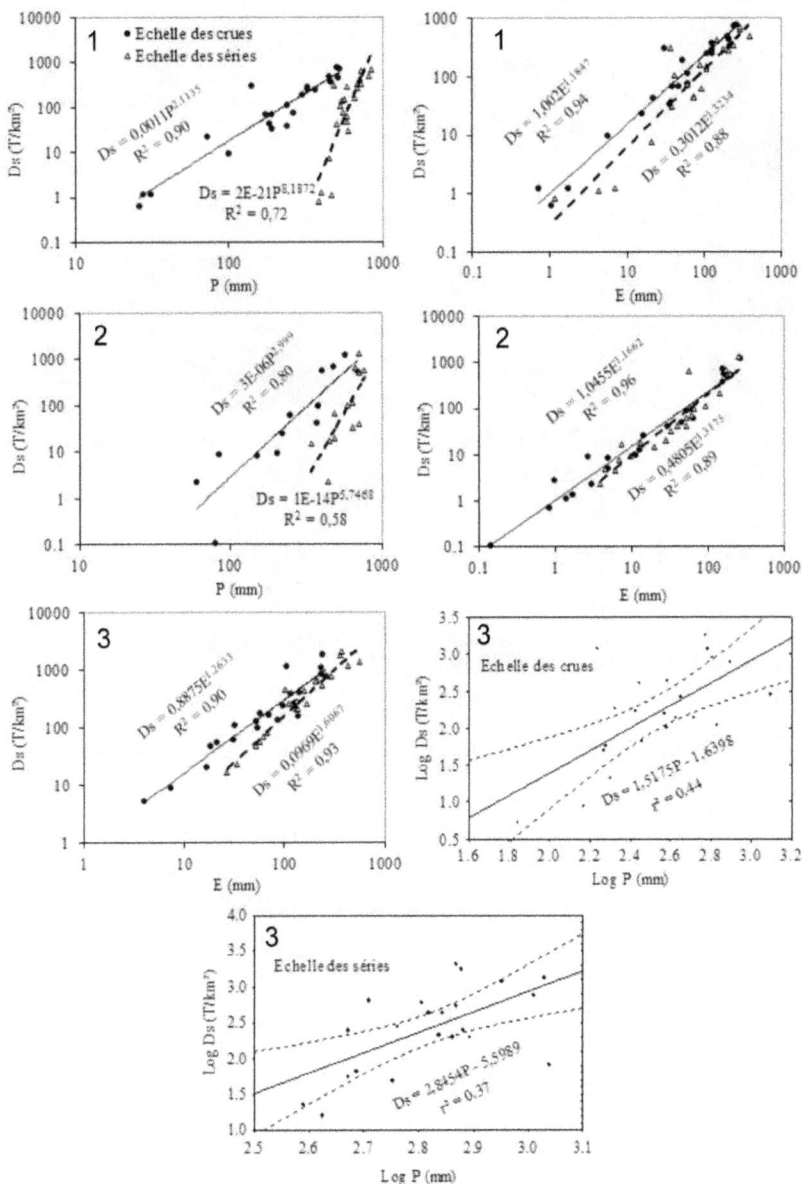

Figure 62. Relations pluie/transports solides et écoulement/transports solides dans les oueds de Ressoul (1), Bouhamdane (2) et Mellah (3).

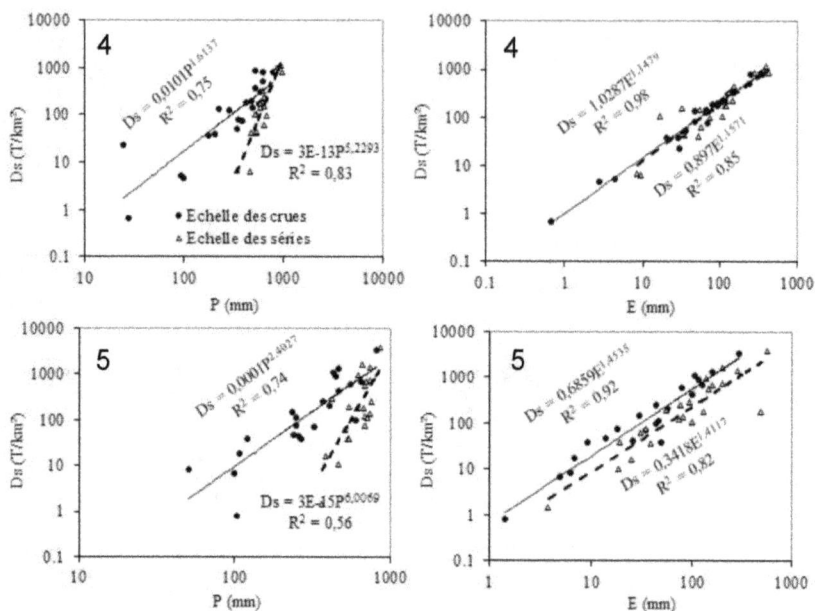

Fig. 63. Relations pluie/transports solides et écoulement/transports solides dans les oueds de Kébir Ouest (4), Saf Saf (5).

10.3-Problème de la corrélation écoulement/transport solide

L'étude des conditions d'écoulement et des relations entre la concentration et la dégradation spécifique, apparaît comme un auxiliaire important pour préciser les modalités de l'évolution de l'érosion sut les bassins étudiés. Nous pouvons alors porter sur un graphique une série de valeurs de la dégradation spécifique et de l'écoulement (boucles d'hystérésis). Il s'agit là d'une commode représentation graphique de relations élémentaires, qui n'a pas l'ambition de déboucher sur une équation, mais plus modestement de faire mieux apparaître certains faits et de susciter peut-être certaines comparaisons intéressantes.

10.3.1- Relations annuelles des paramètres hydrosédimentaires

Considérons par exemple l'évolution de l'écoulement, du transport solide et la concentration pour les cinq oueds. Les schémas obtenus sont plus ou moins compliqués, mais ne peuvent être pas dépourvus de signification (Annexes 18 et 19). Avec les 22 valeurs enregistrées durant les périodes de crues, l'Oued Mellah présente le schéma le plus compliqué (Figure 64). Mais il apparaît bien que ce schéma se divise en trois phases: au cours d'une première phase, à partir de 1975/76 prise comme référence jusqu'à 1981/82, nous assistons à une évolution au sens inverse entre l'écoulement et la concentration (entre 1978/79 et 1981/82) alors que la dégradation spécifique devient directement proportionnelle à l'écoulement.

A partir de 1982/83 et jusqu'à 1991/92, nous assistons à une évolution parallèle des transports solides, de l'écoulement et de la concentration, qui croissent ou décroissent alternativement d'une année à l'autre mais toujours dans le même sens. Au cours de la troisième phase (années 1992/93 à 1995/96), des divergences réapparaissent entre les trois variables.

Les taux d'écoulement des années 1979/80 et 1981/82 sont inférieurs à la moyenne (97,27 mm) et la pluviométrie est supérieure à la moyenne (415 mm). Mais la dégradation spécifique bien que moindre, reste assez forte, d'où un accroissement de la concentration de l'oued. La masse des éléments solides transportés par l'Oued Mellah en ces deux années pourrait être en partie constituée par des débris non mobilisées au cours de l'année précédente. Ceci est également observé durant l'année 1992/93. Cette explication peut être étayée en considérant le schéma d'évolution des pluies enregistrées durant les crues et des dégradations spécifiques dans ce bassin où l'on voit ces deux valeurs baisser fortement à partir de mai jusqu'à octobre, puis une reprise de la pluviométrie en novembre (1979/80), janvier bien que modérée (1981/82) et décembre (1992/93), entraîne aussitôt une hausse considérable et très disproportionnée des transports solides, nouvelle chute en février, puis avec les pluies de mars, nouvelle hausse considérable des transports solides.

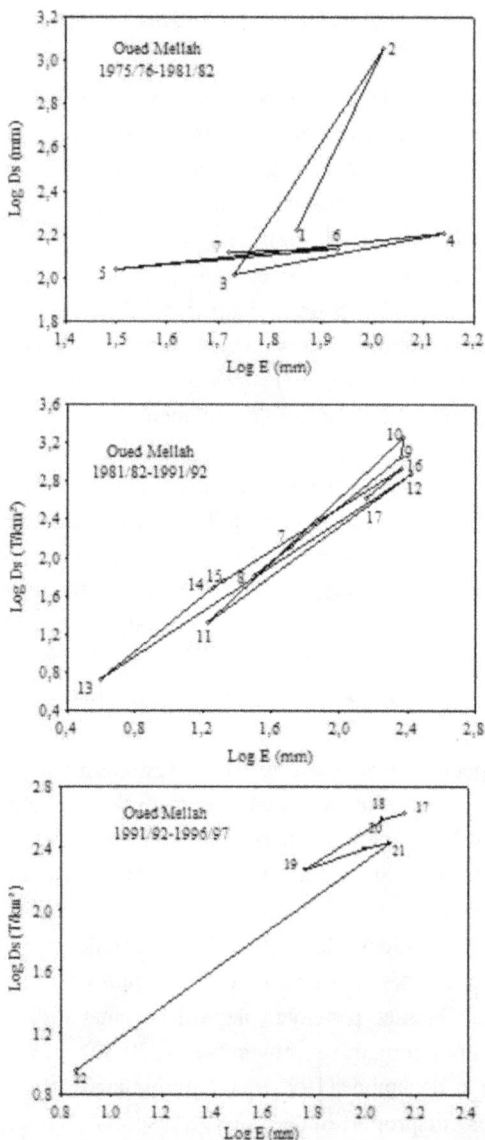

Figure 64. Evolution de l'écoulement (E) et de la dégradation spécifique (Ds) dans le bassin de l'Oued Mellah. Les chiffres près des cercles représentent les années; de 1: 1975/76 jusqu'à 22: 1996/97. Le tableau montre la tendance générale de cette évolution associée à la concentration d'une année à la suivante.

219

	75/76	76/77	77/78	78/79	79/80	80/81	81/82	82/83	83/84	84/85	85/86
Ds	****	↗	↘	↗	↘	↗	↘	↘	↗	↗	↘
E	****	↗	↘	↗	↘	↗	↘	↘	↗	↗	↘
C	****	↗	↘	↗	↗	↗	↘	↘	↗	↗	↘

	86/87	87/88	88/89	89/90	90/91	91/92	92/93	93/94	94/95	95/96	96/97
Ds	↗	↘	↗	↗	↗	↘	↘	↘	↗	↗	↘
E	↗	↘	↗	↗	↗	↘	↘	↘	↗	↗	↘
C	↗	↘	↗	↗	↗	↘	↗	↘	↘	↘	↘

Suite **Figure 64**.

Les deux années 1994/95 et 1995/96 montrent une évolution inverse de la concentration au transport solide et écoulement. Ces deux derniers croissent quand la concentration décroît, dû à un manque d'approvisionnement en matière fine. L'augmentation des transports solides est due essentiellement à la dilution de la charge en suspension par les forts écoulements, supérieurs à leurs moyennes annuelles. La pluviométrie a atteint des valeurs élevées en janvier (190 mm) et mars (133 mm) avec un cumul annuel de 443 mm pour l'année 1994/95 et en septembre-octobre (316 mm), février-avril (678 mm) avec un cumul de 1248 mm pour l'année 1995/96.

Ces sortes de récurrences sont aussi observées dans les autres quatre bassins étudiés, qui montrent un maximum de divergences des trois variables entre les années 1978/79 et 1984/85. Entre autres, ces bassins présentent une évolution qui n'apparaît pas dans l'Oued Mellah. Ainsi, au cours de l'année 1980/81 à l'Oued Saf Saf, les années 1981/82 et 1984/85 à l'Oued Kébir Ouest et l'année 1995/96 à l'Oued Ressoul (Fig. 65), un taux d'écoulement assez fort à très fort lié à une pluviométrie de nouveau nettement supérieure ou proche de la moyenne, donne pourtant une dégradation spécifique nettement inférieure (comme en 1981/82 à l'Oued Kébir Ouest) ou une légère diminution, d'où la baisse souvent brutale de la concentration. Nous pouvons penser que cette anomalie apparente s'explique par le fait qu'une partie de la masse des éléments mobilisable dans ces bassins, crée par le ruissellement dans l'année ou les années antérieures et celle crée par les autres processus d'érosion, a été déjà balayée au cours de l'année ou des années précédentes.

Ces quelques exemples auront montré l'intérêt des graphiques d'étude de l'érosion. L'intérêt est évidemment de faire mieux apparaître les liens entre les diverses données chiffrées dont nous disposons, de faire apparaître des concordances et des divergences dans le temps ou dans l'espace et d'exposer ainsi les problèmes issus de l'érosion. De toute façon, le Tell algérien reflète bien le caractère saccadé, masqué par des crises d'accélération souvent brutale, que l'érosion y prend.

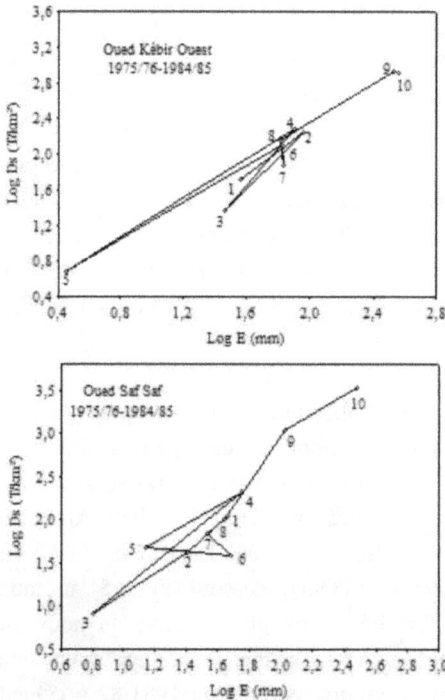

Figure 65. Evolution de l'écoulement (E) et de la dégradation spécifique (Ds) dans les bassins de l'Oued Kébir Ouest et l'Oued Saf Saf. Le tableau montre la tendance générale de cette évolution associée à la concentration d'une année à la suivante.
Oued Kébir Ouest

	75/76	76/77	77/78	78/79	79/80	80/81	81/82	82/83	83/84	84/85
Ds	****	↗	↘	↗	↘	↗	↘	↗	↗	↘
E	****	↗	↘	↗	↘	↗	↗	↘	↗	↗
C	****	↗	↘	↗	↘	↘	↘	↗	↗	↘

Oued Saf Saf

	75/76	76/77	77/78	78/79	79/80	80/81	81/82	82/83	83/84	84/85
Ds	****	↘	↘	↗	↘	↘	↗	↗	↗	↗
E	****	↘	↘	↗	↘	↗	↘	↗	↗	↗
C	****	↘	↘	↗	↗	↘	↗	↗	↗	↗

Suite **Figure 65.**

10.3.2- Relations mensuelles et saisonnières des paramètres

Les relations mensuelles entre l'écoulement et les transports solides de la période des trois mois pluvieux successifs (janvier-mars) de l'année montrent des valeurs du coefficient de corrélation très élevées, qui varient entre 0,92 à l'Oued Saf Saf et 0,99 à l'Oued Kébir Ouest (Tableau 37). Ces valeurs sont supérieures à celles obtenues par la relation pluie/ transports solides qui ne dépassent pas 0,77. Elles varient entre 0,71 à l'Oued Mellah et 0,77 à l'Oued Kébir Ouest. Ce sont les coefficients de corrélation liés aux séries qui montrent des valeurs plus faibles, entre 0,54 à l'Oued Ressoul et 0,68 à l'Oued Saf Saf. Par contre, les valeurs correspondantes aux crues varient entre 0,66 à l'Oued Mellah et 0,77 à l'Oued Kébir Ouest.

La relation entre les pluies et les transports solides à l'échelle saisonnière est généralement modérée (Tableau 37). Les valeurs du coefficient de corrélation varient entre 0,22 et 0,91. Elles sont réparties de la manière suivante:

- Automne : de 0,40 à 0,91, avec un maximum de valeurs inférieures à 0,73,
- Hiver : de 0,51 à 0,79, ce qui donne dans l'ensemble un meilleur résultat de la relation P-Ds,
- Printemps : de 0,54 à 0,72,
- Eté : de 0,22 à 0,56.

La relation de l'écoulement et des transports solides présente une très nette amélioration des valeurs du coefficient de corrélation, qui dépassent 0,86 (Tableau 37). C'est la saison printanière qui montre les valeurs les plus élevées du coefficient de corrélation dont nous distinguons:

- Automne – été : coefficients de corrélation variant entre 0,89 et 0,99, respectivement à l'Oued Bouhamdane, les oueds Saf Saf et Mellah,

Tableau 35. Résultats des relations de l'écoulement, pluviométrie et dégradation spécifique.

Echelle des Crues	Oued Saf Saf		Oued Kébir Ouest		Oued Ressoul		Oued Mellah		Oued Bouhamdane	
	N	r	N	r	N	r	N	r	N	r
Janv-Fev-mars	55	0,74 **0,92**	56	0,77 **0,99**	46	0,75 **0,97**	52	0,66 **0,97**	29	0,76 **0,98**
Automne-été	18	0,68 **0,91**	20	0,56 **0,93**	11	0,91 **0,96**	32	0,72 **0,94**	9	0,40 **0,89**
Hiver	49	0,66 **0,87**	55	0,79 **0,91**	38	0,73 **0,94**	48	0,66 **0,95**	24	0,73 **0,99**
Printemps	37	0,57 **0,94**	36	0,71 **0,97**	32	0,71 **0,94**	46	0,72 **0,95**	24	0,62 **0,98**

Echelle annuelle	Oued Saf Saf		Oued Kébir Ouest		Oued Ressoul		Oued Mellah		Oued ** Bouhamdane	
	N	r	N	r	N	r	N	r	N	r
Janv-Fev-mars	66	0,68 **0,99**	66	0,66 **0,97**	66	0,54 **0,98**	66	0,63 **0,96**	39	0,59 **0,93**
Automne	56	0,71 **0,99**	55	0,62 **0,90**	33	0,51 **0,94**	65	0,60 **0,99**	39	0,57 **0,90**
Hiver	66	0,51 **0,99**	66	0,73 **0,97**	63	0,61 **0,98**	66	0,68 **0,96**	39	0,66 **0,95**
Printemps	66	0,63 **0,99**	66	0,61 **0,96**	65	0,59 **0,91**	66	0,75 **0,99**	39	0,54 **0,88**
Eté	44	0,45 **0,99**	27	0,30 **0,97**	26	0,22 **0,92**	53	0,25 **0,96**	32	0,56 **0,93**

N: nombre de données utilisées; r: coefficient de corrélation; **: série de 1975/76 à 1987/88
Chiffres en gras : relation écoulement – dégradation spécifique; chiffres normaux : relation pluie - dégradation spécifique.

- Hiver : des valeurs allant de 0,87 à 0,99, respectivement dans les oueds de Saf Saf et Bouhamdane,
- Printemps : des valeurs allant de 0,88 à 0,99 à l'Oued Bouhamdane, les oueds Saf Saf et Mellah.

Le nombre réduit des échantillons introduits dans la relation de la dégradation spécifique et des paramètres physiques et hydro-climatiques, nous ont obligé à utiliser le test de Spearman pour décider du seuil acceptable du coefficient de corrélation. Ce dernier limité à 0,85, nous a permis de n'introduire que deux variables dans l'analyse, la dégradation spécifique et l'indice lithologique. Suivant le seuil de signification choisi, la relation entre ces deux variables s'est avérée inversement proportionnelle. De ce fait, l'accélération de l'érosion est l'expression de la conséquence de la rupture de l'équilibre causée par d'autres facteurs et processus d'érosion.

Quant à la relation des paramètres hydrosédimentaires et climatiques nous remarquons que, quoi que se fût, l'évolution des sédiments en suspension montre à la fois une accélération de plus en plus sensible et aussi une liaison très étroite entre les écoulements et les débits solides et par conséquent, entre ces derniers et la pluviométrie sans tenir compte du degré de corrélation. Cependant, la relation entre ces paramètres et la concentration en suspension apparaît plus complexe. Ceci montre que la concentration moyenne d'une crue est un paramètre qui varie peu, pouvant être indépendante de la précipitation et tendant vers une valeur limite lors des ruissellements généralisés.

CHAPITRE 11 :Modèle d'érosion en fonction de la concentration des sédiments en suspension et du débit liquide durant les crues et le phénomène d'hystérésis

Introduction

La relation entre la concentration des sédiments en suspension (C) et le débit liquide (Q) d'un cours d'eau est une relation qui permet non seulement de déterminer le transport solide dans l'oued mais également d'étudier l'évolution des concentrations en suspension et des débits liquides pour un événement hydrologique telles que les crues. A cet effet, Williams (1989) a proposé une classification de ces relations basées sur le rapport C/Q durant les phases de montée de crue et de décrue.

Peu de travaux sur le sujet ont été entrepris et publiés. Wood (1977), Olive et Rieger (1985) ont montré des modèles qui reflètent ces relations et ont introduit la notion d'hystérésis dans le bassin de la rivière Rother (Angleterre) et dans cinq sous-bassins de la rivière Wallagaraugh (Pays de Galles). Des crues ont été également étudiées dans trois stations de jaugeage sur la rivière Pejibaye (Costa Rica) par Jansson (2002). L'auteur a apporté une considérable contribution à l'explication du phénomène d'hystérésis.

En Algérie, nous disposons essentiellement des travaux de Benkhaled et Remini (2003) et Bouanani (2004) qui ont montré la variabilité temporelle de C et Q caractéristique respectivement du bassin semi aride de l'Oued Wahrane (Chelif) et des sous-bassins de la Tafna.

11.1- Méthodologie

La dispersion des points de C et Q est une caractéristique très importante qui, avec d'autres aspects liés à l'allure du graphe, permet d'effectuer des combinaisons, en liaison avec le phénomène d'hystérésis (Benkhaled et

Remini, 2003). A cet effet, la discussion des paramètres physico-géographiques et hydrologiques de chaque classe de crues est nécessaire surtout lorsqu'il s'agit de localiser la source d'entraînement des sédiments. Dans ce chapitre, 387 crues contenant des mesures de concentration en suspension sont analysées, réparties de la manière suivante:

- 70 crues dans le bassin versant de l'Oued Bouhamdane,
- 93 crues dans le bassin versant de l'Oued Saf Saf,
- 76 crues dans le bassin versant de l'Oued Kébir Ouest,
- 57 crues dans le bassin versant de l 189 Mellah,
- 91 crues dans le bassin versant de l'Oued Ressoul.

Parmi ces crues, 32 événements sont analysés en détail sur la base des critères suivants:

- réalisation d'hydrogrammes complets et simples,
- prise en compte de crues fortes et modérées.

La démarche de la réalisation des relations C-Q se présente en deux étapes :
- les données de débit et de concentration en suspension sont mises en graphe avec en ordonnée la concentration (g/l) et le débit liquide (m^3/s), et en abscisse le temps correspondant (heure),
- les données des deux variables C-Q de chaque crue sont mises en relation, sous la forme Q = fct (C), pour déterminer le phénomène d'hystérésis et discuter le comportement hydrosédimentaire des crues.

11.2- Identification des classes de relation C-Q

Les différents graphes temporels avec leurs largeurs, symétries/asymétries révèlent 5 classes de relation C-Q (Tableau 36). Chaque classe est caractérisée par un critère mathématique simple, objectif et fiable, une fois les deux graphes temporels sont disponibles (Williams, 1989). Ce critère est le rapport C/Q à des temps arbitraires durant la montée et la descente de C et Q. Il est fondamental dans l'identification des boucles d'hystérésis.

La première étape de l'analyse consiste à choisir un temps durant la montée de Q, lire les valeurs correspondantes Q_1 et C_1, et calculer le rapport C_1/Q_1. La seconde étape se résume dans la localisation de cette même valeur de

Q_1 sur le graphe de Q, lire la concentration associée au débit en ce même temps et déterminer le rapport C_2/Q_1. Ces deux rapports seront qualitativement comparés suivant l'égalité ou la supériorité de l'un sur l'autre, ce qui facilite la détermination de la classe.

Les caractéristiques de forme apportent, entre autres, d'autres détails concernant la largeur et l'orientation de la boucle.

Tableau 36. Classes des relations C-Q.

Classe	Relation	Rapport C/Q	Référence
I	Ligne simple estimée (single-valued line)	$(C/Q)_m \approx (C/Q)_d$	Wood (1977)
	A- Ligne droite	pentes des deux sections (m, d) sont égales	
	B- Courbe, pente croît quand Q augmente (curve bending upward)	pentes des deux sections (m, d) sont inégales	
	C- Courbe, pente décroît quand Q augmente (curve bending downward)	pentes des deux sections (m, d) sont inégales	
II	Boucle dans le sens des aiguilles d'une montre (clockwise loop)	$(C/Q)_m > (C/Q)_d$ pour toutes les valeurs de Q	Paustian et Beschta (1979)
III	Boucle dans le sens contraire des des aiguilles d'une montre (counterclockwise loop)	$(C/Q)_m < (C/Q)_d$ pour toutes les valeurs de Q	Axelson (1967)
IV	Linéaire simple plus une boucle (single line plus a loop)	$(C/Q)_m \approx (C/Q)_d$ pour une partie des valeurs de Q $(C/Q)_m >< (C/Q)_d$ pour une autre partie des valeurs de Q	---
V	Forme en huit (figure eight)	$C/Q)_m > (C/Q)_d$ pour une partie des valeurs de Q $(C/Q)_m < (C/Q)_d$ pour une autre partie des valeurs de Q	Arnborg et al (1967)

m : montée de crue; d: décrue

11.2.1- Classe I

Cette classe représente la relation C-Q la plus simple. Sa caractéristique principale est que les rapports C/Q sont égaux pour les valeurs de Q que ce soit en montée de crue ou en décrue. Ce modèle indique que les concentrations en suspension doivent augmenter ou diminuer en parfaite synchronisation avec le débit liquide (Bouanani, 2004). Nous distinguons dans cette classe 3 sous groupes: la ligne droite, la courbe concave vers le haut (curve bending upward) et la courbe concave vers le bas (curve bending downward). Le premier sous groupe (Ia), ligne droite, apparaît quand les deux graphes C et Q possèdent des pics simultanés et des largeurs et symétries identiques (Figure 66).

Les courbes de la relation C-Q (sous groupes Ib et Ic) sont obtenues quand les graphes ont des pics simultanés, des hauteurs et des symétries identiques, mais des largeurs différentes (Figure 66). Ainsi, si la largeur du graphe C est moins grande que celle du graphe Q, c'est le sous groupe Ib (curve bending upward) qui l'emporte. Dans le cas contraire, nous obtenons le sous groupe Ic (curve bending downward).

Le degré de concavité est moindre lorsque la largeur des deux graphes temporels de C et Q sont presque identiques (largeur du graphe C est légèrement grande ou petite que la largeur du graphe Q). La concavité devient plus prononcée quand la largeur de l'un est considérablement plus grande ou plus petite que l'autre.

11.2.2- Classe II

C'est la classe en boucle dans le sens des aiguilles d'une montre "clockwise loop" (Figure 66). Si le pic de la concentration en suspension (C) arrive à la station hydrométrique avant le pic du débit liquide (Q), la valeur de C durant la montée de crue est plus élevée que celle durant la décrue, avec la même valeur du débit liquide, d'où le rapport C_1/Q_1 (montée de crue) à n'importe quel temps choisi est supérieur à celui de C_2/Q_1 (décrue).

L'orientation de l'axe de la boucle C-Q est proche de 45° par rapport à l'horizontal, quand la largeur de C (L_c) est presque égale à celle de Q (L_Q). Si $L_c < L_Q$, l'axe de la boucle à une orientation essentiellement verticale. Cependant, si $L_c > L_Q$, l'axe devient approximativement horizontal. Cette classe est attribuée à deux causes principales à savoir:

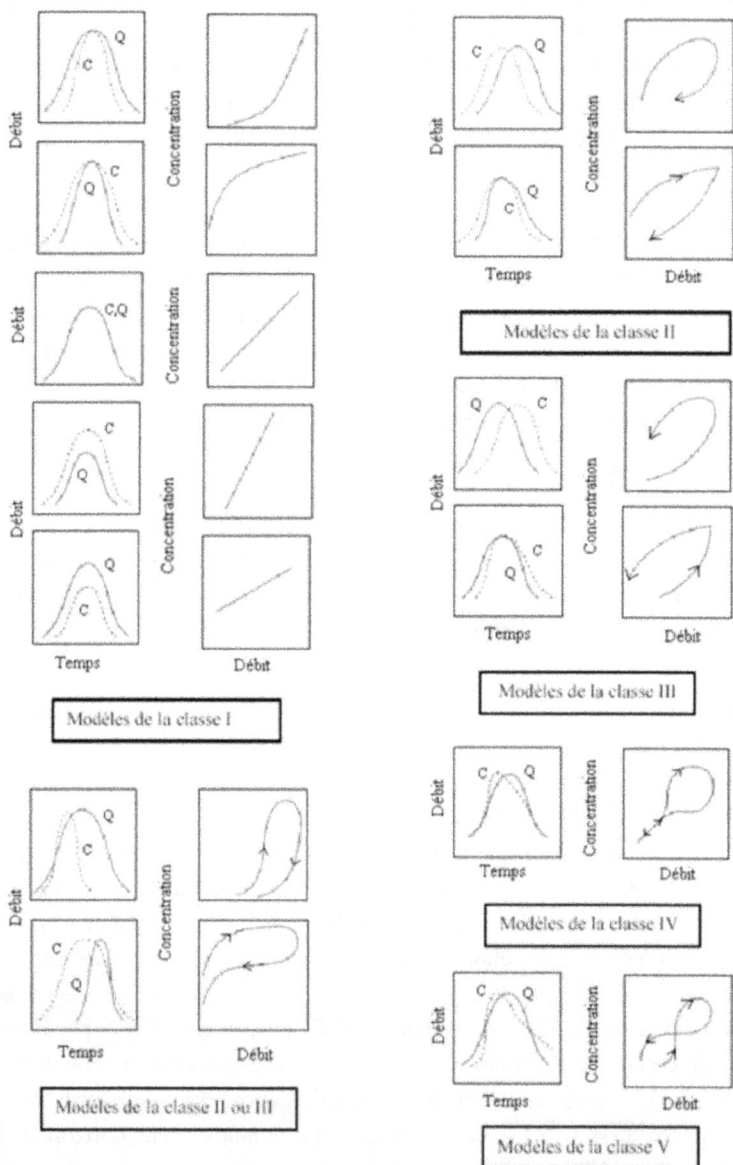

Figure 66. Modèles des relations concentration – débit liquide (D'après G.P. Williams, 1989).

229

- Epuisement du stock des sédiments disponibles dans le bassin ou dans le cours d'eau avant le débit de pointe (Walling et Webb, 1982; Peart et Walling, 1988; Batalla et Sala, 1992) ou une réduction successive de l'effet érosif de la pluie (Wood, 1977). La proportion croissante de l'écoulement de base durant la décrue est également à considérer (Wood, 1977; Walling et Webb, 1982; Park, 1992),
- Formation d'obstacles avant le passage du débit de pointe (Arnborg et al., 1967).

La boucle dans le sens des aiguilles d'une montre a tendance à se produire plus au début de la saison des pluies de type torrentiel (Sidle et Campbell, 1985). Ceci est dû à la disponibilité des sédiments produits par les crues précédentes, comparée à manque ou une diminution des sédiments emmagasinés plus tard dans la saison.

11.2.3- Classe III

Cette classe représente une boucle dans le sens contraire des aiguilles d'une montre "counterclockwise loop" (Figure 66). C'est une situation où la concentration de pointe est postérieure au débit liquide de pointe. De ce fait, les valeurs de C sur la courbe de montée de crue sont moins élevées que celles durant la décrue et donc le rapport C_1/Q_1 (montée de crue) devient inférieur au rapport C_2/Q_1 (décrue).Tous les commentaires mentionnés dans la classe II sur les caractéristiques de forme peuvent être également appliquées ici.

Les boucles de cette clase résultent des trois causes. Une cause possible est le temps de parcours de l'onde de crue et du flux des sédiments, particulièrement en raison de la distance en aval du cours d'eau, située entre la source de la crue et la station de jaugeage (Heidel, 1956). Cette vitesse est généralement plus rapide que la vitesse moyenne de l'écoulement (Williams, 1989). Puisque les sédiments en suspension tendent à se déplacer à une vitesse proche de celle de l'écoulement moyen, le flux sédimentaire tend à se traîner derrière l'onde de crue. Le retard de l'arrivée du pic des sédiments à la station est amplifié sur les cours d'eau comportant des irrégularités qui empêchent le mouvement des sédiments par rapport à celui de l'eau. La seconde cause de ce type de boucles est l'érodabilité importante du sol en jonction avec l'érosion prolongée pendant la crue (Williams, 1989). La troisième cause est la variabilité de la distribution saisonnière des pluies et de la production des sédiments dans le bassin versant.

11.2.4- Classe IV

Cette classe correspond à la forme de huit "figure eight" qui combine des parties de la classe II et de la classe III. Toutefois, dans certaines conditions se développe une boucle de huit indépendamment des pics des variables C et Q. les deux parties du huit sont dirigées séquentiellement dans des directions opposées (Figure 66).

Les modèles montrent dans la partie inférieure de la montée de crue des rapports C_1/Q_1 plus faibles que ceux de la décrue (C_2/Q_1), avec une même valeur du débit. Les données de C et Q, pour des valeurs faibles de Q, décrivent alors une boucle dans le sens contraire des aiguilles d'une montre. Contrairement, dans la partie supérieure, le rapport C_1/Q_1 est plus élevé que celui de C_2/Q_1, et ce pour une même valeur de Q. Les données de C et Q, avec des valeurs élevées de Q, fournissent une boucle dans le sens des aiguilles d'une montre.

11.3- Résultats et discussions

Cette analyse est menée beaucoup plus sur les aspects graphiques et statistiques des relations C-Q obtenues. Le comportement hydrosédimentaire des crues est mieux abordé avec des exemples de crues des cinq bassins versants. Les crues de la même période peuvent ne pas présenter de similitude dans le phénomène d'hystérésis.

La fluctuation des valeurs de C et Q donne des allures différentes surtout en ce qui concerne la disponibilité de la matière fine sur les versants et au niveau des cours d'eau. En effet, l'approvisionnement en sédiments dans chaque bassin est sujet aux conditions physico-géographiques et même édaphiques qui conditionnent l'entraînement de la charge solide vers l'oued.

Les classes d'hystérésis sont analysées ici et comparées qualitativement à l'échelle saisonnière.

11.3.1- Classe I

Le pourcentage des modèles représentant cette classe est moindre dans les bassins de l'Oued Kébir Ouest et l'Oued Ressoul, avec respectivement 24% et 23% (Tableau 37). Les crues enregistrées montrent une dominance des sous groupes Ib et Ic. Par ailleurs, les crues de cette classe ont eu lieu surtout en hiver et au printemps (> 71% des crues dans chacun des bassins versants) et à un degré moindre en automne et en été. Le plus grand nombre de crues de cette classe appartenant à la saison automnale est observé dans les bassins des oueds Kébir Ouest et Saf Saf avec respectivement 28% et 22% des crues de cette classe. La raison pourrait être associée à un apport continu de sédiments pendant les crues et/ou à la disponibilité des sédiments mobilisables issus de la saison sèche.

Tableau 37. Pourcentages de la répartition des crues par classe de la relation C-Q.

Classes Bassins versants	Nombre de crues	Classe I	Classe II	Classe III	Classe V
Oued Bouhamdane	70	36 %	34 %	13 %	17 %
Oued Mellah	57	37 %	28 %	35 %	---
Oued Ressoul	91	23 %	29 %	36 %	12 %
Oued Kébir Ouest	76	24 %	39 %	24 %	13 %
Oued Saf Saf	93	33 %	35 %	22 %	10 %

Les crues sélectionnées de type Ia montrent d'une part d'importantes dispersions des débits et d'autre part une irrégularité modérée des concentrations en suspension. La droite de régression de la crue du 23-26/12/1990 (Oued Saf Saf) montre une pente proche de 1, ce qui signifie que les rapports C/Q de la montée de crue et décrue sont égaux pour toutes les valeurs de Q. Ceci est possible quand les deux graphes ont des pics simultanés, une même forme et largeur des courbes. Les crues du 19-25/01/1995 (Oued Bouhamdane) et 5-6/01/1990 (Oued Ressoul) se distinguent par un graphe C relativement plus long que le graphe Q. Les rapports C/Q de la montée de crue versus décrue présentent une augmentation systématique de leurs valeurs lorsqu'on se déplace le long de la ligne de montée en direction du pic (Figures 67-71). La droite simple de la relation C-Q donne ainsi une pente supérieure à 1. Par ailleurs, la crue du 5-7/12/1978 (Oued Kébir Ouest) montre un graphe C relativement moins long que le graphe Q (Figure 70). Nous assistons dans ce cas à une progression décroissante des rapports à fur et à mesure qu'on se déplace en direction du pic. La pente de la droite devient alors inférieure à 1.

Nous constatons pour les sous groupes Ib (curve bending upward) et Ic (curve bending downward) que les courbes tracées de la relation C-Q reflètent le tracé des données du débit et de la concentration en suspension. Plus la largeur du graphe C est étroite par rapport au graphe Q, la courbe à tendance à être plus concave et vice versa en ce concerne la courbe concave renversée Ic. C'est le cas par exemple des crues du 24-25/11/1995 et 18-19/02/1982 à l'Oued Kébir Ouest (Figure 70). Lorsque le graphe C s'approche de plus en plus de part et d'autre du graphe Q, la relation C-Q tend à donner une courbe légèrement concave à presque linéaire. Ce qui signifie que l'approvisionnement en sédiments est continu et suit presque parfaitement l'intensité de la crue. Nous observons cela dans les deux crues enregistrées du 1/02/1985 et 29/04/-1/05/1996 à l'Oued Ressoul.

11.3.2- Classe II

Le modèle "clockwise loop" se présente essentiellement en hiver et au printemps. Cependant, en référant aux crues analysées dans ce chapitre, nous remarquons que les crues enregistrées ayant des mesures de la concentration sont plus fréquentes en hiver et au printemps dans les oueds Saf Saf et Ressoul. Ce modèle apparaît en hiver, en automne et au printemps dans les autres oueds, sachant que dans l'Oued Kébir Ouest les crues survenues en automne sont plus importantes que celles du printemps.

La disponibilité des sédiments après une saison sèche où le sol est particulièrement fragilisé et facilement érodable, associée à des pluies pouvant être violentes capables d'entraîner d'importantes quantités de matières fines, favorise l'apparition du pic des concentrations avant le pic des débits. En outre, l'irrégularité des pluies pendant les mois pluvieux empêche la saturation complète du sol et l'apparition par endroits de l'écoulement hypodermique. Cette situation contribue à l'apparition d'une dynamique érosive sur les versants et l'existence d'une couche de pavage mobilisable formée sur le lit de l'oued antérieurement à la crue. Ce pavage est plus fragrant dans l'Oued Kébir Ouest qui, entre 1975 et 1985, a vu augmenter son épaisseur à la station hydrométrique à 50 cm et presque 1 mètre en 1997.

Les cinq oueds sont caractérisés comme la plupart des cours d'eau algériens par un régime hydrologique irrégulier, sec en été sauf pour l'Oued Bouhamdane qui conserve des volumes d'eau dans son lit grâce aux lâchées du barrage de Hammam Debagh. Cette irrégularité est observée sur les valeurs élevées du coefficient de variation des distributions des débits et des concentrations, qui dépassent généralement 50% (Tableau 38).

Suivant que les boucles possèdent un axe à orientation horizontale telle que la crue du 20-24/12/1988 (Oued Kébir Ouest) ou un axe à orientation verticale (reste des crues), le caractère cyclique de la relation C-Q peut être illustré en trois phases dans la boucle (ex. crue du 6-7/03/1980 de la figure 68). La première phase est caractérisée par une forte augmentation de la concentration de sédiments en suspension et du débit (Benkhaled et Remini, 2003). Cette phase reflète l'arrivée successive des premières charges fines de sédiments issus de l'effet du "splash" des pluies torrentielles dans les zones de ruissellement proches de l'exutoire du bassin. Elle peut correspondre également à la re-mobilisation des matériaux déposés sur le fond lors des basses eaux (Kattan et al., 1987).

La seconde phase se distingue par une diminution de la concentration en suspension et une forte augmentation du débit. Cette phase de transport correspond à la dilution de la concentration des sédiments et peut être également attribuée à l'érosion des berges du cours d'eau (Kattan et al., 1987). La troisième phase est caractérisée par une diminution de la concentration en suspension et du débit. Elle correspond particulièrement au dépôt des sédiments sur le lit de l'oued et dans les zones alluviales (Benkhaled et Remini, 2003).

Tableau 38. Paramètres hydrométriques et statistiques des crues sélectionnées.

Oued Bouhamdane	$\overline{Q}$	$\overline{C}$	Q_p	C_p	CV_Q	CV_C	Qs	Classe
17-18/11/1976	20,92	5,20	118,70	10,38	1,52	0,55	12,64	III
14-15/02/1978	7,78	0,38	11,79	0,46	0,33	0,24	0,42	V
11/11/1982	8,79	1,09	22,19	2,46	0,80	0,63	0,50	Ib
29/01/-1/02/1985	12,16	1,33	35,79	2,35	0,65	0,40	4,22	Ic
6-10/03/1985	119,05	2,95	322,36	6,50	0,69	0,44	126,00	Ic
24-28/11/1986	18,12	6,37	81,21	17,76	1,00	0,73	43,23	II
11-13/01/1987	15,97	1,59	61,19	5,85	0,93	0,94	4,38	II
19-25/01/1995	51,54	2,38	194,04	5,98	0,73	0,50	66,39	Ia

Oued Mellah								
21-23/12/1976	10,61	2,13	33,01	5,14	0,86	0,84	9,02	III
6-7/03/1980	16,54	15,10	61,92	40,08	0,96	0,85	68,66	II
28-30/01/1982	9,13	8,76	36,13	19,21	0,87	0,73	35,62	III
29/12/84-3/01/85	133,63	12,27	337,85	20,51	0,75	0,51	1535	Ib
23-27/12/90	39,27	4,15	151,86	8,71	1,01	0,44	118,52	Ic

Oued Ressoul								
10-12/11/1982	5,96	10,59	34,92	19,42	1,64	0,58	97,13	III
7-9/03/1985	9,71	2,26	68,78	5,40	2,42	0,88	44,42	III
6-7/02/1987	9,81	8,80	155,14	19,95	3,30	0,79	96,57	V
21-22/12/88	17,97	11,11	49,87	17,95	0,87	0,48	286,08	II
5-6/01/1990	4,87	2,31	12,95	3,59	0,84	0,53	15,14	Ia
7-9/02/1996	11,07	4,08	34,55	6,70	0,74	0,41	94,70	Ic
29/04/-1/05/1996	26,17	5,93	132,32	11,26	1,27	0,62	347,26	Ib

Oued Kébir Ouest								
5-7/12/1978	5,75	0,98	17,91	1,26	0,99	0,35	0,96	Ia
18-19/02/1982	8,14	1,12	19,51	1,40	0,70	0,38	0,84	Ic
11-12/11/1982	118,95	3,63	222,07	6,72	0,39	0,60	56,63	II-III
7-10/03/1985	195,96	1,50	314,17	2,75	0,40	0,55	86,92	II
20-24/12/1988	80,82	3,36	274,65	5,09	1,00	0,43	95,98	II
23-26/12/1990	195,65	3,13	321,46	4,22	0,66	0,32	109,81	V
24-25/11/1995	8,72	8,42	23,94	22,97	0,85	0,78	7,01	Ib

Oued Saf Saf								
18-19/11/1976	22,23	2,05	54,30	2,57	0,65	0,22	17,81	Ic
13/02/1978	6,86	0,67	9,57	0,89	0,36	0,25	1,12	V
11-12/11/1982	14,04	2,44	48,70	4,31	0,93	0,52	16,50	III
7-10/03/1985	71,09	4,81	345,33	39,62	0,86	1,13	367,00	II
25-27/02/1987	16,03	7,86	28,66	21,07	0,32	0,74	69,77	Ib
23-26/12/1990	21,16	14,32	94,11	36,13	1,09	0,67	254,00	Ia

$\overline{Q}$: débit moyen (m^3/s); $\overline{C}$: concentration en suspension moyenne (g/l); Q_p: débit de pointe (m^3/s); C_p: concentration maximale (g/l); CV_Q: coefficient de variation des débits; CV_C: coefficient de variation des concentrations; Qs: débit solide (T/km²).

11.3.3- Classe III

Le modèle "counterclockwise loop" devient moins fréquent dans le bassin de l'Oued Bouhamdane, suivi des oueds Saf Saf et Kébir Ouest (Tableau 38). Les crues de ce modèle surviennent essentiellement en hiver et au printemps, sauf pour l'Oued Bouhamdane qui montre un nombre non négligeable de crues opérant aussi en l'automne.

Contrairement au modèle de la classe II dont la plupart de la charge des sédiments est sujette à un transport sans un dépôt net dans le cours d'eau, le modèle de la classe III, défini par un débit de pointe se plaçant avant la concentration maximale, reflète un dépôt net des sédiments dans le cours d'eau (Jansson, 2002). La boucle "counterclockwise" peut se former aussi quand le graphe C et le graphe Q ont des montées simultanées pour atteindre le même maximum. C'est le cas de la crue du 10-12/11/1982 à l'Oued Ressoul et celle du 11-12/11/1982 à l'Oued Saf Saf (Figures. 69 et 71).

D'une manière générale, les crues de cette classe sont caractérisées par un temps de montée supérieur au temps de concentration des bassins et une concentration en suspension qui peut atteindre des valeurs assez élevées (environ 20 g/l). Cela peut être indicatif quant à l'érodabilité du sol, plus au moins saturé et moins couvert.

Ce modèle représenté par les crues des figures 67 à 71, peut être le résultat de deux possibilités:

- un transport lointain du sédiment qui n'arrive à l'exutoire qu'au moment de la décrue (Jansson, 2002),
- une érosion des berges qui se développe pendant les pluies tardives souvent moins intenses dans la région. La supposition de cette érosion non loin de la station hydrométrique ne peut être confirmée par manque d'évidence sur le terrain.

11.3.4- Classe V

Cette classe en huit comporte des crues qui surviennent principalement en hiver et au printemps avec une certaine proportionnalité, en relation avec ces deux saisons, en automne dans l'oued Saf Saf.

Concernant ces crues, la montée de crue (sédiment et débit) commence en même temps. Le taux de montée de la concentration est plus grand que le débit dans la crue du 6-7/02/1987 (Oued Ressoul) et la concentration maximale arrive avant le débit de pointe (Figure 69). Ceci donne une boucle dans le sens des aiguilles d'une montre "clockwise loop". La disponibilité du sédiment après le pic et le transport est assez élevée d'où une diminution moins rapide de la concentration avec le temps.

A des débits faibles, les rapports C/Q sont plus grands en décrue qu'en montée de crue. Ceci signifie que les valeurs de C en décrue sont plus élevées que celles pendant la montée de crue. C'est donc la boucle "counterclockwise" qui se produit. L'allure de C et Q indique ainsi que la crue correspond à un modèle en huit.

Les autres crues présentent une augmentation moins brusque et une montée plus au moins simultanée des deux graphes jusqu'au maximum, après une certaine valeur de C. La décrue apporte encore une importante à assez importante quantité de sédiments, le sol paraît encore érodable ou disposé à alimenter les cours d'eau de matériaux fins.

En plus, l'ensemble des crues analysées montre une convergence des extrémités de la boucle à cause de l'étalement des deux distributions de C et Q, surtout au niveau des crues enregistrées aux oueds Kébir Ouest et Ressoul.

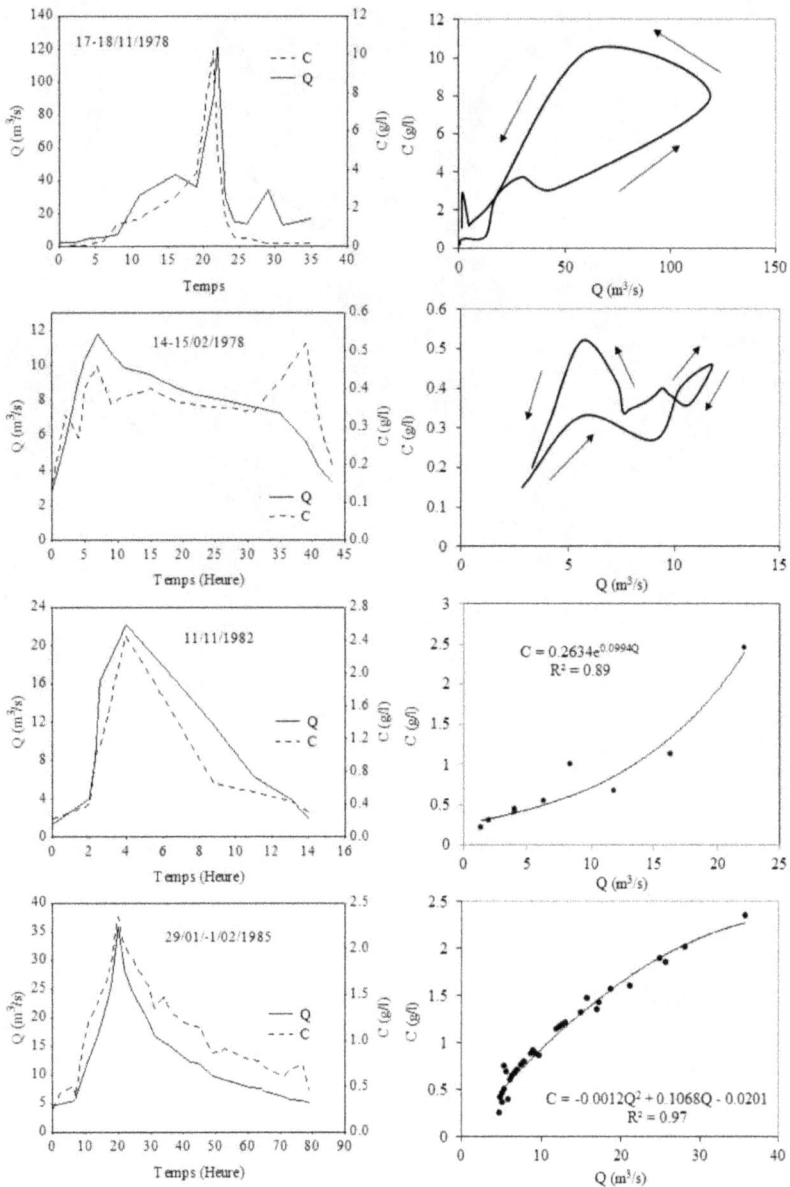

Figure 67. Evolution des crues en fonction des concentrations et des débits liquides à l'Oued Bouhamdane.

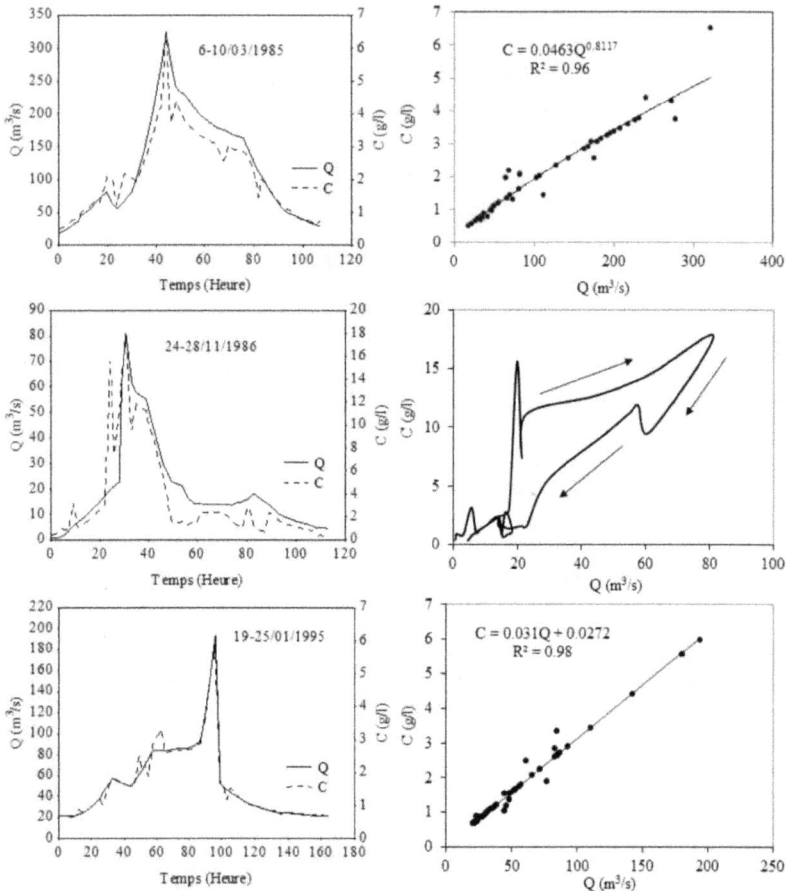

Suite **Figure 67.**

11.4- Sélection de quelques crues

11.4.1- Crue de novembre 1982

La crue du 11-12 novembre, enregistrée dans le bassin versant l'Oued Saf Saf, montre que Q et C ont des sommets simultanés (Figure 71). Mais la décrue a une augmentation de la concentration du sédiment, menant à une boucle de type "counterclockwise" de la relation C-Q.

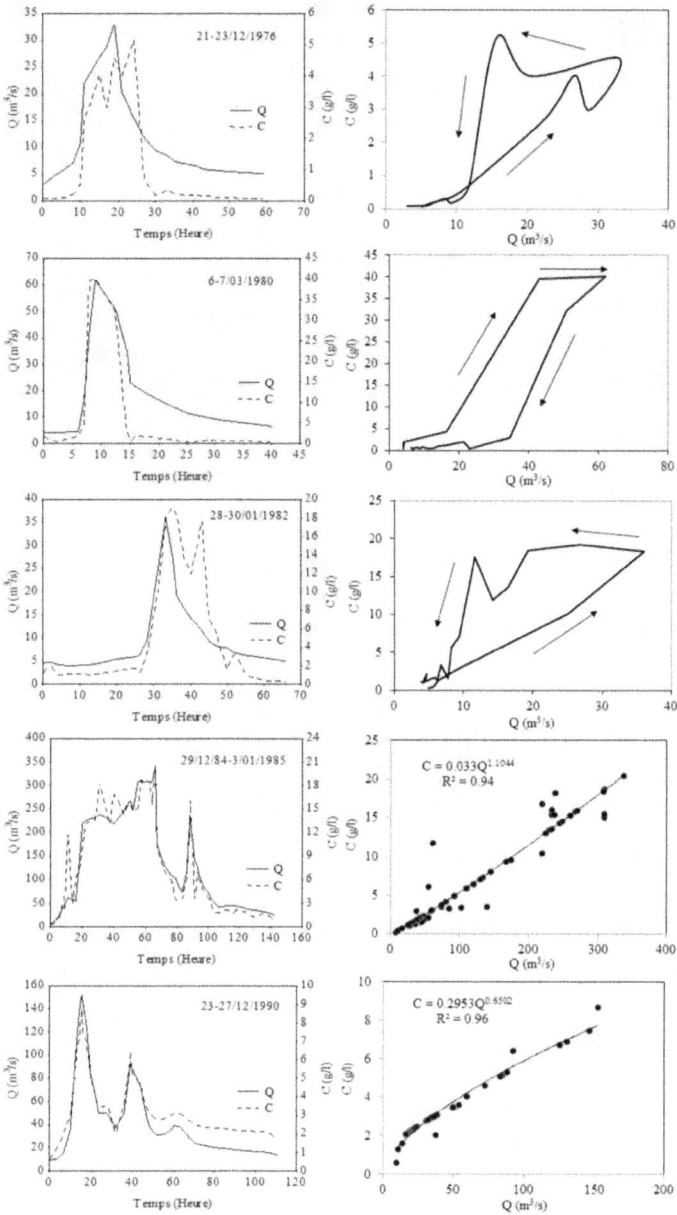

Figure 68. Evolution des Crues en fonction des concentrations et des débits liquides à l'Oued Mellah.

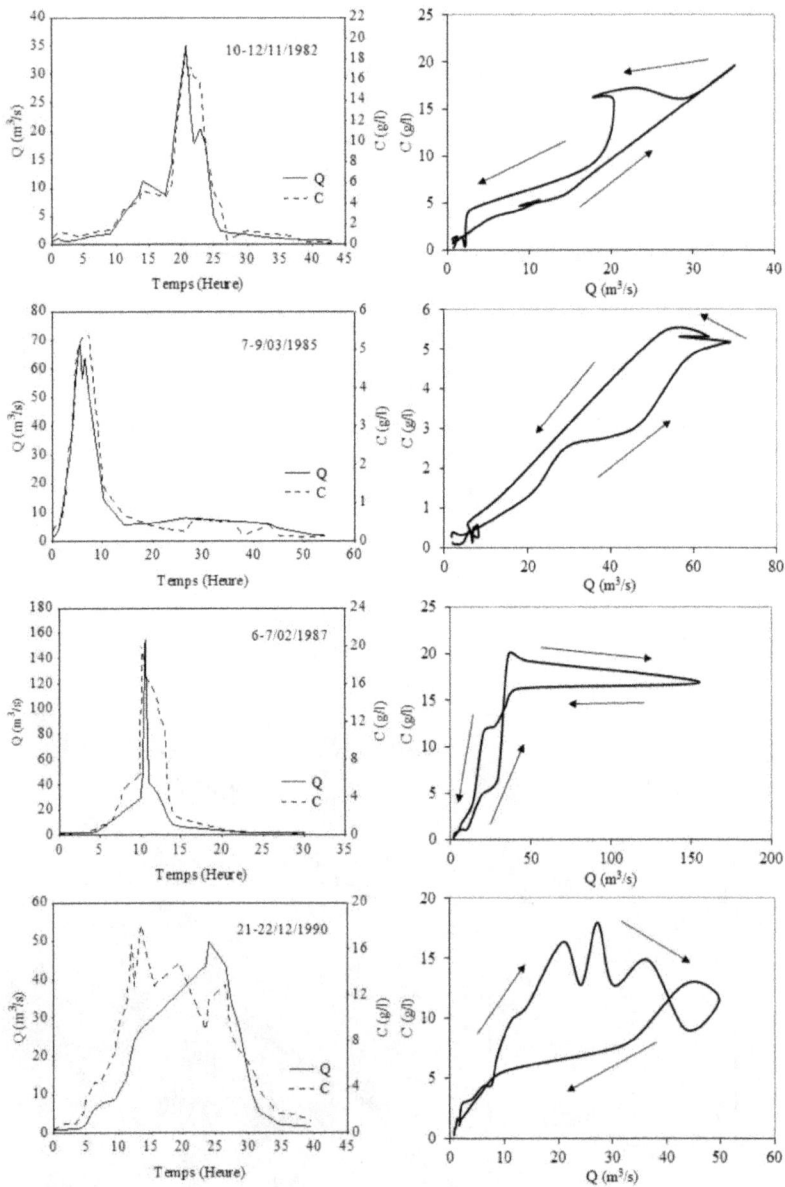

Figure 69. Evolution des Crues en fonction des concentrations et des débits liquides à l'Oued Ressoul.

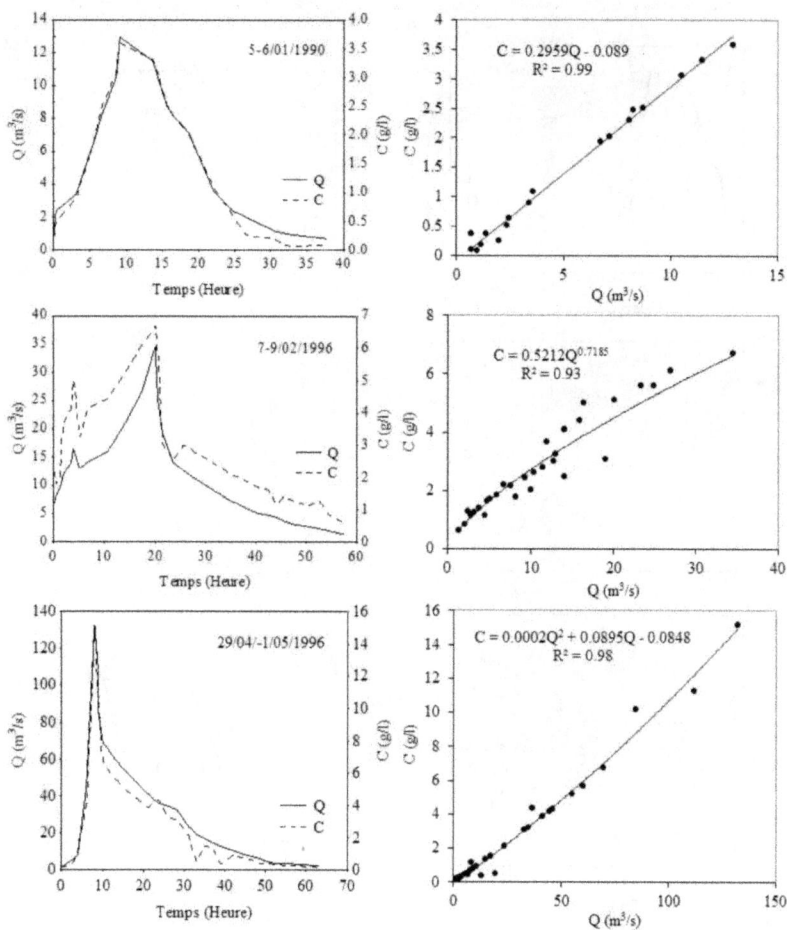

Suite **Figure 69.**

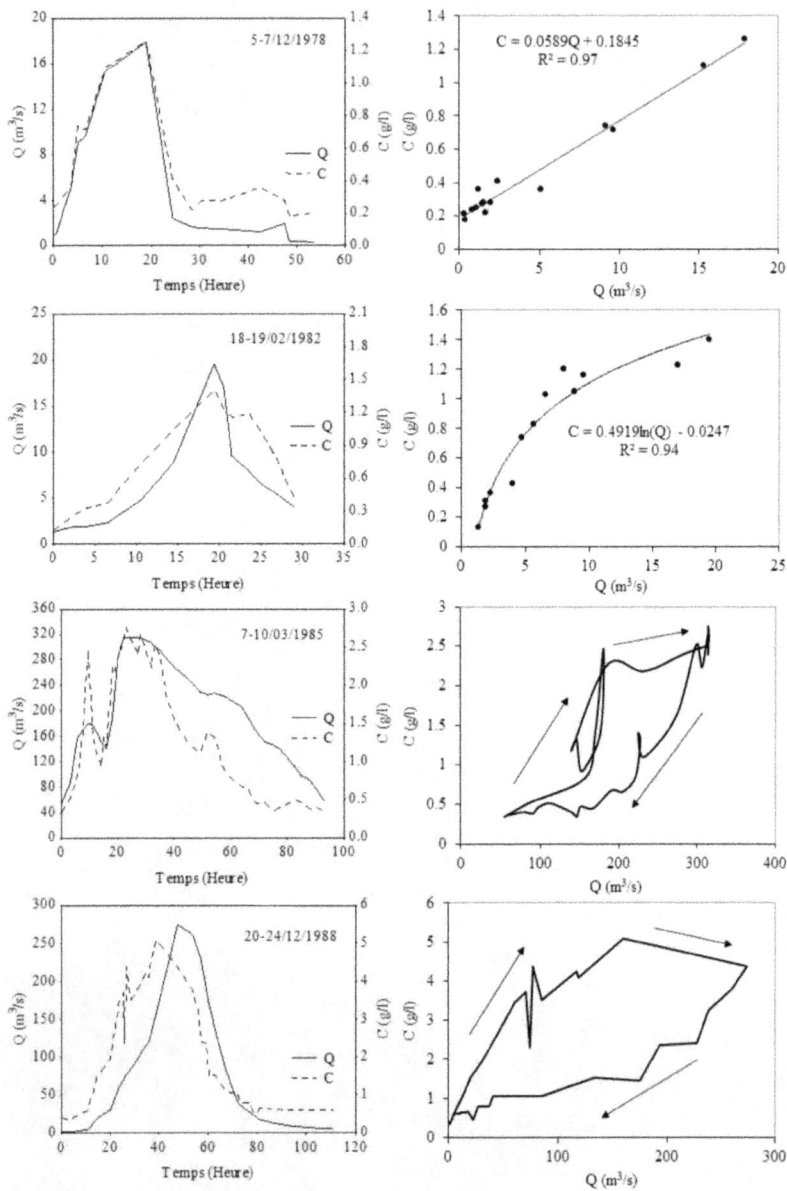

Figure 70. Evolution des Crues en fonction des concentrations et des débits liquides à l'Oued Kébir Ouest.

243

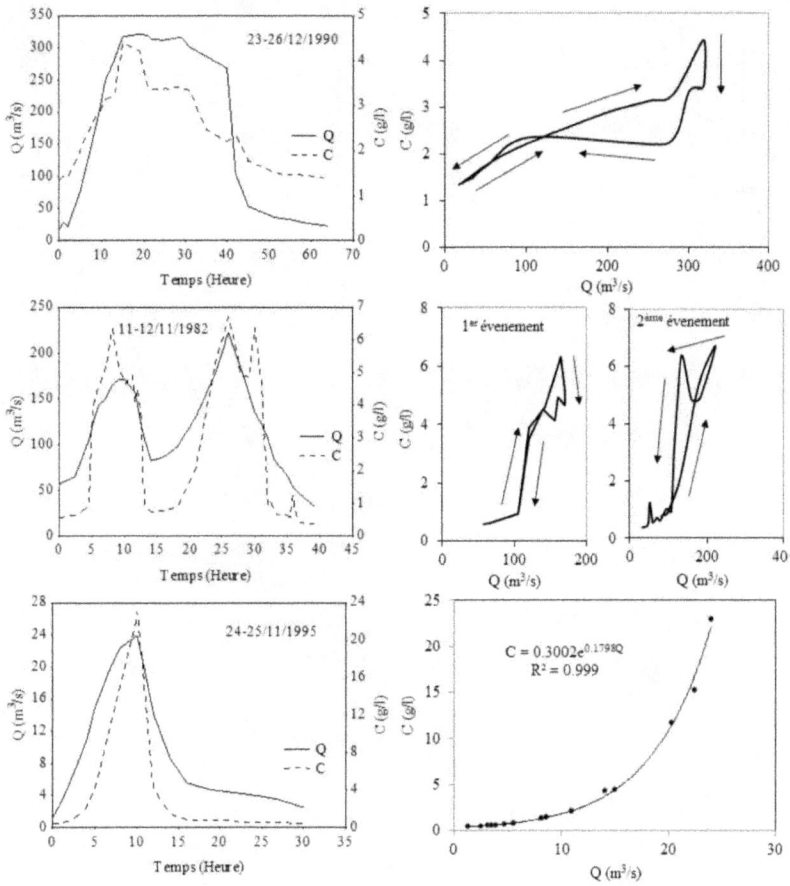

Suite **Figure 70.**

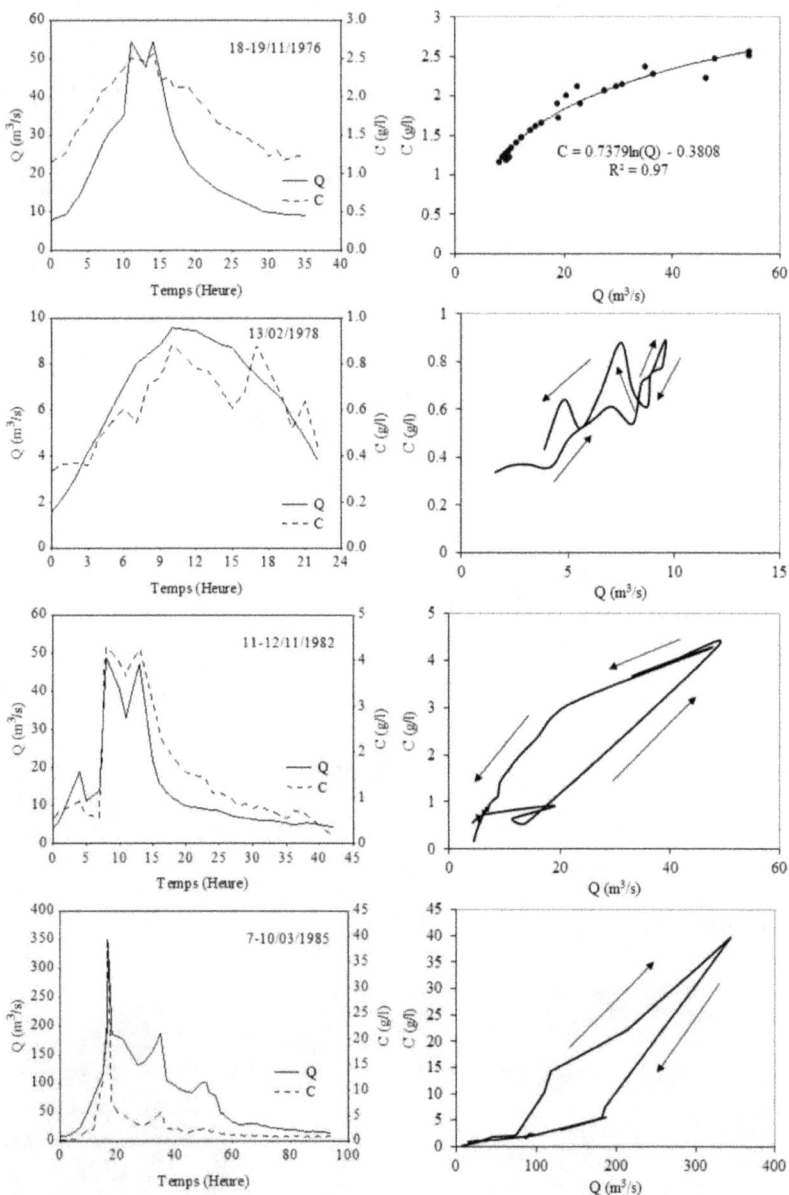

Figure 71. Evolution des crues en fonction des concentrations et des débits liquides à l'Oued Saf Saf.

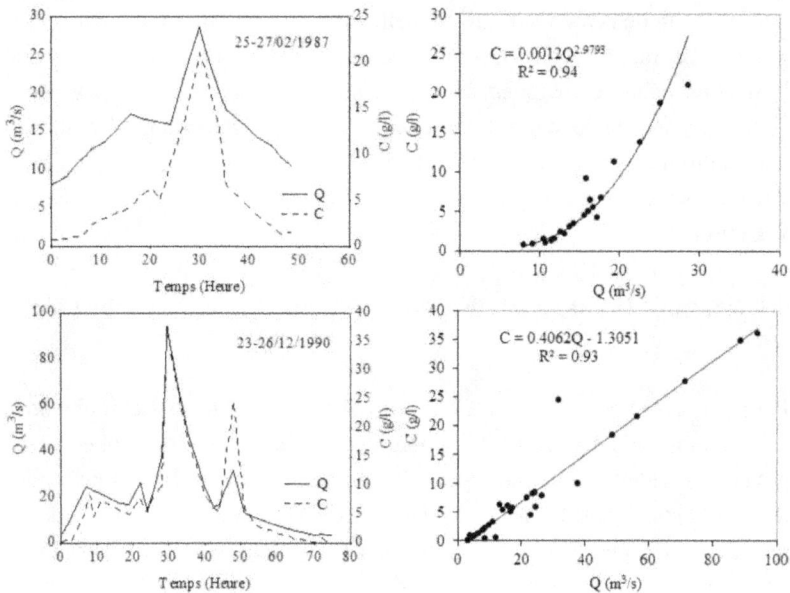

Suite **Figure 71.**

Bien que, l'Oued Saf Saf a reçu plus de pluies (123 mm) pendant cette crue que l'Oued Kebir Ouest, il montre un faible ruissellement et une faible concentration en suspension (Tableau 38). Par conséquent, en dépit d'une végétation plus au moins clairsemée et moins permanente, l'infiltration dans les sols secs après qu'une saison d'été chaude et sèche fût élevée, empêchant une quantité de sédiments d'être emporté, et les sols n'ont pas été assez trempés pour provoquer des glissements de terrain. Le débit solide total en suspension est de 16 T/ km^2, qui représente approximativement 15% du débit solide annuel des crues de l'année 1982/83.

Le débit solide de la même crue dans l'Oued Kébir Ouest est de 61 T/km^2, représentant 42% du débit solide annuel de l'année1982/83. Cet événement résulté d'une chute de pluie totale de 79 mm et a produit un débit de pointe de 222 m^3/s et une concentration maximale de 6.7 g/l (Figure 70). Comme le bassin de l'Oued Kébir Ouest est approximativement 3.5 fois plus grand

246

que le bassin de l'Oued Saf Saf, l'échelle de l'axe Q est presque 3.5 fois plus grande. Le rapport entre Q et C du premier hydrogramme montre une hystérésis positive marquée à cause d'une re-érosion de sédiment dans l'oued avant que le débit liquide ait atteint son maximum. Le second hydrogramme montre les graphes C et Q avec les sommets simultanés et quelque peu de concentrations plus élevées que celles de l'Oued Saf Saf. Il y a une petite montée de la concentration sur la courbe de décrue et une autre à la fin de l'hydrogramme qui ont pu être causées par l'affaissement des berges de l'oued ou par des glissements de terrain (Khanchoul et al., 2006).

Pour la crue du 10-12/11/1982 enregistrée à l'Oued Ressoul, nous remarquons qu'il tombe 65 mm dont 49 mm de pluie est tombée le 10 novembre, valeur définissant une pluie érosive (Figure 69). Les deux pics de C et Q sont apparus après 14 heures d'écoulement dans la journée du 11 novembre. Ils sont à cette position grâce à la pluie du 10 novembre qui a engendré un fort écoulement, atteignant 35 m^3/s (340 l/s/km^2), et une forte concentration en suspension de 19,42 g/l. Pendant la décrue, nous assistons à une tombée de pluie de 13,50 mm seulement qui a causé une légère remontée de l'hydrogramme. Entre ces deux montées, les concentrations en sédiments ont chuté moins rapidement, ce qui signifie qu'il existait une certaine quantité de sédiments mobilisable due à une dynamique érosive tardive. De ce fait, cette crue s'oriente vers le modèle de la classe III, avec une boucle très serrée (montée presque simultanée des deux graphes C et Q).

11.4.2- Crue de décembre 1990

L'événement de crue le plus important de l'année hydrologique 1990/91 est enregistré du 23 à 26 décembre. Dans le bassin versant de l'Oued Saf Saf, la pluie la plus intense est tombée respectivement le 24 et 25 décembre avec 32 mm et 52 mm. Les courbes Q et C montrent des sommets simultanés (Figure 71) et la relation Q-C présente un nuage de points qui correspond à une relation linéaire. Le pic principal de C montre une concentration aussi élevée de 36 g/l atteinte en 29,50 heures (Tableau 38), fournie par un ruissellement élevé qui était capable d'éroder et transporter de grandes quantités de sédiments vers l'exutoire. Le débit solide pendant cet événement est estimé à 257 T/ km², représentant 44% du débit solide annuel de 1990/91. D'après les graphiques, il n'apparaît avoir eu aucune érosion ou alluvionnement proprement dit dans l'oued. Comme la concentration en suspension suit le graphe Q, et comme le pic de la concentration correspond à celui du débit liquide et non pas à la fin de la crue, les glissements de terrain peuvent être, dans ce cas, exclus comme étant une source de la matière fine. Le matériel érodé par le ruissellement de surface sur les terres agricoles est probablement la source de ce matériel (Khanchoul et al., 2006).

La même crue enregistrée à l'Oued Kébir Ouest montre un pic aplati de l'hydrogramme, avec un débit de pointe de 321 m³/s (Figure 70). Une raison pour cet écoulement élevé peut être attribué à l'écoulement de base (baseflow) et à l'écoulement hypodermique (interflow) sur de vastes étendues du bassin. Ce graphique, avec l'aplatissement du sommet de l'hydrogramme, comporte aussi un écoulement diffus en nappes (overland flow) dans la zone des vertisols. La concentration en suspension est faible comparée à celle de l'Oued Saf Saf, dus à l'existence d'un pourcentage faible de terres agricoles nues développées sur des pentes raides (Tableau 38). Malgré la quantité de pluie élevée, égale à 143 mm, et un coefficient d'écoulement fort de 32%, le débit solide de cette crue est de 143 T/km², lequel apparaît beaucoup inférieur à celui de l'Oued Saf Saf.

La crue du 23-27/12/1990 observée à l'Oued Mellah illustre deux événements sur cinq (05) jours consécutifs (Fig. 68). Le premier événement ayant une pluie totale de 122 mm, répartie entre le 23 et 24 décembre, a produit un débit de pointe de 151,86 m³/s et une concentration maximale de 8,71 g/l (Tableau 38). le second événement, ayant résulté d'une pluie de 34,30 mm, a produit un débit de pointe de 92,25 m³/s et une concentration maximale encore élevée de 6,47 g/l. la relation entre le débit liquide et la concentration en suspension des deux événements montrent une hystérésis de type classe I, voire "curve bending downward". En plus, le débit solide de 32.137 tonnes fournis pendant le second événement est légèrement inférieur à celui du premier (égal à 34.183 tonnes). C'est possible que la seconde phase de cette crue contient une assez grande proportion d'écoulement hypodermique capable de maintenir la concentration en suspension encore élevée. Cette phase se distingue, entre autres, par une descente rapide de C jusqu'à la mi-journée du 25 décembre puis à une diminution lente qui correspondrait pour la plupart à des valeurs estimées de la relation Q-C.

11.4.3- Crue de mars 1985

La crue du 7-10/03/85 est un événement majeur en terme de transport de sédiment à l'Oued Saf Saf qui s'est produit après la forte crue hivernale du 29/12/84 - 03/01/85 (3134 T/km^2). La pluie totale de 96 mm a produit un écoulement de 76 mm (Tableau 40). L'impact morphologique de cet événement est certainement influencé par la saturation des sols fortement érodables et pauvrement couverts par la végétation. Les pics élevés du débit et de la concentration en suspension, obtenus après cinq heures du début de l'augmentation rapide de la concentration, coïncident avec le temps de concentration dans le bassin et ont pu être causés par le ruissellement diffus en nappes (Figure 71). Cette concentration élevée issue d'un ruissellement en nappes exceptionnel a dû être produite parce que de grandes surfaces ont été saturées et à cause aussi de la matière argileuse et limoneuse qui est facilement érodée, pouvant être transportée plus loin dans les cours d'eau. Comme la concentration suit parfaitement le débit liquide, il est conclu que les glissements de terrain et les coulées boueuses ne peuvent se produire. Le débit solide en suspension correspond à 367 T/km^2.

La crue du 7-10/03/1985 à l'Oued Kébir Ouest montre un graphe plus large de Q mais un ruissellement plus faible qu'à l'Oued Saf Saf (Figure 70, Tableau 38). Les deux pics paraissent être sujets à un ruissellement diffus en nappes et à un écoulement de base - écoulement hypodermique. Bien qu'il y eût plus au moins des pluies fortes dans le bassin de l'Oued Kébir Ouest, comparées à celles de l'Oued Saf Saf, la concentration maximale n'est seulement que de 3,00 g/l et le débit solide en suspension est égal à 87 T/ km^2. Nous pensons que ce tonnage faible du débit solide pourrait être causé par un approvisionnement moins important en sédiments dû à un couvert végétal plus performant, des surfaces moins inclinées, et des sols moins érodables le long de l'oued et plus particulièrement dans ses parties inférieures non loin de la station hydrométrique. Il peut aussi être causé par quelques accumulations de sédiments sur la plaine alluviale.

Contrairement à la crue du 7-10/03/1985 observée aux oueds de Saf Saf et Kébir Ouest, qui a donné un modèle de la classe II, la crue du 6-10/03/1985 enregistrée à l'Oued Bouhamdane montre plutôt un modèle de la classe I et plus précisément une concavité renversée vers le bas mais avec également une tendance vers une ligne droite (Figure 67).

Elle est la plus importante crue de la saison printanière du point de vue écoulement et concentration en suspension (Tableau 40). Le bassin de l'Oued Bouhamdane a reçu entre 70 mm et 78 mm de pluies suivant les stations pluviométriques de Medjez Amar et Guelma. L'évolution vers les valeurs maximales de C et Q devient rapide à partir du 7 mars (montée simultanée de 44 heures). Cette montrée de crue est issue principalement d'une pluie assez forte égale à 65 mm, enregistrée entre le 6 et 7 mars et d'un écoulement estimé à 23% (coefficient d'écoulement). Après la pointe de C et Q, la diminution est forte (environ 4 heures) puis elle devient assez lente et progressive.

L'analyse de l'évolution des concentrations en suspension en fonction des débits liquides durant les crues des cinq bassins versants a fait montrer quatre (04) modèles de courbes (simple, dans le sens d'une aiguille d'une montre "clockwise loop", dans le sens contraire d'une aiguille d'une montre "counterclockwise loop" et forme en huit). Les modèles des classes I et II sont les plus fréquents, traduisant d'une part une érosion instantanée et un apport continu des sédiments pendant la crue (classe I), et d'autre part la forte disponibilité des sédiments après une saison sèche où le sol est particulièrement fragilisé et l'apparition des concentrations en suspension se pointer avant le débit de pointe (classe II). Nous ne pouvons pas négliger le modèle de la classe III qui s'impose également. Il reflète un approvisionnement en sédiments même pendant la décrue.

Conclusion de la troisième partie

La lithologie, la pluviométrie, la densité du réseau hydrographique et la topographie sont probablement les facteurs principaux de l'érosion à l'échelle d'un bassin versant dans la mesure où ils contribuent à expliquer le comportement hydrosédimentaire des différents systèmes. La relation de ces facteurs avec le transport solide s'avère évidente; cependant, le nombre restreint d'individus (05 bassins versants) présente un handicap au niveau de l'interprétation des différentes relations fonctionnelles.

Ainsi, la fiabilité des facteurs en relation avec le transport solide est améliorée en utilisant le test de t Student. Les valeurs du test correspondant aux coefficients de corrélation ont permis d'accepter l'hypothèse d'une relation adéquate pour des coefficients de corrélation d'une part supérieurs à 0,80 dont une seule variable est retenue. Il s'agit de l'indice lithologique qui peut être considéré comme significatif avec un niveau de confiance égal à 90%, et ce pour des liaisons à l'échelle annuelle et à l'échelle des crues. Les coefficients de corrélation supérieurs à 0,85 dont l'unique relation entre l'indice lithologique et la dégradation spécifique n'est acceptée qu'à l'échelle des crues au seuil de signification égal à 5%.

Les transports solides spécifiques annuels représentent un fonctionnement hydrologique conditionné par des combinaisons avec d'autres facteurs de l'érosion. Ainsi, les relations entre les pluies et le transport solide sont exprimées par des corrélations souvent acceptables dans les cinq bassins versants. Néanmoins, les rapports entre les précipitations et la dégradation spécifique ne permettent pas toujours d'établir des relations directes entre ces deux variables, comme c'est le cas de l'Oued Mellah. Il est donc indispensable de mettre en évidence l'importance d'autres facteurs tels que la saisonnalité des pluies, le relief, l'érodabilité du sol et l'impact anthropique. La relation mensuelle des précipitations et de la dégradation spécifique apporte une meilleure vérité, reliée aux conditions intrinsèques de chaque bassin.

Les liaisons entre l'écoulement et la dégradation spécifique sont plutôt parfaites car elles reflètent plus la concentration dans le temps des processus érosifs, en particulier pendant les mois pluvieux répartis souvent entre novembre et avril.

La relation entre la concentration en suspension et le débit liquide a été étudiée dans 387 crues simples dont la signification de cette relation se concrétise dans la représentation graphique de C et Q. La meilleure manière de décrire et d'analyser la liaison de C et Q était d'introduire les caractéristiques de forme. Ce sont les modèles de la classe I, classe II et de la classe III qui dominent dans les bassins étudiés. L'analyse de l'hystérésis par classe ne montre pas vraiment l'effet saisonnier sur la forme de boucle obtenue. La classe II supposée dominante en automne, vu la fragilité des sols en cette saison, est plus présente en hiver et au printemps. Malgré une végétation couvrant les sols, la classe III persiste durant la saison printanière. La saison d'automne présente une hétérogénéité de classes à cause des irrégularités du régime pluviométrique et en particulier hydrologique des bassins versants.

En l'occurrence, les relations de C et Q sont fortement influencées par l'intensité des pluies, et leur répartition spatiale, le taux de ruissellement, les processus de stockage –mobilisation - épuisement temporels des sédiments disponibles et la distance de transport du sédiment. Ainsi, l'interrelation de ces paramètres avec d'autres paramètres (couvert végétal, type de sol, géologie,…….) présentent un challenge pour prédire le type de relation C – Q d'un site d'étude particulier.

Nous avons, dans cette partie, vu des modèles pour essayer d'expliquer l'érosion. Seulement, nous nous sommes rendus compte qu'ils ne sont applicables qu'à nos bassins. Il s'ensuit donc une utilisation parcimonieuse à notre terrain uniquement.

CONCLUSION GENERALE

Au terme de ce travail, mené dans un nombre de bassins du nord-est algérien, il convient de souligner que l'apport géomorphologique utilisé dans le cadre de cette étude a permis de dresser un état des lieux pour les cinq bassins. Les grands types de milieux qui caractérisent ces bassins et la nature et l'intensité des processus morphogéniques qui les distinguent ont été bien discutés. L'estimation des transports solides a suscité notre grand intérêt car ils représentent un handicap à la conservation du milieu écologique et à la protection des ouvrages hydrauliques contre l'envasement des sédiments.

Dans ce travail, nous avons procédé à l'analyse détaillée des paramètres suivants:

1- Paramètres physico-géographiques des bassins versants

L'étude des paysages du Tell Algérien nous a amené à analyser les principales structures du Tell oriental Algérien qui sont marquées par l'ampleur des mouvements tectoniques aux lithologies très variées. Ces mouvements ont contribué à former les volumes montagneux de nos bassins versants dont ceux des oueds Mellah et Saf Saf sont les plus représentatifs du point de vue relief.

A l'issue de l'analyse lithologique, nous avons pu individualiser les formations selon leur résistance à l'érosion. En fait, la majorité des formations appartenant aux bassins étudiés est composée de roches tendres à moyennement résistantes. Cette grande proportion de roches érodables présente un paysage souvent modelé par des mouvements de masse, un relief irrégulier et des pentes fortes qui offrent des conditions plus sensibles à l'écoulement.

Les bassins traversés presque entièrement par l'Atlas Tellien appartenant à la moyenne montagne méditerranéenne sont relativement arrosés du fait de l'altitude, surtout dans les bassins côtiers constantinois et la partie est fortement boisée du bassin de l'Oued Mellah dont les pluies moyennes annuelles excèdent 600 mm. Durant la période 1975/76-1996/97, la variabilité interannuelle des pluies $(0,55<C_V<1,57)$ est moins marquée que la variabilité mensuelle $(0,45 <C_V<3,90)$. La forte dispersion de cette dernière est essentiellement présente pendant la saison estivale. A l'échelle des crues, les averses ayant contribué à l'apparition de ces événements sont très représentatives dans les bassins de l'Oued Mellah, Oued Kébir Ouest et l'Oued Saf Saf. Elles représentent entre 56% et 62% des pluies annuelles tombées pendant les 22 années.

L'interprétation statistique et graphique des données des débits nous a permis de dégager les caractéristiques du régime d'écoulement des bassins étudiés de même sa variabilité temporelle. Le calcul des bilans interannuels a fait apparaître l'importance du coefficient d'écoulement au niveau des oueds Mellah, Ressoul et Saf Saf, entre 20% et 25%. A l'échelle des crues, les faibles valeurs du coefficient d'écoulement appartiennent non seulement à l'Oued Bouhamdane (CE = 13%) mais aussi à l'Oued Saf Saf (CE = 15%).

A la grande variabilité interannuelle due à l'irrégularité de l'alimentation pluviale et à l'évapotranspiration, s'ajoutent les variations saisonnières qui dépendent du régime climatique. Ainsi, deux saisons hydrologiques se dégagent des coefficients mensuels des débits: une saison froide à écoulement abondant et une saison chaude qui coïncide avec un écoulement faible à néant.

2- Quantification des flux de matières en suspension

A- Mesures et méthodes de calcul des flux de MES

Les mesures sont difficiles et les séries disponibles lorsqu'elles sont fiables ne sont pas toujours suffisantes pour constituer des échantillons exhaustifs. En l'occurrence, le dépouillement des données disponibles met en évidence l'existence de lacunes dans les séries des concentrations en suspension, ce qui nous amène à utiliser des courbes de transport solide afin de reconstituer ces lacunes. En se basant sur les données observées durant la période 1975/76-1996/97, sur les cinq basins versants du nord-est algérien, nous avons essayé d'apporter une contribution qu'en à la quantification des transports solides et de comprendre le phénomène de l'érosion hydrique.

Les transports solides de MES se produisent, pour l'essentiel pendant les crues. Toutefois, les cours d'eau évacuent également des MES en dehors de ces événements, ce qui témoigne de l'existence d'apports en grande partie d'origine anthropique. Ainsi, nous avons procédé au calcul des transports solides à deux niveaux: à l'échelle des crues et à l'échelle annuelle. A l'échelle des crues, les courbes de transport solide ont été élaborées selon la méthode des classes de débits. Par ailleurs, une tentative a été faite en subdivisant l'ensemble des individus, concentrations moyenne et débit moyen, en trois périodes (hiver, printemps et été-automne) et en hystérésis reliées à la montée de crue et décrue pour fournir les meilleurs estimations possibles, proches des transports solides calculés à partir des données mesurées.

Des relations saisonnières entre les débits solides et liquides à l'échelle journalière, de la forme $Qs = aQ^b$, sont mises au point pour permettre de reconstituer les lacunes.

B- Estimations de l'érosion spécifique des bassins étudiés

A l'échelle annuelle, les transports solides spécifiques moyens annuels s'élèvent à 533 T/km²/an à l'Oued Saf Saf, 530 T/km²/an à l'Oued Mellah, 292 T/km²/an à l'Oued Kébir Ouest, 263 T/km²/an à l'Oued Bouhamdane (période 197576/-1987/88) et 210 T/km²/an à l'Oued Ressoul. Alors qu'à l'échelle des crues, l'érosion spécifique a donné respectivement pour les mêmes bassins les valeurs de 438 T/km²/an, 374 T/km²/an, 236 T/km²/an, 257 T/km²/an et 210 T/km²/an. Durant cette période, l'érosion a probablement bénéficié de conditions pluviométriques plus agressives sur les bassins de l'Oued Saf Saf et l'Oued Mellah que sur les autres trois autres bassins.

Sur les cinq oueds, l'hiver et le printemps sont marqués par des flux de matières en suspension élevés, liés à la violence des réponses hydrologiques et à des précipitations abondantes et intenses. L'été et l'automne connaissent généralement des débits solides très faibles à faibles, en relation avec la modestie des précipitations. Néanmoins, par sa disponibilité en matière fine, particulièrement en octobre et novembre, l'automne contribue à approvisionner en charge solide les futures crues de l'hiver et du printemps.

En rapportant les volumes de MES transportés dans les oueds aux zones sensibles supposées réellement productrices sur les versants, nous remarquons une nette discordance au niveau de l'Oued Ressoul où l'étendue des zones sensibles à l'érosion a fourni les volumes les plus bas des transports solides. De ce fait, il faudra pendre en compte le faible approvisionnement en flux sédimentaire d'une grande partie des versants fortement dégradés surtout ceux à substrat marno-calcaire.

3- Identification des zones productrices de matières en suspension probables

A- La relation des paramètres du réseau hydrographique et des paramètres physiques

Les paramètres morphométriques en relation avec la physiographie des sous-bassins ont montré que les paramètres de l'érosion (densité de drainage et la fréquence des talwegs) varient d'un bassin à un autre, on passe d'un bassin bien hiérarchisé et drainé, tels que les bassins de l'Oued Ressoul, l'Oued Mellah et l'Oued Saf Saf, à d'autres moins drainés (Dd $\approx$ 2,60 km^{-1}). En accord avec cette constatation, l'analyse en composante principale a permis de mettre en évidence l'interrelation entre l'intensité de l'érosion dans ces bassins et la nature lithologique-topographie.

B-Les zones sensibles à l'érosion sur les versants

L'approche cartographique, appuyée par des reconnaissances de terrain, a permis de mettre en évidence le profil hydrosédimentaire de chaque bassin versant. Dans les bassins de l'Oued Saf Saf et l'Oued Ressoul, les zones sensibles à l'érosion occupent 77% et 72% de leurs superficies. La partie médiane du bassin de l'Oued Saf Saf, d'ouest en est, est la plus touchée. Elle offre les conditions les plus favorables à l'érosion: pentes fortes, substrats argileux et marneux, grande extension des terrains cultivés (en particulier sous forme de céréalicultures), sols profonds par endroit (vertisols), conditions climatiques relativement agressives. Quant au bassin de l'Oued Ressoul, sa plus grande sensibilité à l'érosion est ressentie dans la partie sud où se répartissent les versants en pentes fortes et à substrat marno-calcaire. Le milieu est en majorité dégradé avec des sols peu profonds (sols peu évolués).

Dans les bassins de l'Oued Mellah et l'Oued Bouhamdane, les conditions sont assez propices à l'érosion et au transfert: pentes assez fortes à fortes, substrat fragile, débits de crue encore importants, extension des parcours clairsemés dans l'un et des céréalicultures dans l'autre. Les zones sensibles à l'érosion représentent respectivement 65% et 59% des bassins. Toutefois, les fonctionnements hydrosédimentaires à l'Oued Bouhamdane sont certainement amortis par la modestie de l'agressivité climatique annuelle moyenne.

Dans le bassin de l'Oued Kébir Ouest, les secteurs sensibles à l'érosion sont moins étendus, ils n'occupent que 42% du bassin. Les conditions de l'érosion et du transfert des matières en suspension sont nettement moins favorables que dans les autres bassins: pentes moins fortes dans la moitié nord et une végétation forestière assez répandue dans la partie sud du bassin, là où les versants sont plus irréguliers et pentus.

Toutefois, les méthodes quantitatives et semi-quantitatives (cartographiques) utilisées dans cette étude ont abouti à un résultat qui classe les bassins de l'Oued Saf Saf et l'Oued Mellah comme les bassins les plus touchés par l'érosion, ce qui incite plus que jamais à la prudence et à la lutte contre ce phénomène.

4- Modèles d'érosion en fonction des débits solides, des paramètres physiques et hydro-climatiques

- Le nombre limité des bassins versants nous a empêché d'établir des régressions simples ou multiples entre les débits solides et les paramètres physiques; cependant, un constat a été fait avec le paramètre statistique du t test. Il a montré que la dégradation spécifique est inversement reliée à l'indice lithologique, ce qui implique que la lithologie n'explique pas à elle seule l'érosion hydrique;

- La recherche de relations entre précipitations, ruissellement et transport solide a révélé, en considérant les valeurs annuelles, des liaisons acceptables à parfaites. Celles acceptables sont surtout caractéristiques de la relation débit solide - précipitations sur l'Oued Mellah (0,60<r<0,67);

- L'analyse de l'évolution des concentrations en suspension en fonction des débits liquides de quelques crues sélectionnées a montré que la réponse des concentrations aux débits est imprégnée dans quatre modèles (simple, boucle en "clockwise", boucle en "counterclockwise" et forme en huit), répartis remarquablement en hiver et au printemps. Les modèles I, II et III sont les plus fréquents, traduisant d'une part une érosion instantanée en relation avec l'intensité de la pluie et l'amplitude de l'écoulement (modèle I), et d'autre part une mobilité et une disponibilité des sédiments avant et après la montée de la crue, sur des sols généralement secs, fragiles et peu protégés (modèles II et III);

Pour réaliser une gestion rationnelle des flux des matières en suspension vers les cours d'eau, qui puisse contribuer à la réhabilitation et à la restauration du milieu écologique, il faudra donner plus d'importance et de moyens à la réalisation d'une banque de données fiable et continue dans le temps. Les fonctionnements hydrosédimentaires observés ont certes des conséquences néfastes dans le contexte des risques qui pèsent sur l'équilibre du milieu écologique, mais deux des bassins ne présentent en eux mêmes aucun caractère exceptionnel. Les mesures à prendre pour réduire les apports solides vers les oueds, exigeraient la mise en œuvre de moyens agissant à différents niveaux, afin de limiter la mobilisation des matériaux sur les versants (en particulier des terres agricoles).

Cependant, nous avons constaté que ces modèles sont inopérants à tous les cas de figures sur notre terrain: l'on peut utiliser un modèle uniquement sur quelques bassins versants et pas l'ensemble. Aussi les généraliser à toute l'érosion s'avère une opération douteuse et inadéquate.

REFERENCES BIBLIOGRAPHIQUES

Ahnert, F. (1970: Functional relationships between denudation, relief, and uplift in large mid-latitude drainage basins. – Am. Jour. Sci., 268: 243-263.

Aiche, M. (1996):Contribution à l'étude de l'érosion en vue de l'aménagement du bassin versant de l'Oued Bouhamdane. – Thèse de Magister, Université de Constantine, 158p.

Alary, C. (1998): Mécanismes et bilans d'érosion dans un bassin versant méditerranéen aménagé: le cas de la Durance (S-E France). – Thèse de l'Université d'Aix-Marseille II, 276p et annexes.

Amirèche, H. (1984): Etude de l'érosion dans le basin versant de Zardezas (Tell constantinois, Algérie) - milieux physiques et aménagement rural. – Thèse doct. 3ème cycle, Université Aix- Marseille, 240p.

Arnborg, L., Walker, H.J., et Peippo, J. (1967): Suspended load in the Colville River, Alaska. –Geogr. Ann., 49A(2-4): 131-144.

Asselman, N.E.M. (2000): Fitting and interpretation of sediment rating curves. – J. Hydrol. 234: 228-248.

Axelsson, V. (1992): X-ray radiographic analyses of sediment cores from the Cachí reservoir. – In: M.B. Jansson and A. Rodríguez (eds): Sedimentological Studies in the Cachí Reservoir, Costa Rica. UNGI Rep. 81. Dept of Phys. Geogr., Uppsala University: 89-99.

Battala, R. et Sala, M. (1992): Temporal variability of suspended sediment in a Mediterranean river. – International conference Canberra, Australia, IAHS Publications, 224: 229-305.

Beloulou, L., Khanchoul, K., Moguedet, G., et Schulé, C.A. (2000): La ressource en eau de surface dans le bassin de la Seybouse (Nord-Est de l'Algérie). – Mosella, tome XXV, n° 3-4: 97-108.

Benkhaled, A. et Remini, B. (2003): Analyse de la relation de puissance: débit solide – débit liquide à l'échelle du bassin versant de l'Oued Wahrane (Algérie). – Revue des Sciences de l'Eau, 16/3: 333-356.

Benkhaled, A. et Remini, B. (2003):Variabilité temporelle de la concentration en sédiments et phénomène d'hystérésis dans le bassin de l'Oued Wahrane (Algérie). – Hydrol. Sci. Jour., 48(2):243-255.

Bogardi, J.L. (1974): Sediment transport in alluvial streams. International courses in Hydrology. – Budapest, Academial Kiado Press, 812p.

Bouanani, A. (2004): Hydrologie, transport solide et modélisation – Etude de quelques sous-bassins de la Tafna (NW – Algérie). – Thèse de Doctorat d'Etat, Université de Tlemcen, 249p.

Bourouba, M. (1988): Hydrologie et érosion actuelle dans le Tell Oriental (Algérie): le cas du bassin versant de l'oued Djendjen. – Thèse 3eme cycle, Université d'Aix en Provence, Marseille II, 404p.

– (1998): Phénomène de transport solide dans les Hauts Plateaux Orientaux. Cas de l'Oued Logmane et l'Oued Leham dans le bassin de la Hodna. Revue des Sciences et technologies, 9: 5-11.

– (2003): Etude comparative de la teneur de sédiments en suspension de deux oueds méditerranéens intramontagneux du Tell oriental (Algérie). – Z. Geomorph., 47: 51–81.

Bryan, R.B. et Campbell, I.A. (1986): Runoff and sediment discharge in a semiarid ephemeral drainage basin. – Z. Geomorph. N.F., 58: 121-143.

BureauNationald'EtudespourleDéveloppementRural (BNEDER). (1980) : Inventaire des terres et des forêts du nord-est algérien (le cas de la Wilaya de Skikda). – Direction Générale des Forêts, Tipaza, Algérie.

– (1993): Aménagement du bassin de Bouhamdane. – Direction Générales des Forêts, Tipaza, Algérie.

– (1995): Etude du Bassin Versant de l'Oued Kébir Ouest (Barrage de Zit Emba). – Direction

Générale des Forêts, Tipaza, Algérie. Phases 1 et 2.

B.N.E.F. (1984): Etude d'aménagement et de mise en valeur du bassin versant de Bouhamdane. Direction Générale des Forêts, Blida.

Campbell, F.B. etBauder, H. (1940): A rating curve method for determining silt-discharge of streams, EOS. – Trans. Am. Geophys. Union, 21: 603-607.

Cerdà, A. (1998): The influence of aspect and vegetation on seasonal changes in erosion under rainfall simulation on a clay soil in Spain. – Can. J. Soil Sci., 78: 321-330.

Chouabbi, A. (1987): Etude géologique de la région de H-N'Bails (SE de Guelma, Constantinois, Algérie), un secteur des zones externes de la Chaîne des Maghrébides. – Thèse 3eme cycle, Univ. Paul Sabatier, Toulouse III, 123p.

Cohn, T.A., DeLong, L.L., Gilroy, E.J., Hirsch, R.M., et Wells, D.K. (1989): Estimating consistuent loads. – Water Resour. Res., 25(5): 937-942.

Cohn, T.A., Caulder, D.L., Gilroy, E.J., Zynjuk, L.D., et Summers, R.M. (1992): The validity of a simple statistical model for estimating fluvial constituent loads: an empirical study involving nutrient loads entering Chesapeake Bay. – Water Resour. Res., 28(9): 2353-2363.

Combe, F., Hurand, A., et Meunier, M. (1995): La forêt de montagne: un remède aux crues. –Compte rendu de Recherche n° 3, BVRE de Draix, Cemagref Editions, Grenoble, pp. 113-121.

Conesa Garcia, C. (1990): Erosion du sol et sédimentation fluviale dans les "ramblas" du sud-est espagnol. – Méditerranée, n° 3-4: 63-74.

Corbel, J. (1959): Vitesse de l'érosion. – Z. Geomorph., 3: 1-28.

Crawford, C.G. (1991): Estimation of suspended sediment rating curves and mean suspended sediment loads. – J. Hydrol., 129: 331-348.

Davis, W.M. (1899): The peneplain. – Am. Geologist, 23: 207-239.

Deleau, P. (1938): Etude géologique des régions de Jemmapes, Hammam Meskoutine, et du Col des Oliviers. – Bulletin du Service de la Carte géologique de l'Algérie, n° 14, 2° série, J. Carbonnel, Alger, 583p.

Demmak, A. (1982): Contribution à l'étude de l'érosion et des transports solides en Algérie Septentrionale. – Thèse doct. Ing., Paris, 323 p.

Duan, N. (1983): Smearing estimate: a nonparametric retransformation method. – J. Am. Stat. Assoc., 78: 605-610.

Duchaufour, P. (1983): Pédogenèse et classification. – Masson 2ème édition, Paris. 475p.

Ellison, W.D. (1945): Some aspects of raindrops and surface flow on soil erosion and infiltration. – Trans. Am. Geophys. Union, vol. 26: 415-429.

Etchanchu, D. et Bropst, J.L. (1986):Erosion et transport de matières en suspension dans un bassin versant en région agricole. Méthode de mesure de ruissellement superficiel, de sa charge et des deux composantes du transport solide dans un cours d'eau. – C.R. Acad. Sci., Paris, 302, série II,17: 1063-1067.

Fahey, B.D. et Marden, M. (2000): Sediment yields from a forested and a pasture catchment, coastal Hawke's Bay, North Island, New Zealand. – J. Hydrol. (NZ), 39(1): 49-63.

Fiandino, M. (2004): Apports de matières en suspension par les fleuves côtiers à l'Etang de Berre (Bouches – du – Rhône, France). – Etudes de géographie physique, suppl. n°XXXI. Travaux du BVRE, du Mont – Lazère. UMR6012 « Espace » - équipe G.V.E, Nice.

Food and Agriculture Organization, United Nations. (1977): Assessing soil degradation. – Soils Bulletin, n° 34.

Ferguson, R. I. (1986):River loads underestimated by rating curves. – Water Resour. Res., 22 (1) : 74 – 76.

Fournier, F. (1960): Climat et érosion. – P.U.F., Paris, 201p.

Ghachi, A. (1982): Hydrologie et utilisation des ressources en eau de la Seybouse. –Thèse de 3eme cycle, Université de Toulouse, 499p.

Ghenim, A. (2001): Contribution à l'étude des écoulements liquides et des dégradations du bassin versant de la Tafna: cas d'oued Isser, oued Mouilah et de la Haute Tafna. – Em. Magister, Univ. Tlemcen.

Gilroy, E.J., Kirkby, W.H., Cohn, T.A., et Glysson, G.D. (1990):Uncertainty in suspended sediment transport curves, discussion. – Journal of Hydraulic Engineering, 116(1):143-145.

Guy, H.P. (1964): An analysis of some storm-period variables affecting stream sediment transport. – U.S.G.S. Professional Paper, 462-E, 46p.

Hadley, R.F. et Schumm, S.A. (1961): Sediment sources and drainage basin characteristics in upper Cheyenne River basin. – U.S.G.S. Water Supply Paper, 1531-B: 137-196.

Hald, A. (1952):Statistical theory with engineering applications. – Wiley, New York.

Heidel, S.G. (1956): The progressive lag of sediment concentration with flood waves. In: Sediment concentration versus water discharge during single hydrologic events in rivers (ed. By G.P. Williams, 1989). J.Hydrol., 111: 89-106.

Heusch, B. (1970): L'érosion du Pré-Rif, une étude quantitative de l'érosion hydraulique dans les collines marneuses du Pré-Rif occidental. – Annales de la Recherche Forestière au Maroc, numéro spéciale, Etudes sur l'érosion, Rabat, 12: 9-176.

Heusch, B. et Lacroix, A. M. (1971):Une méthode pour estimer l'écoulement et l'érosion dans un bassin, application au Maghreb. – Mines et géologie n°33, Rabat.

Horowitz, A.J, Elrick, K.A., et Smith, J.J. (2001): Estimating suspended sediment and trace element fluxes in large river basins: methodological considerations as applied to the NASQAN programme. – Hydrological Processes, 15: 1107-1132.

Horton, R.E. (1945): Erosional development of streams and their drainage basins. Hydro-physical approach to quantitative geomorphology. – Geological Society of America Bulletin, 56: 275-370.

Jansson, M.B. (1985): Sediment rating curves of the Ljusnan at Funäsdalen. – Beitr. Hydrol.

Sonderheft, **5(1)**: 219-233.

– (1996): Estimating a sediment rating curve of the Reventazon river at Palomo using logged mean loads within discharge classes. – J. Hydrol., 183: 227– 241.

– (1997): Comparison of sediment rating curves developed on load and on Concentration. – Nordic Hydro., 28 (3): 189–200.

– (2002): Determining sediment source areas in a tropical river basin, Costa Rica. – Catena, 47: 63-84.

Kattan, Z., Gac, J.J., et Probst, J.L. (1987): Suspended sediment load and mechanical erosion in the Senegal basin – estimation of the surface runoff concentration and relative contributions of channel and slope erosion. – J. Hydrol., 92: 59-76.

Khanchoul, K., Beloulou, L., et Moguedet, G. (2003): Evaluation de l'érosion dans trois bassins versants du Nord-Est algérien. Conséquences sur la ressource en eau. – Conférence Internationale "Hydrologie des régions méditerranéennes et semi-arides", Montpellier (avril 2003).

Khanchoul, K. et Lange, Y. (2004): Variation in sediment concentration and water discharge during storm events in three catchments in the Seybouse basin. – Colloque International "Terre et Eau", Annaba (décembre 2004).

Khanchoul, K., Spiga, Y., et Jansson, M.B. (2005): Comparison of sediment yield in two catchments, northeast Algeria. – Bulletin des Sciences Géographiques, 16: 79-94.

Khanchoul, K., Remini, B., et Spiga Y. (2006): Estimating sediment load in the upper Saf Saf catchment, Algeria. – Colloque International "Protection et la Préservation des Ressources en Eau", Blida (Février 2006).

Khanchoul, K., Jansson, M.B., et Lange, Y. (2007): Comparison of suspended sediment yield in two catchments, northeast Algeria. – Z. Geomorph.,51(1): 63-94.

Khanchoul, K. et Jansson, M.B. (2008): Sediment rating curves developed on stage and seasonal means in discharge classes for the Mellah Wadi, Algeria. Geografiska Annaler, 90 A(3): 227-236.

Lageat, Y. (2004): Les milieux physiques continentaux. – Ed. Belin, 1ère édition, 190p.

Lahondère, J.C. (1987): Les séries ultra-telliennes d'Algérie, Nord-Orientale et les formations environnantes dans leur cadre structural. –Thèse Sc., Université Paul Sabatier, Toulouse III, 242p.

Lane, E.W. et Borland, W.M. (1951): Estimating bed load. –Trans. Am. Geoph. Union, 32(1).

Leopold, L.B. et Maddock, T.G. (1953): The hydraulic geometry of stream channels and some physiographic implications, Washington, D.C. – U.S.G.S. Professional Paper, 252p.

Li, Y.H. (1976): Denudation of Taiwan Island since the Pliocene Epoch. – Geology, 4: 105-107.

Linsley, K.R. et Franzini, J.B. (1992): Sediment transport by streams. – In water resources engineering, Mc Graw Hill Ed., pp. 196-199.

Marre, A. (1992): Le tell oriental algérien : de Collo à la frontière tunisienne. Etude géomor-phologique. – Office des Publications Universitaires, Alger. 624p.

Martin, C. (1986):Contribution à l'étude de la dynamique des versants en roches métamorphiques: l'exemple du Massif des Maures. –Thèse de Doctorat d'Etat, Université de Paris I-Panthéon-Sorbonne, 699p.

Mathieu, R., King, C., et Le Bissonnais, Y. (1993): Contribution de données multitemporelles Spot à l'identification des risques d'érosion: l'exemple des sols limoneux du nord de la France.– Cah. ORSTOM, série Pédol., vol. XXVIII, n° 1, p. 81-94.

Mc Bean, E.A. et Al-Nasri, S. (1988): Uncertainty in suspended sediment transport curves. –Journal of Hydraulic Engineering, 114(1): 63-74.

Mebarki, A. (1982): Ressources en eau et aménagement en Algérie (Bassin du Kébir Rhumel). – Thèse 3eme cycle, Université de Nancy, 304p.

Meddi, M. (1999): Etude du transport solide dans le bassin versant de l'oued Ebda (Algérie). – Z. Geomorph. N.F., 43 (2), 167-183.

– (2004): Estimation du transport solide dans le bassin versant de l'oued Haddad (Nord-Ouest algérien). – Sécheresse, 15(4): 367-373.

Melton, M.A. (1957): Analysis of the relations among elements of climate, surface properties and geomorphology. – Proj. NR 389-042, Tech. Rept. 11. Columbia Univ. Dept of Geol.; ONR, Geog. Branch., New York.

Mietton, M., Ballais, J.L., et Marre, A. (1998): L'érosion hydrique mécanique et les mouvements de terrain sur les versants et dans les bassins versants. – Chap. 2, In L'érosion entre nature et société. Dossier 22, Editions SEDES.

Miller, C.R. (1951): Analysis of flow duration sediment rating curve method of computing sediment yield. – Report, 55p., U.S. Bur. of Reclam., Washington, D.C.

Miller, D.M. (1984): Reducing transformation bias in curve fitting. – Am. Stat., 38 (2):124–126.

Miller, J.R., Ritter, D.F., etKochel, R.C.(1990): Morphometric assessment of lithologic controls on drainage basin evolution in the Crawford Upland, south - central, Indiana. – Am. Jour. Sci., 290, 569-599.

Morisawa, M. (1985): Rivers. Longman Ed., 222p. In Poinsart, D. (1992): Effets des aménagements fluviaux sur les débits liquides et solides. – Thèses de Doctorat, Université de Lyon III, 501p.

Neyman, J. et Scott, E.L. (1960): Correction for bias introduced by a transformation of variables. – Ann. Math. Stat., 31: 643-655.

Nordin, C.F. (1990): Uncertainty of suspended sediment transport curves. – Journal of Hydraulic Engineering, 116(1): 145-148.

Olive, L.J. et Rieger, W.A. (1985): Variation in suspended sediment concentration during storms in five small cachments in southeast New South Wales. – Australian Geographical Studies, 23: 38-51.

Park, J.K. (1992): Suspended sediment transport in a mountainous catchment. – Sci. Rep., Inst. Geosci., Univ. Tsukuba, Sect. A 13: 137-197.

Peart, M.R. et Walling, D.E. (1988): Techniques for establishing suspended sediment sources in two drainage basins in Devon, UK: a comparative assessment. – IAHS Publ., 174: 269-279.

Pike, R.J. etWilson, S.E.(1971): Elevation-relief ratio, hypsometric integral, and geomorphic area-altitude analysis. – Bull. Geol. Soc. Am., 82: 1079-1084.

Poinsart, D. (1992): Effets des aménagements fluviaux sur les débits liquides et solides. Exemple du Rhône dans les plaines de Miribel-Jonage et de Donzère-Mondragon. – Thèse de Doctorat, Université de Lyon III, 501p.

Rafael L.(1990): Hydrology : an introduction to hydrologic science. – Chap. 12, 568-586. Reading, Mass., Addison-Wesley.

Raoult, J.F. (1974): Géologie du centre de la Chaîne Numidique (Nord du Constantinois, Algérie). – Mémoires de la Société Géologique de France. Nouvelle série , Tome LIII, Mémoire n° 121, pp 1-163, pl. I à IX, Paris.

Rey, F., Ballais, J.L., Marre, A., et Rovera, G. (2004): Rôle de la végétation dans la protection contre l'érosion hydrique de surface. – Géoscience, 336 : 991-998.

Richard, D. et Mathys, N. (1999): historique, contexte technique et scientifique des BVRE de Draix, caractéristiques, données disponibles et principaux résultats acquis au cours de dix ans de suivi. – Actes du Colloque " Les bassins versants expérimentaux de Draix", Cemagref, Grenoble.

Ritter, D.F. (1984): Process geomorphology. – Chapter 5, pp 169-210. Brown Company Publishers, Iowa.

Roose, E. (1977): Erosion et ruissellement en Afrique de l'Ouest: vingt années de mesures en petites parcelles expérimentales. –Travaux et documents de l'ORSTOM, 569p.

Roose, E. et Sabir, M. (2002): Stratégies traditionnelles de conservation de l'eau et des sols dans le bassin méditerranéen: classification en vue d'un usage renouvelé. – Bull. Réseau Erosion, 21: 33-44.

Sari, D. (1977): L'homme et l'érosion dans l'Ouarsenis (Algérie). – S.N.E.D Editions, Alger, 624p.

Schumm, S.A. (1956): Evolution of drainage systems and slopes in badlands at Perth Amboy, New Jersey. – Geol. Soc. America Bulletin, 67: 597-646.

Scheidegger, A.E. (1987): Systematic geomorphology. – Vienna, Springer-Verlag.

Sidle, R.C. et Campbell, A.J. (1985): Patterns of suspended sediment transport in a coastal Alaska stream. – Water Resour. Bull., 21(6): 909-917.

Sogréah-Sogetha. (1969):Etudes générales des aires d'irrigation et d'assainissement agricole en Algérie. – Dossier Ministère de l'Agriculture et de la Réforme Agraire, Alger,164p.

Strahler, A.N. (1952): Hypsometric (area-altitude) analysis of erosional topography. – Geol. Soc. Am. Bulletin, 63: 1117-1142.

Strahler, A.N. (1958):Dimensional analysis applied to fluvially eroded landforms. – Bull. Geol. Soc. Am., 69: 279-300.

Terfous, A., Meghnounif, A., et Bouanani, A. (2001): Etude du transport solide en suspension dans l'oued Mouilah (nord-ouest algérien). – Rev. Sci. Eau, 14: 173-185.

–(2003):Détermination des dégradations spécifiques dans trois bassins versants des régions méditerranéennes. – IAHS Pub., 278: 366-372.

Tixeront, J. (1960): Débit solide des cours d'eau en Algérie et en Tunisie. – In: IAHS Publ., 53: 26-42.

Tricart, J. et Killian, J. (1979): L'éco-géographie. – Paris F. Maspéro/Hérodote, 208p.

Vanoni, V.A. (1977): Erosion rates from sediment sources. – In Engineering sedimentation, Manual ASCE, New York, pp 472-480.

Verhoff, F.H., Yaksich, S.M., et Melfi, D.A.(1980): River nutrient and chemical transport estimation. – J. Environ. Eng. Div. ASCE, 10(6): 591-608.

Viguier, J.M. (1993): Mesure et modélisation de l'érosion pluviale. Application au vignoble de Vidauban (Var). – Thèse de Doctorat, Université d'Aix-Marseille II, 335p.

Vila, J.M. (1968):Carte géologique de l'Algérie – Ain Berda (ex. Penthièvre). – Direction des Mines et de la Géologie, Algérie. Carte avec notice explicative.

Vila, J.M. (1980): La chaîne Alpine d'Algérie Orientale et des confins Algéro-Tunisiens. – Thèse Sc., Paris VI, 655p.

Walling, D.E. (1977): Assessing the accuracy of suspended sediment rating curves for a small basin. – Water Resources Research, 13(3): 531-538.

Walling, D.E. et Webb, B.M. (1981): The reliability of suspended sediment load data. – IAHS AISH Publ.,133: 177-194.

Williams, G.P. (1989): Sediment concentration versus water discharge during single hydrologic events in rivers. – J. Hydrol., 111. 89-106.

Wischmeier, W.H. (1959): A rainfall erosion index for an universal soil loss equation. – Soil Sci. Soc. America Journ., 23 (8): 246-249.

Wischmeier, W.H. etSmith, D.D. (1960): An universal soil-loss equation to guide conservation farm planning. – Trans. 7th. Int. Cong. Soil. Sci., Madison, Wisco., 1: 418-425.

Wischmeier, W.H., Johnson, C.B., et Cross, B.U. (1971): A soil erodibility nomograph for farmland and construction sites. – J. Soil and Water Conservation, 26 (5): 189-192.

Wood, P.A. (1977): Controls of variation in suspended sediment concentration in the River Rother, West Sussex, England. – Sedimentology, 24: 437-445.

Yevjevich, V. (1972): Probability and Statistics in Hydrology. – Water Resources Publications, Fort Collins, Colorado, U.S.A.

Zavoianu, I.(1985): Morphometry of drainage basins. – Developments in Water Science, 20, Elsevier, Amsterdam. 238p.

Zingg, A.W. (1940): Degree and length of land slope as it affects soil loss in runoff. – Agricultural Engineering, 21: 59-64.

Zordia, M. (1977): Lutte contre les inondations par la reforestation. 23p.

Annexe 1. Modèle numérique de terrain des cinq bassins versants étudiés.

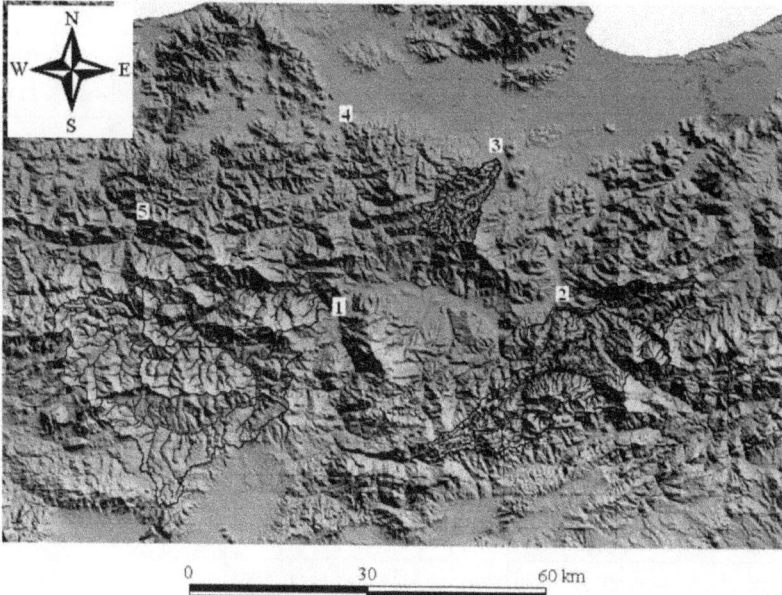

Les chiffres sur la carte représentent l'exutoire des bassins versants de : 1- Oued Bouhamdane; 2- Oued Mellah; 3- Oued Resoul; 4- Oued Kébir Ouest; 5- Oued Saf Saf.

Annexe 2. L'évapotranspiration selon Thornthwaite dans les stations étudiées.

Guelma

	S	O	N	D	J	F	M	A	M	J	J	A	Total
P (mm)	25,42	47,48	60,25	71,91	70,25	62,50	60,19	54,68	44,65	16,44	3,97	6,00	523,74
T (°C)	23,75	19.40	15.83	11,95	10,67	11,08	12,00	13,80	19,63	23,37	26,77	27,55	17,98
ETP (mm)	112,0	71,70	43,20	23,80	20,60	21,60	30,50	42,50	91,50	128,7	173,0	166,7	925,68

Ain Berda

	S	O	N	D	J	F	M	A	M	J	J	A	Total
P (mm)	27,52	61,67	75,80	84,75	85,86	66,03	66,93	60,50	39,70	14,25	2,76	6,42	652,20
T (°C)	25,52	21,41	16,63	13,54	12,10	12,90	14,28	16,75	20,87	25,30	28,82	28,78	19,74
ETP (mm)	127,6	82,10	42,10	25,40	21,30	24,00	36,20	54,70	96,90	148,3	192,7	180,3	1031,36

Bouchegouf

	S	O	N	D	J	F	M	A	M	J	J	A	Total
P (mm)	24,67	40,74	60,37	70,40	67,91	59,64	62,24	58,37	39,07	15,33	3,43	12,22	514,39
T (°C)	24,00	19,70	15,11	12,18	11,60	11,54	13,08	15,47	19,69	23,55	27,03	27,00	18,33
ETP (mm)	113,8	73,00	38,60	23,90	23,30	22,60	34,90	51,70	91,00	130,0	173,0	161,8	937,54

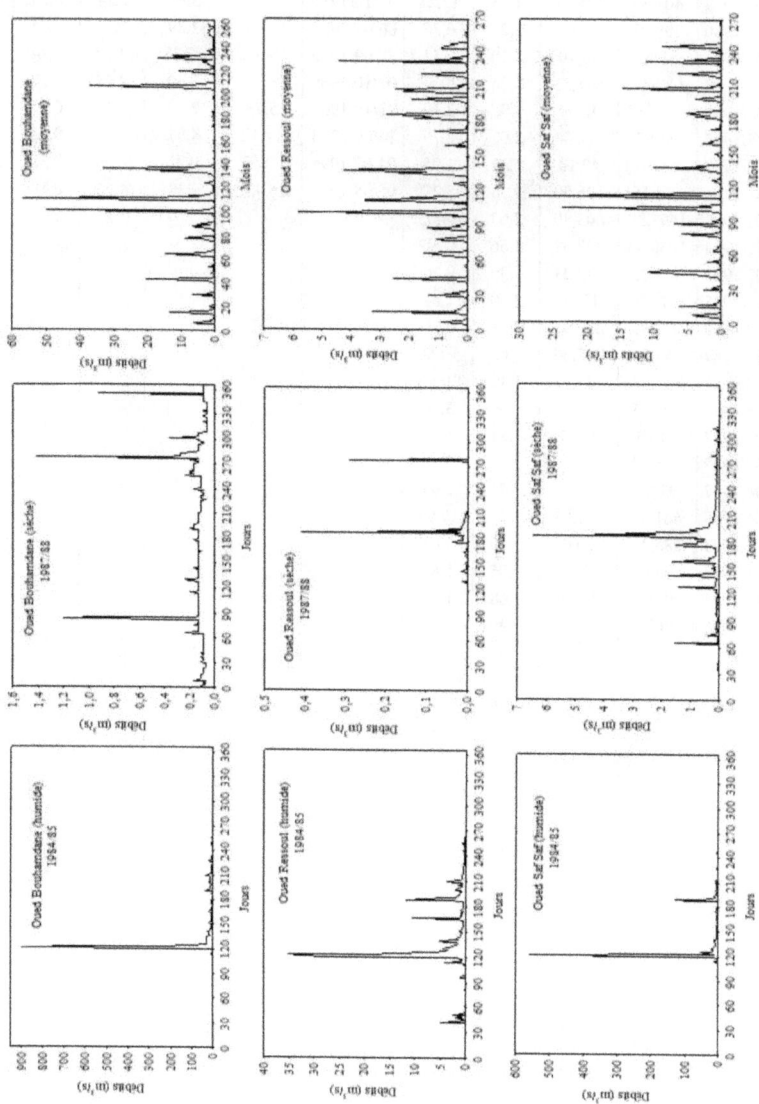

Annexe 3. Variations des débits journaliers dans les oueds de Bouhamdane, Ressoul et Saf Saf.

Annexe 4. Crues de l'Oued Bouhamdane.

Saison froide					Saison chaude				
a	b	c	d	e	a	b	c	d	e
08/02/1976	59,39	35,68	1,66	1,79	22/10/1976	28,58	15,86	1,80	0,86
19/11/1976	70,73	40,17	1,76	2,13	18/05/1977	56,76	23,63	2,40	1,71
16/04/1979	405,85	325,41	1,25	12,21	01/10/1980	7,95	3,60	2,21	0,24
31/12/1980	208,03	93,80	2,22	6,26	06/05/1985	8,40	2,39	3,51	0,25
16/01/1981	81,21	38,70	2,10	2,44	30/09/1986	38,00	17,38	2,19	1,14
26/02/1982	682,48	541,33	1,26	20,53	03/10/1986	8,92	3,60	2,48	0,27
07/03/1982	72,75	46,99	1,55	2,19	28/10/1986	5,73	2,30	2,49	0,17
01/04/1982	92,67	44,74	2,07	2,79	14/06/1994	14,12	4,97	2,84	0,42
27/12/1982	64,90	49,10	1,32	1,95	04/05/1996	12,52	0,21	59,62	0,38
13/01/84	175,15	126,50	1,38	5,27	05/05/1997	6,43	1,38	4,66	0,19
03/02/1984	1597,38	603,80	2,65	48,05					
29/12/1984	1060,93	227,62	4,66	31,92					
08/03/1985	322,36	232,23	1,39	9,70					
28/03/1985	61,19	17,50	3,50	1,84					
27/12/1986	322,36	232,93	1,38	9,70					
06/02/1987	352,30	217,60	1,62	10,60					
13/02/0987	333,42	237,73	1,40	10,03					
26/02/1987	105,15	77,47	1,36	3,16					
10/03/1987	44,75	24,79	1,81	1,35					
31/03/1987	115,90	50,93	2,28	3,49					
13/04/1987	97,53	35,99	2,71	2,93					
01/01/1993	661,99	471,83	1,40	19,91					
07/01/1993	186,33	160,07	1,16	5,61					
23/01/1995	194,04	63,63	3,05	5,84					
28/02/1996	50,92	30,36	1,68	1,53					
14/03/1996	43,29	29,70	1,46	1,30					
Moyenne		156,02	1,93	8,63			7,53	8,42	0,56

a- date de débit de pointe; b- débit de pointe maximal (m^3/s); c- débit moyen journalier maximal (m^3/s); d- b/c; e = Qmax/$\sqrt{S}$

Annexe 5. Crues de l'Oued Mellah.

Saison froide					Saison chaude				
a	b	c	d	e	a	b	c	d	e
18/11/1976	28,08	310,72	0,09	1,20	16/05/1976	101,60	34,45	2,95	4,33
17/03/1976	112,59	71,35	1,59	4,84	19/05/1976	38,60	12,78	3,02	1,65
03/04/1978	171,34	20,20	8,48	7,31	10/05/1976	11,31	1,25	9,05	0,48
16/04/1979	357,74	205,88	1,74	15,25	10/05/1982	72,06	24,30	2,97	3,07
13/01/1984	137,77	58,71	2,35	5,87	13/05/1985	11,31	2,72	4,16	0,48
03/02/1984	432,78	219,07	1,98	18,45	28/10/1986	12,74	6,83	1,87	0,54
09/02/1984	42,99	4,06	10,59	1,83	28/05/1987	13,12	8,69	1,51	0,56
21/10/1984	220,82	27,19	8,12	9,42	08/10/1989	10,65	1,34	7,95	0,45
31/12/1984	337,85	274,77	1,23	14,41	12/05/1990	33,37	11,20	2,98	1,42
26/12/1986	72,06	47,98	1,50	3,07	06/08/1990	23,34	4,10	5,69	1,00
04/01/1987	74,78	51,22	1,48	3,19	14/05/1991	38,25	10,40	3,68	1,63
13/02/1987	202,26	115,11	1,76	8,62	16/10/1991	61,69	16,90	3,65	2,63
22/02/1987	48,74	28,90	1,69	2,08	01/05/1992	42,02	16,70	2,52	1,79
26/02/1987	69,42	39,90	1,74	2,96	25/05/1992	260,58	164,00	1,59	11,11
23/12/1990	151,86	35,20	4,31	6,48					
27/01/1991	177,95	92,77	1,92	7,59					
19/03/1991	482,30	124,98	3,86	20,57					
01/04/1991	45,21	29,36	1,54	1,93					
10/04/1992	239,15	110,33	2,17	10,20					
18/04/1992	115,52	70,43	1,64	4,93					
31/12/1992	209,35	117,00	1,79	8,93					
05/01/1993	61,69	45,50	1,36	2,63					
09/02/1994	115,52	48,73	2,37	4,93					
19/02/1994	84,43	46,88	1,80	3,60					
09/01/1995	48,57	28,94	1,68	2,07					
12/01/1995	66,15	29,17	2,27	2,82					
Moyenne		86,71	2,73	6,74			22,55	3,83	2,23

Annexe 6. Crues de l'Oued Ressoul.

Saison froide					Saison chaude				
a	b	c	d	e	a	b	c	d	e
18/11/1976	106,46	61,82	1,72	10,49	21/10/1976	27,90	7,35	3,80	2,75
16/04/1979	107,82	35,95	3,00	10,62	13/10/1984	29,17	4,90	5,95	2,87
31/12/1980	25,16	12,77	1,97	2,48	18/10/1984	19,33	2,15	8,99	1,90
22/02/1981	32,81	12,56	2,61	3,23	23/10/1984	7,68	3,40	2,26	0,76
28/11/1982	51,61	11,64	4,43	5,09	28/10/1986	5,96	1,34	4,45	0,59
13/01/1984	33,87	17,37	1,95	3,34	23/05/1987	4,25	0,26	16,35	0,42
03/02/1984	164,35	55,88	2,94	16,19	25/05/1992	30,20	9,79	3,08	2,98
30/12/1984	77,53	34,03	2,28	7,64	18/06/1992	5,12	0,40	12,80	0,50
07/03/1985	68,78	11,80	5,83	6,78	04/05/1996	11,90	4,01	2,97	1,17
13/02/1985	30,14	8,77	3,44	2,97					
26/12/1986	30,14	12,23	2,46	2,97					
04/01/1987	36,00	13,38	2,69	3,55					
13/02/1987	65,23	29,09	2,24	6,43					
31/03/1987	30,14	12,20	2,47	2,97					
22/12/1988	49,87	22,82	2,19	4,91					
04/11/1992	167,86	36,29	4,63	16,54					
29/12/1992	36,87	10,40	3,55	3,63					
31/12/1992	56,01	13,75	4,07	5,52					
08/01/1995	102,11	42,41	2,41	10,06					
08/02/1996	34,55	17,20	2,01	3,40					
29/04/1996	132,32	29,94	4,42	13,04					
Moyenne		23,92	3,01	6,75			3,73	6,74	1,55

Annexe 7. Crues de l'Oued Kébir Ouest.

Saison froide					Saison chaude				
a	b	c	d	e	a	b	c	d	e
16/04/1979	304,05	273,27	1,11	9,04	18/10/1976	46,80	41,50	1,13	1,39
12/11/1982	222,07	112,25	1,98	6,61	22/10/1976	202,81	140,00	1,45	6,03
07/01/1984	138,04	119,07	1,16	4,11	27/10/1976	26,53	20,10	1,32	0,79
12/01/1984	293,44	284,87	1,03	8,73	18/05/1977	20,69	10,90	1,90	0,62
12/02/1984	188,57	171,08	1,10	5,61	29/10/1982	55,80	10,10	5,52	1,66
16/02/1984	200,47	140,23	1,43	5,96	13/10/1984	94,34	24,80	3,80	2,81
23/02/1984	161,13	117,22	1,37	4,79	30/10/1984	26,46	9,41	2,81	0,79
10/03/1984	273,42	173,42	1,58	8,13	28/10/1986	34,67	19,10	1,82	1,03
31/12/1984	369,13	339,30	1,09	10,98	20/10/1991	58,72	20,70	2,84	1,75
08/01/1985	150,80	94,72	1,59	4,49	25/05/1992	277,74	220,00	1,26	8,26
13/02/1985	250,58	170,00	1,47	7,45	06/05/1993	32,53	38,10	0,85	0,97
08/03/1985	314,17	288,62	1,09	9,35	03/10/1994	7,67	3,72	2,06	0,23
06/02/1987	306,31	208,10	1,47	9,11	27/09/1995	32,90	21,00	1,57	0,98
13/02/1987	143,69	112,93	1,27	4,27	20/05/1996	11,48	5,99	1,92	0,34
22/12/1988	274,65	219,31	1,25	8,17	04/10/1996	6,81	3,22	2,11	0,20
16/11/1990	194,74	148,21	1,31	5,79					
24/12/1990	321,46	252,82	1,27	9,56					
16/03/1991	248,23	184,35	1,35	7,38					
10/04/1992	292,80	244,20	1,20	8,71					
31/12/1992	251,79	178,00	1,41	7,49					
08/01/1995	257,91	244,15	1,06	7,67					
15/01/1995	241,92	212,71	1,14	7,20					
08/02/1996	202,88	144,80	1,4	6,04					
Moyenne		192,77	1,31	7,25			39,24	2,16	1,86

Annexe 8. Crues de l'Oued Saf Saf.

Saison froide					Saison chaude				
a	b	c	d	e	a	b	c	d	e
14/03/1976	52,80	29,06	1,82	2,94	21/10/1976	10,90	5,20	2,10	0,61
18/11/1976	54,30	27,32	1,99	3,03	19/05/1982	9,23	4,71	1,96	0,51
16/04/1979	68,30	41,54	1,64	3,81	29/10/1982	15,00	2,62	5,73	0,84
19/12/1980	43,25	23,30	1,86	2,41	05/05/1985	10,40	3,93	2,65	0,58
31/12/1980	28,87	22,61	1,28	1,61	28/10/1986	7,49	2,75	2,72	0,42
03/02/1984	419,19	243,65	1,72	23,36	29/05/1987	5,26	4,04	1,30	0,29
29/12/1984	29,60	113,26	0,26	1,65	05/08/1990	4,60	1,03	4,47	0,26
30/12/1984	556,00	399,13	1,39	30,98	16/10/1991	5,48	0,76	7,21	0,31
06/01/1985	24,50	18,18	1,35	1,37	25/05/1992	78,30	21,53	3,64	4,36
09/03/1985	102,00	53,82	1,90	5,68	02/10/1994	8,24	2,44	3,38	0,46
06/02/1987	56,63	27,34	2,07	3,16	03/10/1994	25,60	3,81	6,72	1,43
01/04/1987	21,33	20,10	1,06	1,19	13/10/1994	10,70	2,41	4,44	0,60
21/12/1988	127,00	38,04	3,34	7,08	16/10/1994	13,60	2,12	6,42	0,76
24/12/1990	94,11	38,04	2,47	5,24	04/05/1996	47,80	8,79	5,44	2,66
10/04/1992	58,00	24,52	2,37	3,23					
25/05/1992	78,30	21,53	3,64	4,36					
31/12/1992	284,00	114,66	2,48	15,83					
20/02/1994	26,20	20,89	1,25	1,46					
08/01/1995	284,00	136,18	2,09	15,83					
12/01/1995	77,20	17,46	4,42	4,30					
28/02/1996	72,20	58,79	1,23	4,02					
Moyenne		4,72	4,15	1,01			4,72	4,15	1,01

277

Annexe 9. Equations de comblement de lacunes des crues de l'Oued Kébir Ouest.

Date	Equations	r^2
27-30/01/76	$C = 0.2465\ LnQ + 0.1318$	0.81
	$C = 0.2461\ Q^{0.2815}$	0.86
06-10/02/76	$C = 0.2289\ e^{0.0555Q}$	0.91
21-23/10/76	$C = 0.4024\ Q^{0.2479}$	0.76
09-12/01/77	$C = -0.0004\ Q^2 + 0.0323Q + 0.1797$	0.84
	$C = 0.1526\ e^{0.0248Q}$	0.87
20-23/04/77	$C = 0.236q\ q^{0.5757}$	0.90
03-06/02/78	$C = 0.0921\ Q^{0.5284}$	0.84
	$C = 0.2281\ LnQ + 0.135$	0.77
07-09/02/78	$C = 0.1318\ e^{0.0342q}$	0.82
12-17/02/78	$C = 0.1133\ e^{0.0409q}$	0.76
03-05/04/78	$C = 0.0188Q + 0.0648$	0.88
06-07/03/80	$C = 0.0588Q + 0.6238$	0.66
21-24/02/81	$C = 0.1789\ e^{0.0295Q}$	0.82
28-31/01/82	$C = 0.0105Q + 0.6092$	0.79
18-22/04/82	$C = 0.2141e^{0.0282Q}$	0.87
06-09/03/86	$C = 0.0423Q-0.2997$	0.84
05-08/02/87	$C = 1.2938\ e^{0.0025Q}$	0.80
20-24/12/88	$C = 0.2911Q^{0.5449}$	0.93
	$C = 0.5878\ e^{0.0068Q}$	0.93
25-31/3/92	$C = 1.3299\ LnQ - 2.3664$	0.84
08-11/02/94	$C = 0.0217Q + 0.1507$	0.85
13-14/01/96	$C = 0.7974\ e^{0.0269Q}$	0.77
14-18/03/96	$C = 0.5841e^{0.0056Q}$	0.70

Annexe 10. Equations de comblement de lacune des crues de l'Oued Saf Saf.

Date	Equations	r^2
29-30/01/76	$C = 2.9463 \ Ln \ Q + 0.1154$	0.65
	$C = 0.8803 \ Q^{0.3801}$	0.82
02-03/02/76	$C = 1.0327 \ Ln \ Q + 0.1961$	0.79
15-16/02/76	$C = 0.9336 \ Ln \ Q - 0.7904$	0.79
30/03/-1/04/77	$C = 0.4056 \ Ln \ Q - 0.5171$	0.89
07-08/04/78	$C = 0.0913 \ Q^{1.0921}$	0.88
03-06/03/79	$C = 0.0249 \ Q^{2.0621}$	0.92
	$C = 0.0554 \ e^{0.3404Q}$	0.90
15-16/04/79	$C = 3.4157 \ Ln \ Q - 5.8212$	0.86
11-12/02/80	$C = 0.3224 \ e^{0.3837Q}$	0.81
18-21/12/80	$C = 0.2271 \ Ln \ Q - 0.4038$	0.85
	$C = 0.0667 \ e^{0.042Q}$	0.80
30/12/80-02/01/81	$C = 0.0711 \ e^{0.0576Q}$	0.68
17-18/03/81	$C = 0.0863 \ Q^{0.3888}$	0.74
19-20/05/82	$C = 0.039 \ Q^{1.5726}$	0.92
10/12/82	$C = 0.1419 \ Q - 0.0674$	0.98
10-15/01/84	$C = 1.338 \ Ln \ Q + 0.0046$	0.52
	$C = 2.0066 \ Ln \ Q - 2.0669$	0.52
22-29/02/85	$C = 0.0542 \ e^{0.6327Q}$	0.91
07-08/03/85	$C = 0.0011 \ Q^{1.7625}$	0.63
24-25/11/86	$C = 0.6131 \ e^{0.1315Q}$	0.61
24-27/12/86	$C = 0.113 \ Q^{1.5096}$	0.72
11-12/01/87	$C = 0.6347 \ e^{0.1318Q}$	0.69
30/03/-02/04/87	$C = 0.8865 \ e^{0.1018Q}$	0.71
22-24/01/89	$C = 0.1547 \ e^{0.0782Q}$	0.67
16-17/08/90	$C = 0.3399 \ Q^{0.6846}$	0.72
13-16/02/91	$C = 0.081 \ Q^{1.9314}$	0.90
02-07/01/93	$C = 0.0754 \ Q^{1.4723}$	0.88
09-10/02/94	$C = 1.0541 \ Ln \ Q + 0.3699$	0.94
11-12/01/96	$C = 0.1657 \ e^{0.0897Q}$	0.66
29-30/11/96	$C = 0.0396 \ Q + 0.4481$	0.86
11/01/97	$C = 0.12 \ e^{0.4328Q}$	0.60

Annexe 11. Equations de comblement de lacune des crues de l'Oued Mellah.

Date	Equations	r^2
15-17/02/76	$C = 0.0024\ Q^{2.7223}$	0.88
19-22/05/76	$C = 0.0334\ Q^{0.7884}$	0.82
08-11/01/77	$C = 0.0064\ Q^{2.1181}$	0.92
20-24/04/77	$C = 0.219\ e^{0.0636Q}$	0.77
01-09/02/78	$C = 0.0221\ Q^{1.3328}$	0.65
12-17/02/78	$C = 0.067\ e^{0.125Q}$	0.79
10-11/05/79	$C = 0.0003\ q^{3.6552}$	0.85
22-24/02/81	$C = 0.0073\ Q^{1.7385}$	0.82
26/02/-01/03/82	$C = 0.0112\ Q^{1.6189}$	0.88
28-30/01/82	$C = 0.1771\ Q^{1.266}$	0.95
	$C = 11.617\ \mathrm{Ln}\ Q - 18.965$	0.79
29/12/84-03/01/85	$C = 0.0339\ Q^{1.1001}$	0.84
15-17/03/86	$C = 0.0643\ Q^{0.8771}$	0.64
24-28/11/86	$C = 0.0035\ Q^{3.3144}$	0.36
	$C = 0.018\ Q^{1.747}$	0.88
24-29/12/86	$C = 0.4458\ e^{0.0445Q}$	0.64
25-27/02/87	$C = 0.0009\ Q^{2.1312}$	0.77
21-23/03/89	$C = 0.1429\ e^{0.3367Q}$	0.82
23-24/01/90	$C = 1\text{E-}06Q^{4.8434}$	0.73
25-28/05/92	$C = 0.0092\ Q^{1.2967}$	0.88
18-20/02/94	$C = 0.3242\ Q^{0.7126}$	0.66
	$C = 5.5657\ \mathrm{Ln}\ Q - 15.93$	0.94
07-09/01/95	$C = 0.1656\ Q^{0.9283}$	0.96
	$C = 2\text{E-}15Q^{9.626}$	0.81

Annexe 12. Equations de comblement de lacune des crues de l'Oued Bouhamdane.

Date	Equations	r^2
19-21/11/76	$C = 0.3749\ e^{0.0271Q}$	0.82
31/01/78-03/02/78	$C = 0.1193\ Q^{0.7975}$	0.77
03/02/-08/02/78	$C = -0.0014\ Q^2 + 0.1224Q - 0.0596$	0.99
	$C = 0.2456\ e^{0.0463Q}$	0.81
04-06/03/79	$C = 0.0722\ e^{0.1773Q}$	0.90
14-20/04/79	$C = 0.2275\ Q^{0.3587}$	0.74
30/09/-2/10/80	$C = 0.7376\ Q^{1.9034}$	0.87
21-24/02//81	$C = 0.0215\ Q + 0.2431$	0.72
23-29/02/82	$C = 0.008\ Q + 0.542$	0.87
	$C = 0.1106\ Q^{0.8821}$	0.82
06-09/03/82	$C = 0.4486\ e^{0.0256Q}$	0.78
17-20/03/83	$C = 0.0011\ Q^2 + 0.0316\ Q + 0.1143$	0.92
23-25/12/84	$C = 0.1684\ Q^{1.0863}$	0.90
29/01/-01/02/85	$C = 0.8068\ \mathrm{Ln}\ Q - 0.8657$	0.94
06-12/03/85	$C = 0.0477\ Q^{0.8028}$	0.90
29/09/-2/10/86	$C = 12.429\ \mathrm{Ln}\ Q - 16.978$	084
03-07/01/87	$C = 0.2131\ e^{0.0778Q}$	0.74
17-21/01/87	$C = 0.3222\ e^{0.027Q}$	0.89
13-15/04/87	$C = 0.3214\ e^{0.0231Q}$	0.88
21-22/12/88	$C = 0.7031\ Q^{1.4077}$	0.93
09-11/04/92	$C = 0.1875\ e^{0.3306Q}$	0.73
31/12/92-06/01/93	$C = 0.0148\ Q^{0.9216}$	0.96
19-25/01/95	$C = 0.0337\ Q^{0.9829}$	0.87
27-29/02/96	$C = 0.0057\ Q^{1.5134}$	0.88
14-15/11/90	$C = 0.3075\ Q + 0.0066$	0.96

Annexe 13. Equations de comblement de lacune des crues de l'Oued Ressoul.

Date	Equations	r^2
05-06/11/76	$C = 0.4951\ \mathrm{Ln}\ Q + 0.3806$	0.88
17-19/11/76	$C = 0.0692\ Q + 0.4494$	0.91
23/01/78	$C = 1.883\ \mathrm{Ln}\ Q + 0.3465$	0.77
03-06/02/78	$C = 0.1278\ Q^{1.2767}$	0.93
	$C = 0.1786\ Q + 0.0197$	0.97
15-18/04/79	$C = 0.0369\ Q^{1.0585}$	0.66
	$C = 0.083\ Q^{0.7621}$	0.63
05-06/02/81	$C = 0.2058\ Q^{1.2341}$	0.73
21-22/02/81	$C = 0.1338\ Q^{1.0085}$	0.87
10-12/11/82	$C = 0.5745\ Q + 0.3258$	0.86
17-18/03/83	$C = 0.4769\ Q^{0.8248}$	0.65
07-09/03/85	$C = 0.0675\ Q^{1.0388}$	0.84
11-12/03/86	$C = 0.2785\ Q^{0.8803}$	0.82
24-27/12/86	$C = 0.252\ e^{0.0882Q}$	0.69
10-11/03/87	$C = 0.3522\ Q^{0.6188}$	0.91
15-16/02/89	$C = 0.552\ e^{0.1869Q}$	0.68
05-06/01/90	$C = 0.297\ Q - 0.089$	0.98
13-15/01/90	$C = 0.0991\ e^{0.3401Q}$	0.81
06-10/02/94	$C = 0.1057\ e^{0.2311Q}$	0.67
04-06/01/95	$C = 0.274\ e^{0.2158Q}$	0.76
06-09/02/96	$C = 0.793\ Q^{0.6205}$	0.79
	$C = 0.6191\ Q^{0.6193}$	0.86
29/04/-01/05/96	$C = 0.0791\ Q^{1.0446}$	0.94

Annexe 14. Relation entre les concentrations moyennes des MES et des débits moyens en utilisant la méthode des classes des débits pour les données confondues, montée de crue/décrue et les individus moyens saisonniers.

A- Courbes de transport solide de l'Oued Ressoul

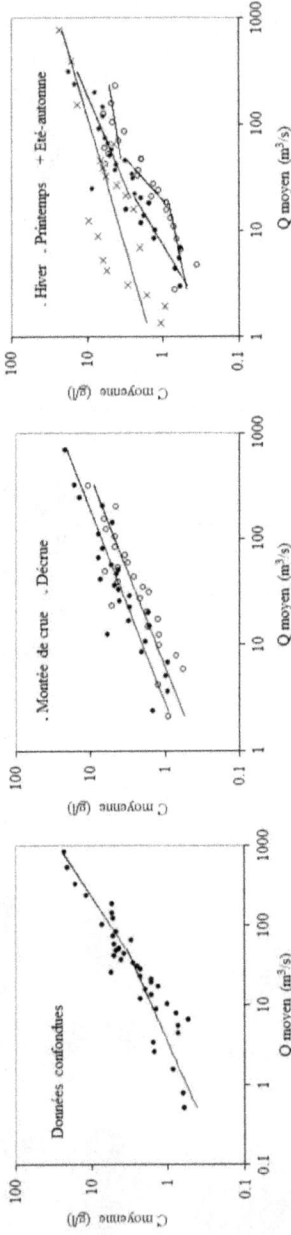

B- Courbes de transport solide de l'Oued Bouhamdane

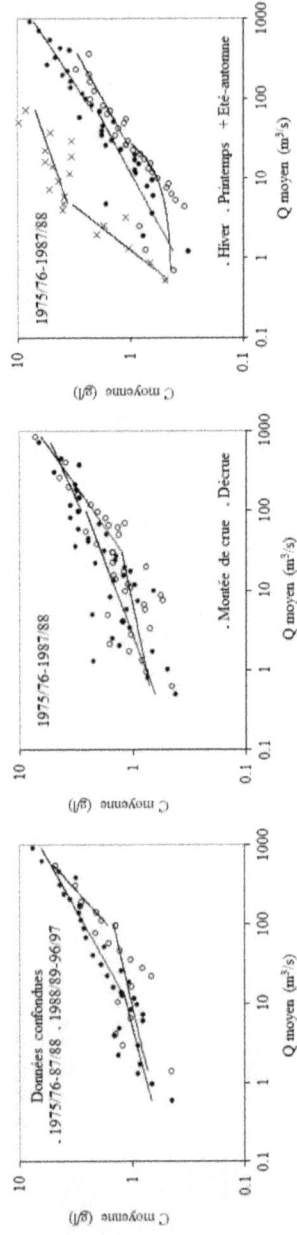

C- Courbes de transport solide de l'Oued Kébir Ouest

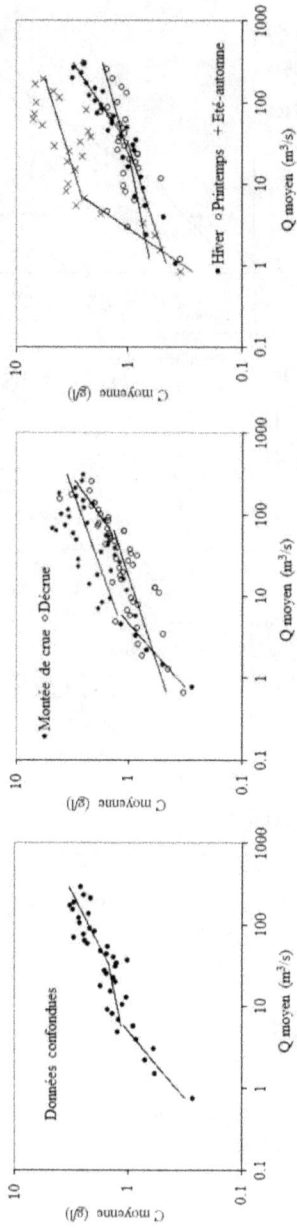

Suite **Annexe 14.**

284

Annexe 15. Relation entre les débits solides (Qs) et les débits liquides (Q) moyens journaliers.

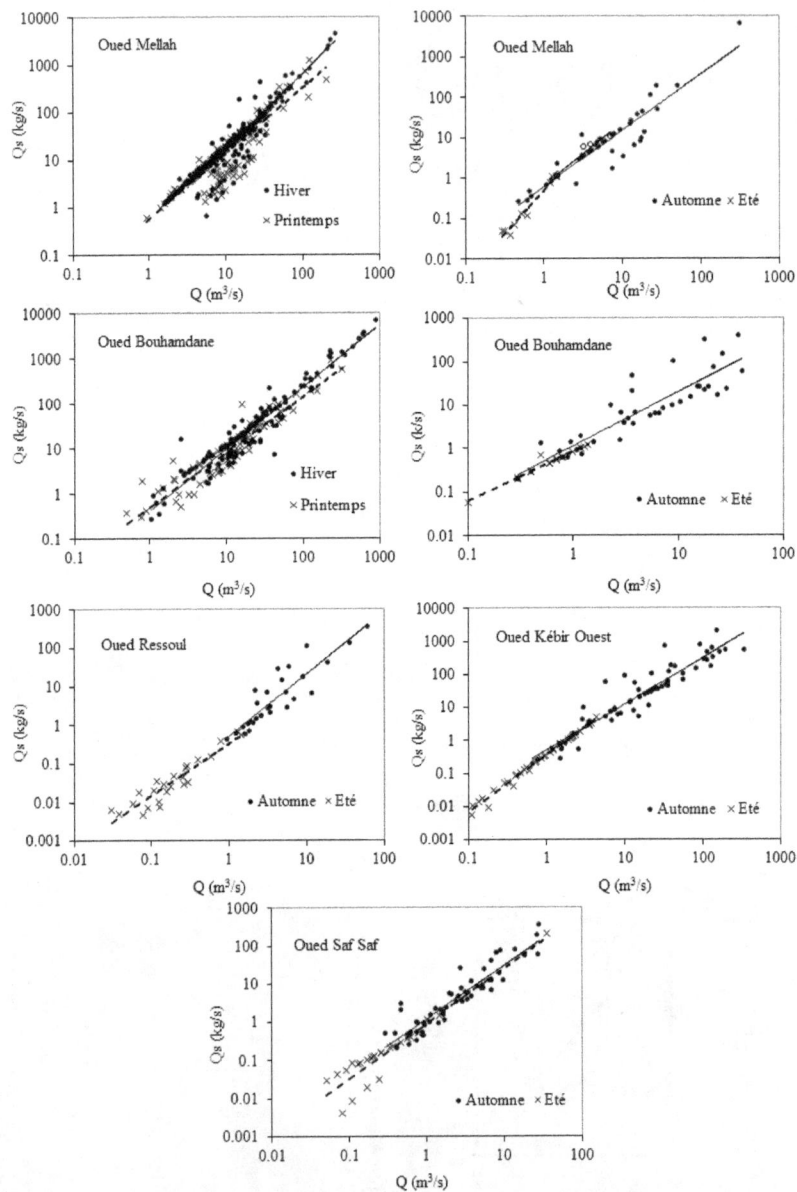

Annexe 16. Paramètres physiques des sous-bassins sélectionnés.

Sous-bassins	Code	S	Dd	F	C	HI	Co	IL
Oued Emchekel	Eck	641,60	2,96	5,71	1,40	24,91	0,92	26,71
Oued el Hammam	Ehm	485,00	2,75	5,89	1,20	29,37	2,72	40,07
Oued Guis	Gui	64,65	3,58	8,00	1,49	30,51	13,02	31,23
Oued Bouala	Bal	33,45	3,00	5,06	1,45	25,79	20,02	43,31
Oued Rirane	Rrn	79,03	3,98	7,81	1,22	53,19	50,61	16,92
Oued Cheham	Chm	29,81	4,90	6,07	1,67	44,44	103,05	60,88
Oued Hammam	Hmm	54,46	4,30	7,38	1,54	44,00	59,93	8,32
Oued Meza	Mez	77,03	4,72	4,87	1,64	55,38	34,78	11,45
Oued Aouassia	Aos	48,11	4,48	3,62	1,31	56,38	74,91	3,01
Oued Bouredine	Brn	64,40	3,78	3,79	1,43	49,01	26,91	28,54
Oued R'biba	Rbb	128,66	2,74	6,19	1,55	54,62	36,76	11,32
Oued Zenati	Zen	575,17	2,42	3,68	1,47	46,34	4,04	36,18
Oued Sabath	Sab	314,18	2,09	3,50	1,61	44,8	9,42	5,15
Oued Bouhamdane	Bhm	215,65	3,84	7,08	1,29	39,00	10,79	55,98
Oued Khemakhem	Kmk	99,47	3,26	5,36	1,37	41,47	26,49	26,03
Oued M'ta Rhumel	Rml	13,78	3,81	8,85	1,43	43,50	157,07	23,44
Oued Khorfane	Kfn	35,24	3,29	5,05	1,19	50,72	86,50	12,57
Oued Rararef	Rra	58,80	3,06	3,93	1,34	53,31	59,68	0,54
Oued Beni Brahim	Bbr	68,19	4,84	7,86	1,48	31,93	22,30	15,69
Oued Bou Adjeb	Baj	46,52	3,36	6,47	1,25	37,97	32,82	15,65
somme		3133,2	71,16	116,17	28,33	856,64	832,75	472,99
Moyenne		156,66	3,56	5,81	1,42	42,83	41,64	23,65
Ecart type		191,67	0,81	1,65	0,14	10,06	39,60	16,97
CV		1,22	0,23	0,28	0,10	0,23	0,95	0,72

Annexe 17. Cartes altimétriques des bassins versants étudiés.

Bassin versant de l'Oued Bouhamdane

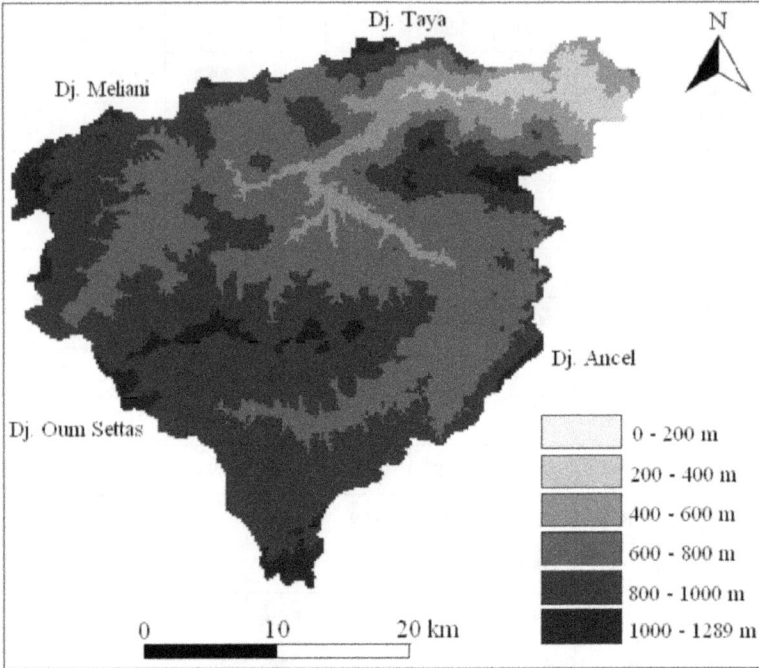

Bassin versant de l'Oued Mellah

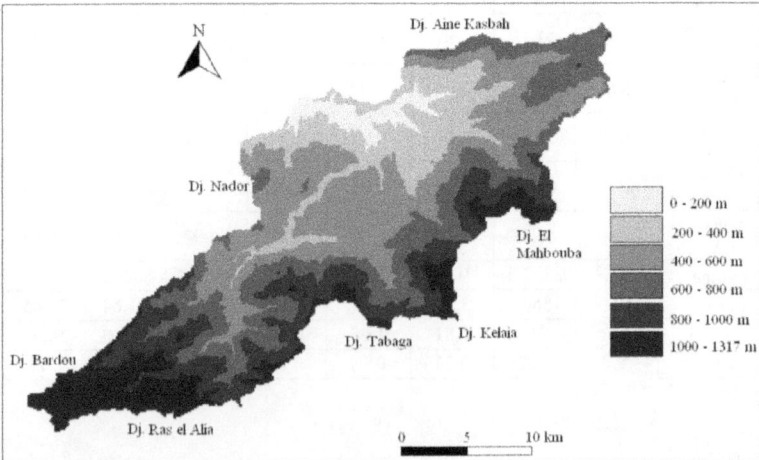

Bassin versant de l'Oued Ressoul

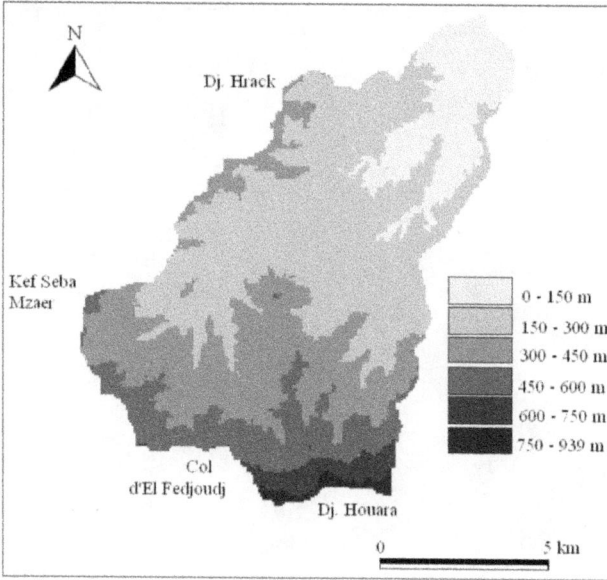

Bassin versant de l'Oued Saf Saf

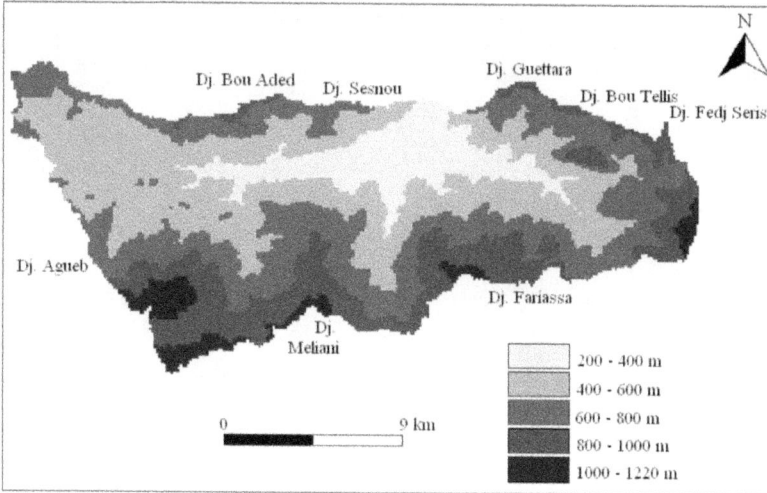

Suite **Annexe 17**.

Bassin versant de l'Oued Kébir ouest

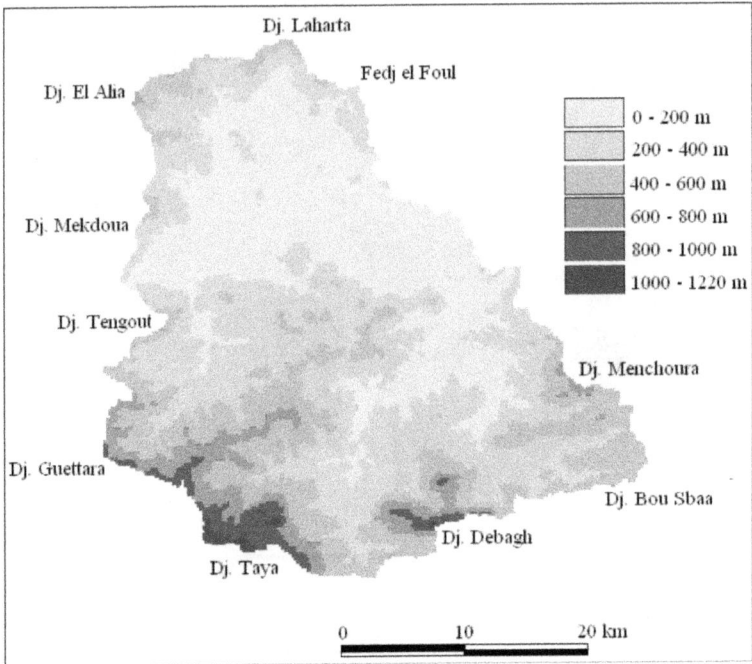

Suite **Annexe 17.**

Annexe 18. Evolution de l'écoulement (E), la dégradation spécifique (Ds) et la concentration à l'échelle des crues dans les bassins étudiés.

Oued Ressoul

Oued Bouhamdane

Oued Saf Saf

Oued Kébir Ouest

290

Annexe 19. Evolution de l'écoulement (E), la dégradation spécifique (Ds) et la concentration à l'échelle des séries dans les bassins étudiés.

Oued Ressoul

	75/76	76/77	77/78	78/79	79/80	80/81	81/82	82/83	83/84	84/85	85/86	86/87	87/88	88/89	89/90	90/91	91/92	92/93
Ds	****																	
E	****																	
C	****																	

	93/94	94/95	95/96	96/97
Ds				
E				
C				

Oued Bouhamdane

	79/80	80/81	81/82	82/83	83/84	84/85	85/86	86/87	87/88	88/89	89/90	90/91	91/92	92/93
Ds	****													
E	****													
C	****													

	93/94	94/95	95/96	96/97
Ds				
E				
C				

Oued Mellah

	79/80	80/81	81/82	82/83	83/84	84/85	85/86	86/87	87/88	88/89	89/90	90/91	91/92	92/93
Ds	****													
E	****													
C	****													

	93/94	94/95	95/96	96/97
Ds				
E				
C				

292

Suite **Annexe 19.**

LISTE DES TABLEAUX

LISTE DES FIGURES

LISTE DES ANNEXES

LISTE DES PHOTOGRAPHIES

301

www.ingramcontent.com/pod-product-compliance
Lightning Source LLC
Chambersburg PA
CBHW021030210326
41598CB00016B/972